污水中高分子物质的回收

Recycling of Polymeric Substances from Sewage

曹达啟 著

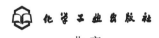

·北京·

内容简介

本书系统论述了污水中高分子物质回收和利用的学术成果和研究前沿。首先概述了污水中物质组成，介绍了高分子物质回收的方法与工艺，并展望了五个瓶颈问题突破的研发方向；然后分章节介绍了藻酸盐、纤维素、蛋白质、生物塑料、胞外聚合物，以及污水中其他可回收资源（如甲烷、磷、贵金属及热能等）的回收和提取方法。

本书可供污水处理资源化及其相关领域研究人员以及高等院校相关专业学生参考使用。

图书在版编目（CIP）数据

污水中高分子物质的回收／曹达啟著．—北京：化学工业出版社，2021.10
ISBN 978-7-122-39695-2

Ⅰ.①污… Ⅱ.①曹… Ⅲ.①废水综合利用-研究 Ⅳ.①X703

中国版本图书馆 CIP 数据核字（2021）第 156645 号

责任编辑：仇志刚　韩霄翠　　　　　　文字编辑：王文莉
责任校对：刘曦阳　　　　　　　　　　　装帧设计：刘丽华

出版发行：化学工业出版社（北京市东城区青年湖南街 13 号　邮政编码 100011）
印　　装：北京虎彩文化传播有限公司
710mm×1000mm　1/16　印张 14½　字数 256 千字　2021 年 11 月北京第 1 版第 1 次印刷

购书咨询：010-64518888　　　　　　　　售后服务：010-64518899
网　　址：http://www.cip.com.cn
凡购买本书，如有缺损质量问题，本社销售中心负责调换。

定　　价：108.00 元　　　　　　　　　　　　　　　　版权所有　违者必究

前 言

污水资源化是未来污水处理的发展方向，也是人类可持续发展的必然。污水中可回收资源很多；今后，单纯处理、净化污水的技术研发将不再扮演主角，除再生水外，污水中藻酸盐、纤维素、蛋白质、生物塑料、胞外聚合物、磷，甚至银、金、铜等贵金属亦是回收的目标物。换言之，污水处理将是构建循环经济，乃至循环社会重要的一环。2015年国务院正式发布《水污染防治行动计划》（"水十条"），2021年1月4日十部委又联合发布《关于推进污水资源化利用的指导意见》，市政污泥资源化被提至前所未有的高度。

自污水或污泥中回收的高分子物质不仅包括藻酸盐、胞外聚合物等胞外高分子物质，还有聚羟基脂肪酸酯、聚-β-羟丁酸、核酸等胞内高分子物质。它们可作为吸附剂、土壤改良剂、生物絮凝剂、增稠剂等，应用于水处理、农业、园艺、造纸、医疗、建筑等领域，具有重大的回收价值。为全面阐述、厘清污水处理过程中高分子物质的来源、结构特性、回收方法、潜在应用领域以及关键技术构建，弥补国内外关于污水中高分子回收相关的专著文献资料空白，结合作者的科研成果，以"污水中高分子物质的回收"为题，系统归纳总结了最新学术成果与研究前沿。

全书共7章，第1章概述污水中物质组成，并论述高分子物质回收的方法与工艺，并展望瓶颈问题突破的研发方向；第2章论述藻酸盐的来源、特性、微生物合成及膜分离、浓缩与回收；第3章论述纤维素的来源、特性、归趋、筛分、经济与能源评价、离子液体回收法以及典型案例；第4章论述污泥中蛋白质来源、合成机理、特性、提取技术、应用及氮循环的启示与意义；第5章论述生物塑料聚羟基脂肪酸酯的特性、应用、合成机理、提取与纯化、产量与组成的影响因素；第6章论述胞外聚合物的提取方法、重金属离子吸附性及膜分离、浓缩与回收；第7章论述污水中其他的可回收资源，包括甲烷、磷、贵金属及热能。

本书出版受到"北京未来城市设计高精尖创新中心""城市雨水系统与水环境教育部重点实验室"、北京市高水平创新团队"传统村落保护与居民建筑功能提升关键技术研究项目""北京市科技新星计划项目""北京市属高校基本科研业务费专项资金"（X20097，X20133）和国家自然科学基金（51578036）资助。本书著述的内容大部分来源于王振、宋鑫、杨文宇、方晓敏、靳景宜、杨晓璇、王欣、孙秀珍、田锋、韩佳霖、刘辉、刘小旦、唐凯等研究生的课题成果，感谢田锋同学对书稿格式的修改，以及化学工业出版社编辑在专著撰写过程中的帮助与建议。最后，感谢作者的科研启蒙导师北京科技大学汪群慧教授、日本九州工业大学藤琦一裕名誉教授、日本名古屋大学入谷英司名誉教授，科研方向指引导师北京建筑大学郝晓地教授、荷兰代尔夫特理工大学 Mark van Loosdrecht 教授。书中内容多为科研成果的总结与观点阐述，读者可结合书中著录的文献资料扩展阅读。

由于笔者水平所限，书中难免有不当之处，希望读者批评指正，提出宝贵意见，帮助我们不断完善，为未来污水处理技术的发展贡献力量。

曹达啟

2021 年 11 月

目 录

第 1 章 概述 / 001

- **1.1** 污水中物质组成 / 001
- **1.2** 污水中高分子物质 / 002
- **1.3** 污水中高分子物质回收方法与工艺 / 003
  - 1.3.1 胞外聚合物中多糖的回收 / 003
  - 1.3.2 剩余污泥中胞内与胞外高分子物质同时回收 / 004
  - 1.3.3 剩余污泥中胞内与胞外高分子物质分步回收 / 005
  - 1.3.4 EPS 膜回收与重金属去除耦合 / 007
  - 1.3.5 新型正渗透 EPS 浓缩方法 / 009
  - 1.3.6 利用驱动剂反向渗透的正渗透回收藻酸盐 / 011
  - 1.3.7 高附加值 EPS 回收的无污染集成化工艺 / 012
  - 1.3.8 微滤联合超滤回收藻酸盐 / 016
- **1.4** 展望 / 019
- 参考文献 / 019

第 2 章 藻酸盐 / 022

- **2.1** 藻酸盐来源与特性 / 023
- **2.2** 藻酸盐纯培养生物合成 / 025
  - 2.2.1 棕色固氮菌合成藻酸盐 / 025
  - 2.2.2 假单胞菌合成藻酸盐 / 026
- **2.3** 污水处理过程中合成藻酸盐 / 027
  - 2.3.1 污水处理系统中的藻酸盐 / 027
  - 2.3.2 好氧颗粒污泥中藻酸盐及回收可行性 / 028
- **2.4** 藻酸盐的超滤/微滤浓缩与回收 / 030
  - 2.4.1 Ca^{2+} 作用下藻酸钠溶液的特性 / 030

2.4.2　Ca^{2+} 作用下藻酸钠溶液的超滤行为　/　032
2.4.3　超滤过滤阻抗　/　035
2.4.4　Ca^{2+} 的利用效率　/　036
2.4.5　过滤压力的影响　/　040
2.4.6　多糖溶液超滤时蛋白质的影响　/　041
2.4.7　微滤/超滤中藻酸盐的过滤系数和回收率　/　042
2.4.8　小结　/　043

2.5　高价金属离子减轻膜污染及回收材料特性　/　044
2.5.1　单一和组合金属离子作用下超滤　/　045
2.5.2　溶解性的藻酸盐浓度和pH　/　047
2.5.3　Fe^{3+} 缓解膜污染的机理　/　048
2.5.4　回收物的材料特性　/　049
2.5.5　小结　/　054

2.6　藻酸盐的正渗透浓缩与回收　/　054
2.6.1　死端正渗透装置开发　/　055
2.6.2　膜朝向的影响　/　056
2.6.3　扫流的影响　/　058
2.6.4　隔板的影响　/　059
2.6.5　Ca^{2+} 的影响　/　060
2.6.6　小结　/　061

2.7　利用反向溶质扩散的正渗透浓缩藻酸盐　/　062
2.7.1　原料液侧膜上浓缩物的特性　/　062
2.7.2　藻酸钠和驱动剂浓度对水通量的影响　/　065
2.7.3　驱动剂钙盐的反向渗透分析　/　067
2.7.4　小结　/　069

参考文献　/　070

第3章　纤维素　/　083

3.1　污水中纤维素来源与特性　/　083
3.2　污水处理厂纤维素的回收　/　086
3.2.1　归趋　/　086
3.2.2　筛分　/　087

3.2.3　经济评价　/　**088**
　　3.2.4　能源评价　/　**089**
3.3　离子液体回收初沉污泥中纤维素　/　**090**
3.4　典型案例　/　**091**
参考文献　/　**093**

第 4 章　蛋白质　/　**096**

4.1　污泥中蛋白质来源、合成机理及特性　/　**096**
　　4.1.1　来源　/　**096**
　　4.1.2　微生物合成机理　/　**096**
　　4.1.3　特性　/　**097**
4.2　剩余污泥中蛋白质提取技术　/　**097**
　　4.2.1　提取方法　/　**097**
　　4.2.2　蛋白质的分离与纯化　/　**099**
4.3　蛋白质资源化应用　/　**100**
　　4.3.1　动物饲料添加剂　/　**100**
　　4.3.2　肥料　/　**101**
　　4.3.3　发泡剂　/　**101**
　　4.3.4　木材胶黏剂　/　**102**
　　4.3.5　瓦楞原纸的增强剂　/　**102**
4.4　氮循环的启示与意义　/　**103**
　　4.4.1　单细胞蛋白的利用史　/　**103**
　　4.4.2　世界粮食危机　/　**103**
　　4.4.3　氮素的单向恶性转换　/　**104**
　　4.4.4　变脱氮为机遇　/　**106**
4.5　小结　/　**107**
参考文献　/　**107**

第 5 章　生物塑料　/　**113**

5.1　概述　/　**114**
　　5.1.1　PHAs 简介　/　**114**
　　5.1.2　PHAs 的材料特性　/　**115**

5.1.3　PHAs 的应用领域　／　116

5.2　污水合成 PHAs 机理　／　117

5.3　PHAs 产量的影响因素　／　118

5.3.1　水解酸化阶段　／　118

5.3.2　菌群富集阶段　／　119

5.3.3　合成阶段　／　119

5.4　PHAs 的提取与纯化　／　120

5.4.1　PHAs 的提取　／　120

5.4.2　PHAs 的纯化　／　122

5.5　PHAs 组成的影响因素　／　122

5.5.1　水解酸化阶段　／　123

5.5.2　提取纯化阶段　／　125

5.6　结语　／　125

参考文献　／　125

第 6 章　胞外聚合物　／　131

6.1　EPS 的提取方法　／　132

6.2　EPS 的 HMIs 吸附性　／　132

6.3　EPS 的膜浓缩与重金属吸附　／　133

6.3.1　Ca^{2+} 作用下 EPS 的过滤行为　／　134

6.3.2　EPS 的回收率　／　136

6.3.3　膜污染减轻策略与机制　／　136

6.3.4　剩余污泥来源与 EPS 提取方法的影响　／　138

6.3.5　回收物对 HMIs 的吸附　／　139

6.3.6　小结　／　142

6.4　EPS 回收与 HMIs 去除耦合的超滤　／　143

6.4.1　EPS 对 Pb^{2+} 的吸附性能　／　143

6.4.2　EPS 滤饼和 HMIs 的相互作用　／　144

6.4.3　Pb^{2+} 和 EPS 浓度的影响　／　149

6.4.4　过滤压力的影响　／　152

6.4.5　膜污染缓解策略　／　153

6.4.6　EPS-UF 去除各种 HMIs　／　158

6.4.7　小结　/　158

6.5　微滤分离 EPS 中多糖与蛋白质　/　159

6.5.1　微滤膜孔径的影响　/　159

6.5.2　Ca^{2+} 浓度的影响　/　162

6.5.3　多糖与蛋白质浓度比的影响　/　163

6.5.4　微滤膜面剪切的影响　/　164

6.5.5　EPS 中多糖的微滤回收　/　167

6.5.6　多糖与蛋白质混合物的微滤分离机制　/　168

6.5.7　小结　/　169

6.6　表面活性剂强化超声波提取高分子物质与特性　/　169

6.6.1　提取效率的影响因素　/　171

6.6.2　高分子物质的特性　/　175

6.6.3　高分子物质对 Pb^{2+} 的吸附行为　/　180

6.6.4　污泥特性　/　182

6.6.5　小结　/　183

参考文献　/　184

第 7 章　污水中其他的可回收资源　/　**193**

7.1　污泥厌氧消化产甲烷　/　193

7.1.1　厌氧产甲烷机制　/　193

7.1.2　影响因素　/　194

7.1.3　技术瓶颈与对策　/　196

7.1.4　小结　/　199

7.2　磷回收　/　200

7.2.1　水体中磷的来源　/　200

7.2.2　除磷机理　/　201

7.2.3　鸟粪石回收　/　202

7.2.4　蓝铁矿回收　/　203

7.2.5　小结　/　203

7.3　污水中贵金属的回收　/　204

7.3.1　纳滤　/　204

7.3.2　吸附　/　205

7.3.3　溶剂萃取　/　206

7.3.4　离子交换　/　206

7.3.5　小结　/　206

7.4　污水中热能的回收　/　207

7.4.1　污水热交换器　/　207

7.4.2　水源热泵　/　208

7.4.3　水源热泵膜蒸馏　/　209

7.4.4　小结　/　214

参考文献　/　215

第1章 概述

污水处理已从传统的环境卫生、水资源保护及环境保护，过渡至以能源与资源回收为主旋律的技术目标；因此，污水处理不再是人类活动排泄物的终端处理方式，而是构建循环经济，乃至循环社会重要的一环。污水资源化是前沿热点课题，已成为未来污水处理技术的重要方向与必然趋势[1]，它改变了传统意义上污水、污泥是废物的固有观念，成为蕴含极其丰富的重要资源。2018年底E20研究院所发布的报告数据显示，2017年我国市政污泥产量（含水率80%）高达4328万吨。因此，污水处理厂产生大量的剩余污泥，其处理处置亦是亟待解决的问题，资源化是未来主要的发展方向[2-10]。

2015年4月国务院颁布的《水污染防治行动计划》（"水十条"）提出，污水处理设施产生的污泥应进行稳定化、无害化和资源化处理处置，处理处置不达标的污泥禁止进入耕地。《"十三五"生态环境保护规划》也提出对污泥进行稳定化、无害化和资源化处置。2021年1月4日，十部委联合发布《关于推进污水资源化利用的指导意见》，进一步为污水资源化指明方向与政策导向。

1.1 污水中物质组成

人类生活污水主要源于粪便、尿液和洗涤污水等，包括城市生活污水、医院污水、垃圾及地面径流等方面。生活污水中含有大量有机物，如纤维素、淀粉、糖类和脂肪蛋白质等；也常含有病原菌、病毒和寄生虫卵；以及无机盐类的氯化物、硫酸盐、磷酸盐、碳酸氢盐和钠、钾、钙、镁等。因污水中氮、硫和磷含量高，活性污泥生物处理污水已成为主流的污水处理技术。本书主要关注的对象为原污水以及生物处理后的污水或污泥。

1.2 污水中高分子物质

污水或污泥中藏匿的高分子物质如多糖、藻酸盐、纤维素、生物塑料、蛋白质、胞外聚合物（extracellular polymeric substances，EPS）等已引起了广泛的关注[4,5]。将其中蕴含的大量未被利用的资源加以回收利用，不仅促进了污泥减量化，更实现了"废弃物"的高附加值，二次产出巨大价值。图1.1显示了污泥中微生物细胞内、外的典型高分子物质。剩余污泥中含有大量的种类繁多的微生物，细胞内、外含有大量的生物高分子有机物质。EPS由大量的蛋白质、胞外多糖、类腐殖质等构成，其含量占剩余污泥干重的10%～40%；细胞内含有大量的蛋白质、DNA、RNA等，并且根据细菌等微生物生活环境的不同，还会有一些特定的产物积累，如聚羟基脂肪酸酯（PHA）、聚-β-羟丁酸（PHB）等。因此，从污水中回收的高分子物质不仅包括蛋白质、多糖等胞外高分子物质，还有PHA、PHB、核酸等胞内高分子物质。从污泥中回收的高分子物质可作为吸附剂、土壤改良剂、生物絮凝剂、增稠剂以及高附加值产品（高值阻燃材料、高档饰品）等，应用于水处理、农业、园艺、造纸、医疗、建筑等领域，具有重大的回收价值。

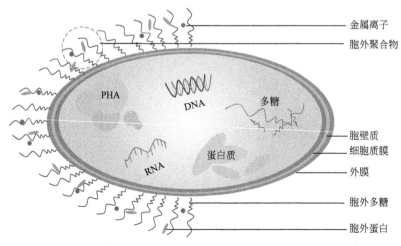

图1.1 污泥中微生物细胞内、外的典型高分子物质[11]

1.3 污水中高分子物质回收方法与工艺

1.3.1 胞外聚合物中多糖的回收

目前，最常用的污水处理技术仍是活性污泥法，然而，活性污泥处理过程中产生的大量剩余污泥是亟待解决的问题。剩余污泥主要由细胞体和 EPS 构成，其中 EPS 占污泥干重的 10%～40%。EPS 主要包含微生物细胞的分泌物、细胞自溶或细胞表面脱落的部分物质，包括多糖、蛋白质、核酸、磷脂、腐殖质等，其中，多糖和蛋白质为主要成分。这些物质通过静电作用力、氢键结合、离子吸引力、生物化学等作用形成紧致高密的网状结构，可作为微生物的保护层，抵御外部重金属和有毒化合物等的侵袭。

EPS 可作为重金属离子吸附剂、保水剂、防火材料、生物絮凝剂、土壤改良剂、增稠剂等，应用于水处理、农业、园艺、造纸、医疗、建筑等，具有极高的利用价值。同时，EPS 也是污泥生物絮体的主要组成部分，过量的 EPS 不利于污泥过滤和脱水，回收一部分 EPS 不仅可增强污泥脱水性能，且实现了污泥的减量，从而为剩余污泥的后续处理减负。因此，在环境友好的理念下，以 EPS 回收资源化为首要目标，不仅可以实现资源的高附加值利用，还可以在源头上解决庞大的污泥量问题，并改善污泥脱水性，以利于后续污泥处理处置，这具有重大的现实意义与应用前景。

特别地，多糖可作为生物絮凝剂、重金属离子吸附剂、土壤改良剂、增稠剂等，因此，从 EPS 中回收多糖具有极大的经济价值。多糖类物质回收主要涉及生物、食品工程等领域，鲜有从 EPS 中回收多糖的报道，其中蛋白质、核酸、磷脂、腐殖质及低分子物质等杂质的去除是关键。多糖分离提纯的方法主要有：用于分离蛋白质的有机溶剂萃取法（氯仿萃取、三氟三氯乙烷萃取、三氯乙酸萃取等）、酶解法、反复冻融法、鞣酸法等；用于分离色素的吸附法（活性炭吸附、硅藻土吸附、纤维素吸附、树脂吸附等）、过氧化氢氧化法、离子交换法等；用于分离低分子杂质的透析法、直接过滤法等；此外，还有分级沉淀法、季铵盐沉淀法、金属离子络合法、盐析法等多糖组分的精分方法。然而，上述方法或需使用氯仿等各种有毒溶剂，或材料成本高昂，或浪费大量的水资源，或浪费大量能源，存在化学药剂消耗、高能耗、二次污染等问题，均不是绿色可持续的多糖分离回收方法；并且，仅适用于小规模提取，不适用于大规模生产。

基于此，笔者提出一种操作方便且节能环保的 EPS 中多糖的回收方法[12]。如图 1.2 所示，首先，采用阳离子交换树脂（CER）法、高温碳酸钠法、甲醛-氢氧化钠法、离心法、超声波法、EDTA 萃取法或酸溶解法使剩余污泥中微生物细胞表面的 EPS 解离，然后通过重力沉降或离心去除包含细胞体以及细胞残体的非溶解性杂质，得到溶解性 EPS 溶液；继而，向溶解性 EPS 溶液中投加可离子化的高价金属盐或含高价金属离子溶液，以使 EPS 溶液中的多糖与高价金属离子进行反应，形成非溶解态的悬浮多糖，从而与 EPS 中溶解态的蛋白质、核酸、磷脂、腐殖质杂质发生相分离；最后，对非溶解态的悬浮多糖采用膜过滤的方式，截留与高价金属离子作用后形成的悬浮多糖，而 EPS 中溶解态的蛋白质、核酸、磷脂、腐殖质杂质随滤液滤出，达到 EPS 中多糖回收的目的。应强调的是，剩余污泥可为普通活性污泥、好氧颗粒污泥或厌氧颗粒污泥；离子化的高价金属盐为可离子化且溶于水的二价金属盐或三价金属盐，包括钙盐、镁盐、铁盐、亚铁盐或铝盐等；形成的非溶解态的悬浮多糖截留回收，采用的过滤方式可为微滤膜或筛网，截留孔径为 $1 \sim 1000 \mu m$。

图 1.2　EPS 中多糖回收方法工艺流程图

1.3.2　剩余污泥中胞内与胞外高分子物质同时回收

剩余污泥主要由微生物及其残体构成。微生物领域，抗生素、多糖等细胞外物质提取方法主要包括离心法、有机溶剂萃取法、化学试剂沉淀法、萃取法、吸附法、离子交换法；DNA、RNA、PHA、PHB、色素等胞内物质提取方法主要包括有机溶剂萃取法、化学试剂法（酸提取、碱提取、盐析法、表面活性剂法）、酶法、机械破碎法（高压均质法、挤压法、研磨法）、亚临界水提取法、超临界流体萃取法、微波法、高压脉冲电场法、冻融法、真空气流破壁提取法。对于污水处理领域，回收的污泥中高分子物质主要包括藻酸盐等胞外高分子物质，常用的提取方法有加热法、高温碳酸钠法、甲醛-氢氧化钠法、甲酰胺-氢氧化钠法、EDTA 法、超声波法、离子交换法（如阳离子交换树脂法）、硫酸法；以及 PHA、PHB 等胞内高分子物质，常用的提取方法包括有机溶剂法、酶法、化学试剂法、机械破碎法、超临界流体萃取法、生物提取法等。由于剩余污泥主要由微生物构成，因此，应用于微生物领域，进行分离提取胞内 DNA、RNA、蛋白质、多糖、色素、PHB 等物质的方法亦可用于剩余污泥中高分子物质的提取。

传统提取方法的对象主要是胞外或者胞内单一高分子物质，然而，毋庸置疑，剩余污泥中的高分子物质肯定为高分子混合物质，并且涉及同步提取胞内与胞外高分子物质的方法较少；同时，分别提取胞内与胞外高分子物质，其操作复杂、成本高。表面活性剂常用于透化细胞膜，提取胞内的高分子物质；因此，表面活性剂联合超声波法，能加强超声波的空化效应。

基于此，笔者提出一种剩余污泥中胞内与胞外高分子物质同时回收的方法[13]，通过表面活性剂强化超声波法同时提取剩余污泥中胞内和胞外高分子物质，最大限度地回收剩余污泥中胞内和胞外高分子物质。如图 1.3 所示，剩余污泥中添加表面活性剂后，通过超声破碎作用，即采用表面活性剂强化超声波法处理剩余污泥，形成的悬浊液通过沉淀、离心或过滤等分离装置进行固液分离，固液分离后所得液体经纯化和干燥处理后，获取胞内与胞外高分子物质。

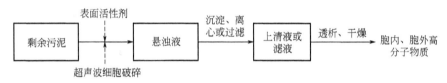

图 1.3　剩余污泥中胞内与胞外高分子物质同时回收工艺流程图

剩余污泥可以为普通活性污泥、好氧颗粒污泥或厌氧颗粒污泥；超声破碎装置为探头式或槽式超声破碎装置。表面活性剂可为十六烷基三甲基溴化铵、十二烷基硫酸钠、十二烷基三甲基溴化铵等。悬浊液通过固液分离后，含胞内、胞外高分子的溶液可经透析作用纯化，去除钠盐、钾盐、镁盐以及钙盐等各种盐，以及单糖、寡肽等小分子杂质。干燥处理为风干、烘干、冷冻等。

该方法优点和有益效果为：同时回收剩余污泥中胞内与胞外高分子物质，且回收量高于单一的超声波回收方法；达到环境保护和资源回收双重效果；回收剩余污泥中高分子物质，使得剩余污泥减量效果明显。其中的高分子物质是一种生物高分子，可作为吸附剂、土壤改良剂、生物絮凝剂、增稠剂等，扩展市政剩余污泥资源化的途径。

1.3.3　剩余污泥中胞内与胞外高分子物质分步回收

如前所述，自剩余污泥中回收高分子物质，一般只关注回收胞外或者胞内单一高分子物质，或者同步提取回收胞内与胞外高分子物质。胞内高分子有 PHA、PHB、蛋白质等，胞外高分子如 EPS、多糖、藻酸盐等。分步回收胞内高分子物质与胞外高分子物质，利用各自特性角度，可实现污泥中高分子物质回收的高附加值。高分子物质的常见提取方法（如碱法、酸法、酸碱结合法等）需外加化学物质，存在化学试剂污染、且细胞破碎率较高、难以分别回收胞内与胞外高分子物质的缺点。CER 法只能提取回收胞外高分子物质，且不需外加化学物质，进一步采用上节所述的表面活性剂强化超声波法，即通过两步操作，可分别提取剩余污泥中胞内和胞外的高分子物质，最大程度地实现剩余污泥中的高分子物质资源回收。基于此，笔者提出剩余污泥中胞内与胞外高分子分步回收的方法，即采用阳离子交换树脂和表面活性剂强化超声波分步法，分步提取胞内与胞外高分子物质[14]。

如图 1.4 所示，经阳离子交换树脂与污水处理厂剩余污泥（主要由微生物细胞和 EPS 构成）混合作用，活性污泥中 EPS 从细胞体表面解离，形成的悬浊液再经筛网去除阳离子交换树脂，不含阳离子交换树脂的悬浊液再经沉淀、离心或过滤等固液分离操作，获得的上清液或滤液透析处理去除盐、小分子等杂质，最后经干燥处理获得 EPS；另一方面，沉淀或截留的细胞体经超声波法或表面活性剂强化超声波法细胞破碎作用，再经固液分离操作以回收胞内高分子。由于阳离子交换树脂对细胞体破损小，经离子交换作用引发絮体解散，可实现 EPS 与细胞体的高效分离，从而回收 EPS；同时，通过超声波机械破壁作用，可破坏细胞壁与细胞膜，溶出细胞体内的高分子物质，并且利用表面活性剂增强超声波的空化效应、降低溶液表面张力、增加高分子溶解度、破坏细胞膜等特性，可加剧胞内高分子物质的溶出，从而回收胞内高分子物质。此外，也可先经固液分离悬浊液，获得上清液或滤液，再筛网筛分作用去除由细胞体与阳离子交换树脂构成的沉淀液或浓缩液中的阳离子交换树脂，向获得的细胞体悬浊液中加入表面活性剂，充分搅拌均匀，边搅拌边超声处理，即表面活性剂强化超声波法使胞内高分子释放，经固液分离，以及上清液或滤液透析处理去除盐、小分子等杂质，干燥处理获得胞内高分子物质。

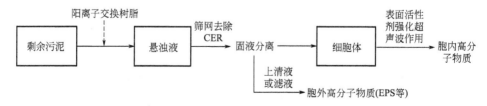

图 1.4　剩余污泥中胞内与胞外高分子物质分步回收工艺流程图

活性污泥包括普通活性污泥、好氧颗粒污泥或厌氧颗粒污泥；对阳离子交换树脂清洗处理，可回收再利用；分离装置为离心机、沉淀池或膜组件；干燥处理为风干、烘干或冷冻干燥；超声破碎采用探头式或槽式超声波破碎装置。可选择的条件包括：阳离子交换树脂的粒度为 $300\sim1500\mu m$，透析处理中透析袋的截留分子量（MWCO）为 $100\sim14000Da$，滤网的开孔大小为 $30\sim2000\mu m$，表面活性剂为生物表面活性剂、阴离子表面活性剂或阳离子表面活性剂，尽可能选择环境友好型表面活性剂以避免污染高分子物质，超声波的输出功率为 $1\sim200W$，超声时间为 $0\sim60min$，透析处理的透析次数为 $1\sim4$ 次，每次透析的时间为 $1\sim12h$。

该方法的优点和有益效果为：相比传统方法（单一法），高分子物质（包括胞内与胞外）的提取量进一步加大，即能最大程度地回收剩余污泥中胞内与胞外的高分子物质，且总提取量高于同步提取胞内与胞外高分子物质的方法或者单一的提取方法。不会对所提取的高分子物质产生化学污染，达到环境保护和资源回收双重效果。随着剩余污泥中高分子物质的提取增加，剩余污泥实现减量，并且第二步（超声波法或表面活性剂强化超声波法）中细胞大部分破碎（细胞膜与细胞壁破裂），故污泥在被提取胞内与胞外高分子后，剩余的污泥更易进行厌氧消化产甲烷，因为在传统剩余污泥直接厌氧消化过程中，细菌细胞膜或细胞壁未破裂，这种大块生物有机体（细胞），难以被产甲烷菌直接利用。因为胞外高分子与胞内高分子具有不同的特性（如特征官能团），故分步提取胞内、胞外高分子，将为开发剩余污泥中回收高分子提供新出路；利用胞内、胞外高分子各自特性，可扩展市政活性污泥资源化的出路。

1.3.4 EPS 膜回收与重金属去除耦合

重金属污染是目前世界上最严重的环境生态问题之一。吸附法是去除水中重金属离子的主要方法，目前采用的吸附剂主要包括腐殖酸类吸附剂、高分子吸附剂、生物材料吸附剂等，因此新型重金属吸附剂的研发受到了广泛的关注。腐殖酸类吸附剂是一种天然的吸附剂，常见的有褐煤、泥炭和底泥等，但其目前还处于研究开发阶段，存在吸附（交换）容量低、适用pH值范围较窄、机械强度低等问题，难以大规模应用；高分子吸附剂主要有合成树脂、离子交换纤维和壳聚糖及其衍生物等，虽然其吸附容量高，但其需要消耗大量原材料，生产成本高；生物材料吸附剂主要是菌体、藻类及一些细胞提取物，相比其他吸附剂，具有处理效率高、投资少、运行费用低、二次污染少等优点，但因为微生物对重金属具有选择性，难以找到一种对多种重金属离子均吸附的普适微生物，并且菌种选育耗时，吸附容量和选择性低，生产成本高。

经过各种物理或化学方法，从剩余污泥中提取获得的 EPS 溶液含水率接近 100%，直接采用传统干燥方法如冷冻干燥、高温蒸发、电喷雾干燥等，制备 EPS 粉末，需要消耗大量能源。另外，EPS 作为一种生物高分子吸附剂，实际应用过程中面临的最大问题是，吸附了各种重金属离子的 EPS 难以从水溶液中分离。

基于此，笔者提出一种剩余污泥中 EPS 回收耦合重金属离子去除的膜分离方法[15]。回收剩余污泥中的 EPS，使得剩余污泥减量；同时将剩余污泥中 EPS 浓缩回收与重金属离子去除两个步骤耦合，从而避免了吸附重金属离子的 EPS 从水中难分离的问题。如图 1.5 所示，首先，采用物理法、化学法或物理与化学相结合的方法，使剩余污泥中细胞体表面的 EPS 脱附，成为水溶解态；然后，再用重力沉降、离心分离或微滤膜过滤去除 EPS 脱附后的细胞体等悬浮物质，从而获得 EPS 溶液。针对从剩余污泥中提取得到的 EPS 溶液，分两个阶段进行：第一阶段，采用微滤膜或超滤膜过滤 EPS 溶液，从而在膜表面上形成致密的 EPS 滤饼层；第二阶段，待第一阶段中 EPS 溶液过滤完成，移去滤饼层上剩余 EPS 溶液，利用滤饼层中含有的 EPS 对重金属离子的吸附，含重金属离子的水溶液经 EPS 滤饼层和微滤膜或超滤膜进行过滤，重金属离子被吸附在 EPS 滤饼层中，实现重金属的去除。

图 1.5　EPS 膜回收与重金属去除耦合工艺流程图

该工艺中除微滤、超滤外，亦可用纳滤、反渗透、正渗透等膜分离方式。过滤方式可以采用死端、扫流、死端与扫流相结合的方式，只要最终在过滤膜表面上能形成 EPS 滤饼层即可。可以采用如钙离子、镁离子、亚铁离子、铁离子、铝离子等高价金属离子减轻 EPS 回收过程中具有 EPS 滤饼膜层的过滤膜的污染，投加的金属离子浓度依据实际情况确定。亦可采用硅藻土等过滤助剂减轻 EPS 回收的膜污染。EPS 为一种生物高分子物质混合物，因含有大量的羧基、羟基等特征官能团，对水中的 Pb^{2+}、Cd^{2+}、Cu^{2+} 等重金属离子均具有很强的吸附能力。因此，从剩余污泥中提取回收 EPS，不仅可实现污泥的减容减量，而且可用于控制重金属离子污染，减少市售重金属离子吸附剂消耗，达到以废制废的目的。

1.3.5 新型正渗透 EPS 浓缩方法

微滤、超滤为目前应用最为广泛的膜分离技术，常被用于对蛋白质、多糖、淀粉等大分子物质的浓缩；但微滤、超滤为外加压力驱动的膜分离，回收 EPS 过程中最大的问题为膜污染严重且 EPS 截留回收率低于 90%。尽管纳滤与反渗透可以获得较超滤、微滤高的 EPS 回收率，但由于外加驱动力的存在，膜面上形成的滤饼膜污染仍然是其面临的最大问题。外加驱动力的膜分离技术除存在严重的膜污染现象外，还存在运行成本高、耗能大等问题。与外加驱动力方式相比，正渗透不仅 EPS 截留回收率高，而且具有膜污染小、耐受料液浓度高等优点。

正渗透是利用膜两侧溶液渗透压差，水分子自发地从低渗透压侧（料液侧）流向高渗透压侧（驱动液侧），不需要外加机械压。因此，减少了外加机械压的能耗，而且无外压时形成的膜污染的附着层松散、多孔，无需添加其他化学药剂，简单的水冲膜清洗则可恢复水通量。同时，正渗透过程中驱动液的渗透压一般都很高，所以正渗透更容易获得浓缩率相对较大的浓缩液。

基于此，笔者提出一种新型的正渗透浓缩回收 EPS 的方法[16]。新型死端正渗透单元示意图如图 1.6 所示，由料液装置和驱动液装置构成。料液装置与驱动液装置通过螺栓紧固连接，料液装置与驱动液装置相结合的位置设置有正渗透膜，其中，正渗透膜位于料液装置的一侧采用死端过滤的工作方式，正渗透膜位于驱动液装置的一侧采用扫流过滤的工作方式。正渗透单元中料液侧死端方式与驱动液侧扫流方式的典型设计图，分别如图 1.7 和图 1.8 所示。

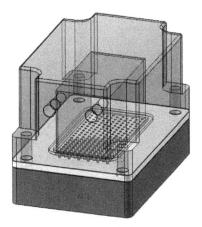

图 1.6 新型死端正渗透单元示意图

料液装置包括料液装置本体，内设置有第一空腔，一侧面设置为第一安装部，第一空腔延伸至第一安装部，另一侧面设置有至少一个料液入口，料液入口与第一空腔相连通。驱动液装置包括驱动液装置本体，一侧面设置为第二安装部，通过第二安装部和第一安装部的配合与料液装置紧固连接，驱动液装置本体位于第二安装部的侧面，设置有第二空腔，第二空腔与第一空腔对应设置且相连通，第一空腔的深度大于第二空腔的深度，正渗透膜位于第一空腔和第二空腔之间，第二空腔的底部设置有至少一个驱动液凹槽，驱动液凹槽的底部设置有驱动液出口，驱动液出口延伸至驱动液装置本体远离第二安装部的侧面。

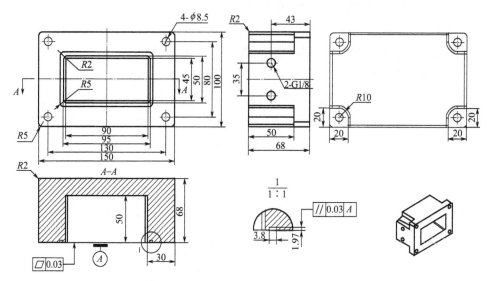

图 1.7　料液侧死端方式的典型正渗透单元设计图

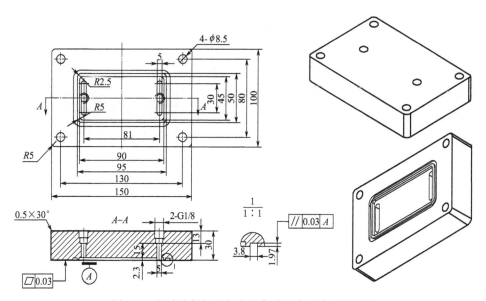

图 1.8　驱动液侧扫流方式的典型正渗透单元设计图

料液装置本体的形状为方形，料液装置本体的长、宽和高分别为 50～1500mm、40～1000mm 和 10～1000mm，料液装置本体远离第一安装部的四角分别设置有安装凹槽，安装凹槽中设置有第一安装孔，第一安装孔延伸至第一安装部所在的侧面。料液装置本体中第一安装部所处的平面与驱动液装置本体中第二安装部所处的平面相互平行，第一空腔的长和宽分别为 30～1480mm 和 20～980mm，且第一空腔的深度为 2～990mm，第二空腔的长和宽分别为 30～1480mm 和 20～980mm，且第二空腔的深度为 2～290mm。驱动液装置本体的形状为方形，驱动液装置本体的长、宽和高分别为 50～1500mm、40～1000mm 和 10～300mm，驱动液装置本体的四角分别贯穿设置有第二安装孔，第二安装孔与第一安装孔相对应，螺栓通过第一、二安装孔将料液装置和驱动液装置紧固连接。

料液装置本体上位于第一安装部的侧面设置有方形的第一、二密封凹槽，均位于第一空腔的外侧，第二密封凹槽位于第一密封凹槽的外侧，第一密封凹槽中设置有第一密封圈，第二密封凹槽中设置有第二密封圈。驱动液本体上位于第二空腔的侧面设置有方形的第三、四密封凹槽，均位于第二空腔的外侧，且第四密封凹槽位于第三密封凹槽的外侧。第三密封凹槽与第一密封凹槽相对应，且第一密封圈分别位于第一、三密封凹槽中，第四密封凹槽与第二密封凹槽相对应，且第二密封圈分别位于第二、四密封凹槽中。

隔板位于料液装置本体与驱动液装置本体之间，隔板的形状为方形，隔板上与第一、二空腔相对应的位置设置有开孔区域，开孔区域上均匀设置有多个过滤孔。隔板表面光滑，正渗透膜设置在隔板的开孔区域且位于料液装置本体与隔板之间。

该方法与装置优点和有益效果为：驱动液侧扫流、料液侧死端的方式，特别适用于不能采用扫流方式减轻膜污染的料液浓缩，因为随着扫流的进行，料液温度上升，可能会使料液（如蛋白质、多糖等高分子）变性。由于只有驱动液侧进行扫流，所以可省去传统正渗透过程中料液侧扫流所消耗的能量。由于料液侧未扫流，故可以更好地探究正渗透过程中料液侧因料液浓缩所带来的膜污染情况。与超滤、微滤（外加压力）等死端过滤方式对比，死端正渗透过滤（无需外加压力）方式可调查正渗透过程中膜面上形成的膜污染较轻的特性。

1.3.6 利用驱动剂反向渗透的正渗透回收藻酸盐

好氧颗粒污泥中藻酸盐最高含量可达污泥干重的 25%，然而，回收的藻酸盐溶液含水率高达 99.8% 以上。要实现藻酸盐的浓缩脱水，可以通过向藻酸盐溶液中添加乙醇、氯化钙、无机酸等化学试剂，使溶解态藻酸盐从水中沉淀析出，以实现浓缩脱水。但是化学法会消耗大量化学试剂，并可能造成二次污染，无法实现规模化工程应用。膜分离法浓缩藻酸盐，无须添加化学试剂，不会造成二次污染，可替代传统方法。膜分离方式主要为外加压力驱动的微滤、超滤、纳滤和反渗透。研究显示微滤与超滤对藻酸盐有良好回收效果，但外加压力导致运行成本较高，且存在严重膜污染；纳滤与反渗透可获得较高的藻酸盐截留率，但在压力驱动下，存在更为严重的膜污染现象。

正渗透可避免传统外加压力的膜分离方法的弊端，有望成为浓缩藻酸盐的适宜技术。然而，正渗透过程中驱动剂溶质的反渗透是制约其发展的瓶颈之一。溶质反向渗透会导致正渗透过程中驱动力降低，膜通量减小；另外，溶质反向渗透还会对原料液造成污染，并且驱动剂补充成本增加。因此，许多研究致力于新型驱动剂的开发，并探究从原料液中分离反向渗透的溶质。同时，因为正渗透运行过程中驱动剂不断被稀释，通常采用反渗透、纳滤、超滤、膜蒸馏以及热处理等方法对稀释的驱动剂进行回收再利用，使操作过程更复杂，增加运行费用。因此，寻找高水通量、低反向盐质通量、容易进行回收处理或稀释后可直接使用的驱动剂仍是目前正渗透技术的重点研究方向，并且驱动剂的反向渗透问题至今没有得到根本解决。

基于此，笔者提出一种利用驱动剂反向渗透的正渗透浓缩回收藻酸盐的方法[17]，其具有操作简单、回收效率高等特点，同时可回收反向渗透形成的高价金属藻酸盐，并减轻正渗透过程中的膜污染，提高水通量。该方法源于逆向思维模式，反其道而行之，不再回避驱动剂的反向渗透问题，而是利用反向渗透的驱动剂与藻酸盐进行反应，生成待浓缩回收的目标金属藻酸盐。反渗透的金属离子与藻酸盐相互作用形成对应的藻酸钙、藻酸镁等金属藻酸盐，而生成的金属藻酸盐可作为一种待浓缩回收的目标产物，并且该目标产物对正渗透膜具有更低的膜污染。该方法也适用于其他同类高分子物质的浓缩脱水，如多糖、EPS等，驱动剂适用于$CaCl_2$、$MgCl_2$等反向渗透后与料液反应能生成对应的目标产物的驱动剂。

该方法突出的优点和有益效果为：反向渗透的高价金属离子与藻酸盐相互作用形成对应金属的藻酸盐如藻酸钙，即料液不再被污染，而是生成一种待浓缩回收的目标产物；由于驱动剂为目标产物的原料，不存在消耗问题；生成的对应金属藻酸盐目标产物对正渗透膜具有更低的膜污染。从而，解决正渗透技术中驱动剂反向渗透带来的料液污染、驱动剂消耗以及水通量下降（膜污染较大）等核心问题，依托目标产物回收，将驱动剂反向渗透的劣势转变为优势。

1.3.7　高附加值 EPS 回收的无污染集成化工艺

传统的 EPS 提取方法如酸、碱提取法或有机溶剂萃取提取法，不仅消耗大量化学药剂、增加提取成本，而且可能破坏细胞结构，带来二次污染。阳离子交换树脂法尽管对细胞损伤最小、能够有效吸附重金属离子，但是阳离子交换树脂需频繁再生，且对非离子型（中性）高分子提取效果不佳。表面活性剂能够促进污泥中细胞体表面的 EPS 脱离，增加非溶解态物质向溶解态物质的转移，从而提高污泥中 EPS 的回收率。

另一方面，无论是好氧颗粒污泥、活性污泥或是污水处理过程中任意阶段产生的污泥，理论上都是一种混合式微生物系统，提取过程亦将重金属离子与抗生素等小分子污染物大部分从剩余污泥固相转移至 EPS 中去。然而，目前国内外考虑从 EPS 中去除有毒有害污染物未见报道。EPS 其实是众多高分子物质构成的混合物，现有研究仅仅是不加选择地提取污泥中 EPS，使得回收产物含有大量杂质，难以形成特定的高附加值产物，进而难以满足潜在开发应用。在生物工程领域，多级膜（微滤与超滤）分离技术已广泛应用于多糖和蛋白质的分离、浓缩、纯化研究。同时，回收 EPS 过程产生的废水作为二次污染源，亦是需要解决的突出问题。

基于此，笔者提出了一种高附加值 EPS 回收的无污染集成化工艺[18]。如图 1.9 所示，采用 CER 法，将剩余污泥输送至阳离子交换树脂反应器中，通过表

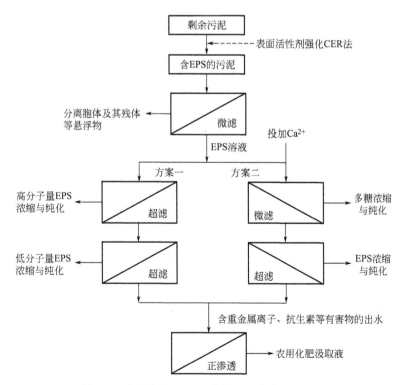

图 1.9　高附加值 EPS 回收的无污染集成化工艺

面活性剂强化阳离子交换树脂法优化提取 EPS，使得大量 EPS 溶解于水中。含有大量溶解态 EPS 的污泥进入微滤膜组件中进行分离处理，将细胞体及其残体等悬浮物截留去除，滤出溶解态、较为纯净的 EPS 滤液。将 EPS 溶液输送至多级膜组件中进行分离、浓缩和纯化处理，当多级膜组件采用超滤/超滤集成膜组件（方案一）时，可依次使高分子量 EPS 和低分子量 EPS 得到浓缩和纯化，进而分离出不同分子量范围的 EPS；当多级膜组件采用微滤/超滤集成膜组件（方案二）时，如 1.3.1 节所述，向 EPS 溶液中加入钙离子，以形成钙离子水溶液环境，多糖从溶解态转变为胶体态，进而微滤截留回收 EPS 溶液中多糖，不含多糖的 EPS 滤液进一步经超滤浓缩回收。将超滤产生的滤出液输送至以肥料作为驱动剂的正渗透膜组件中进行过滤净化，截留去除超滤滤出液中的重金属离子、抗生素等有毒有害污染物，并得到含有肥料的汲取液，直接用于水肥一体化灌溉或无土栽培。

根据具体细胞种类、生物高分子种类及其分子量大小与分布等实际情况进行膜分离关键参数的科学设计，确定最佳多级膜（微滤与超滤）组合方式，同时实现重金属离子与抗生素等小分子的同步去除和目标 EPS 的高效回收。微滤膜的孔径为 $0.1 \sim 8\mu m$，超滤膜的截留分子量为 $1k \sim 500kDa$，微滤膜与超滤膜可为平板膜或中空纤维膜，过滤方式为死端方式或扫流方式。同时采用以水溶性肥料为汲取剂的正渗透膜分离技术，以净化多级膜（微滤与超滤）组合工艺回收 EPS 过程中产生的废水，汲取液直接农用，真正意义上实现无污染回收集成技术。

需要重点关注阳离子交换树脂的再生与回用以及可生物降解表面活性剂的遴选，并分析观察细胞的破损程度。同时分析 EPS 中溶解性多糖、蛋白质等高分子物质含量，和分子量及分布、特征官能团、黏弹性、亲疏水性特性、粒度分布、电荷性等特征性质，以及 EPS 的结构形貌如尺寸、纳米尺度相分散的均匀程度等微观尺度上的聚集状态，从而明确提取高分子物质的高附加值。同时，清楚 EPS 与有毒有害污染物（重金属离子与抗生素）的相互作用，以及它们之间的微观作用机制，进而优化条件参数使 EPS 与有毒有害污染物相互脱附，游离于水中。

以 EPS 回收率与悬浮颗粒（细胞体等）截留率为指标，微滤膜的膜孔径与环境操作条件（如 pH、盐浓度、过滤压力等）作为优化参数，调查堆积于微滤膜表面可压缩变形细胞体构成滤饼层特性以及滤饼的过滤阻抗与压缩特性，探究细胞体的 Zeta 电位与 EPS 溶液黏度对过滤阻抗与细胞体压缩变形的影响，基于此，获得过滤速度关于 EPS 溶液黏度、滤饼压缩系数和过滤压力的理论解析式，以优化回收方法与装置设计。

依托多级超滤膜，依次使高分子量 EPS 和低分子量 EPS 得到浓缩和纯化，分离出不同分子量范围的典型 EPS。EPS 溶液亦可进入微滤/超滤膜组件，借助特定水溶液环境（如 Ca^{2+}）下 EPS 中主要成分的物理相态或聚集态变化，实现不同特性物质的彼此分离，经膜过滤截留或滤过 EPS 中特定结构物质，强化回收物质功能，依次实现多糖和典型 EPS 的浓缩与纯化，并建立 EPS 分子量与截留分子量间的定量关系。同时，基于特定环境条件（如 pH、含盐量等）与 EPS 特性，明确膜选型、回收率、浓缩率（EPS 滤饼脱水性能）以及膜污染机制与控制策略，并解析浓缩回收的 EPS 滤饼表面、断面形态与多孔结构分布状况的宏观形貌。检测评价回收 EPS 中重金属离子、抗生素等小分子污染物的含量水平，以表征 EPS 纯化率。

目标 EPS 被膜截留浓缩回收，而可能存在的重金属离子及抗生素等小分子则随滤液流出，从多级膜组件回收过程中产生的含有重金属离子、抗生素等小分子的废水统一经由正渗透膜组件过滤。以水溶性肥料为驱动剂，可同时克服驱动剂的选择及再生水回用问题，使汲取的产物水无需再生、回收，而是直接用于水肥一体化灌溉或无土栽培。此过程重点关注：重金属离子、抗生素等小分子污染物的截留率以及驱动剂溶质的反向渗透率；以肥料作为驱动剂，根据正渗透水通量差异，确定肥料的最佳配比，并检验汲取产物水水质，使其满足《农田灌溉水质标准》(GB 5084—2021)，从而使化肥汲取液可用于农业灌溉或无土栽培。另外，通过分析抗生素分子大小、电荷性、形态分布和重金属离子的 Stokes 水力半径、价态等对膜污染与水通量的影响，以及它们与正渗透膜间的相互作用，揭示 pH、盐浓度等环境条件影响下正渗透同步去除重金属离子与抗生素等小分子的截留分离机制与膜污染构成。

该高附加值 EPS 回收的无污染集成化方法，具有以下特点：

① 细胞无损，EPS 增量提取。在众多 EPS 提取方法中，阳离子交换树脂法对细胞损伤最小、无二次污染，且对重金属离子具有富集、分离性能，成为污泥中 EPS 提取的最佳选择；同时利用表面活性剂强化阳离子交换树脂法，通过优化表面活性剂种类与浓度、树脂投加量等提取条件，强化 EPS 提取率。

② 零污染，典型 EPS 回收。现有研究均不加选择地提取污泥中 EPS，且少有关注其中有毒有害污染物的含量；经多级膜过滤，高效回收多糖、蛋白质以及不同分子量的典型 EPS；同时，膜分离过程中重金属离子与抗生素等小分子污染物杂质随滤液滤出，回收的典型 EPS 实现纯化。

③ 正渗透净化，工艺集成。多级膜 EPS 回收过程中产生的滤液，采用肥料驱动正渗透技术进行净化，高效截留去除有毒有害污染物，汲取产物水满足《农

田灌溉水质标准》要求，直接用于水肥一体化灌溉或无土栽培，因此，该工艺提出一套高附加值 EPS 回收的无污染集成化方案。

该方法可以涵盖所有典型 EPS 的回收，如多糖、蛋白质、核酸、脂类等分泌的胞外生物大分子物质，还适用于生物工程中提取胞外高分子物质以及提取率的强化，以及污泥减量净化或是其他领域如医药、食品、电子等产生的废水。

1.3.8 微滤联合超滤回收藻酸盐

从好氧颗粒污泥中回收藻酸盐，为新兴污水资源化方向。藻酸盐是一种具有较高经济附加值的生物聚合物，由于具有凝胶强度高、增稠性好、保水能力强等特点，被广泛应用于农业、园艺、造纸、医疗和建筑工业。一种污水处理过程中微滤与超滤联合回收藻酸盐的工艺[19] 如图 1.10 所示，该工艺在实现污水净化的同时，不仅回收中水资源，而且生产藻酸盐。首先，污水排放至微生物反应器中，在适宜的环境条件下，经微生物的新陈代谢作用，有机污染物被降解，并且微生物还会分泌藻酸盐。微生物反应器与污水处理生物曝气池类似，微生物、有机污染物质、水等构成的混合物体系不限于普通的活性污泥，亦可以为絮凝污泥与颗粒污泥，甚至为添加填料的生物膜反应器。根据藻酸盐的微生物合成来源，关键的技术点为微生物反应体系中必须含有能分泌藻酸盐的假单胞菌属或固氮菌属细菌。这两种菌属存在并大量分泌藻酸盐的条件有赖于反应器的培养环境条件，如溶解氧量、pH 值、微量元素含量、营养成分等。值得说明的是，该工艺中污水不限于市政管网排放的污水，也可以为工业生产排放的含可生物降解有机物的废水。简言之，微生物反应器的作用即为，以污水中有机污染物为营养物，培养能够分泌大量藻酸盐的以假单胞菌属与固氮菌属细菌为优势菌群的微生物菌群。

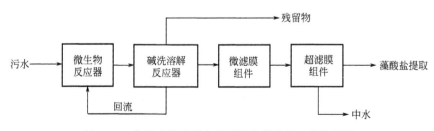

图 1.10 分置式微滤联合超滤回收藻酸盐工艺流程图

含有大量藻酸盐的微生物反应器中的污水，如絮凝污泥、颗粒污泥等，其中含有的藻酸盐主要为非溶解态。在微生物反应器中生物合成的一部分藻酸盐，有可能以非溶解性的盐存在如钙盐、镁盐、铁盐等，也可能吸附于细胞体及其碎片与无机颗粒表面。如果微生物反应器呈酸性，则有一部分藻酸盐可能转化成不溶于水的褐藻酸。为了提高后续膜组件分离提纯藻酸盐的回收率，如图 1.10 所示，将污水流入碱洗溶解反应器，其中加入了 NaOH、KOH 或 Na_2CO_3 等强碱，以调整反应器中 pH 值，使非溶解态的藻酸盐与褐藻酸转变成可溶的藻酸盐，如藻酸钠、藻酸钾等。碱洗溶解反应器中，经重力沉降作用，含微生物细菌的沉淀物，一部分回流至微生物反应器中，从而调节其中的微生物量，一部分作为残留物排出。

含可溶性藻酸盐的碱洗溶解反应器中的污水，经重力沉降作用后，含溶解态藻酸盐的上清液流入分置式微滤膜组件，或者不经重力沉降作用，污水直接流入分置式微滤膜组件，如图 1.10 所示。碱洗溶解反应器中的污水或沉降后的上清液，不仅含有待回收的藻酸盐，亦含有微生物细胞体及其碎片与无机颗粒，这些悬浮物质的大小一般大于 $1.0\mu m$，采用微滤膜（截留孔径一般为 $0.1\sim1.0\mu m$）几乎能够完全截留去除，而藻酸盐和水则能通过微滤膜。微滤膜孔径根据具体工程实际中悬浮物质大小而定。

分置式微滤膜组件中截留的微生物细胞体及其碎片与无机颗粒作为残留液排出，微滤膜组件滤出液为含溶解性藻酸盐的溶液，流入超滤膜组件，如图 1.10 所示。藻酸盐溶液经超滤膜组件分离后，出水作为中水回收利用；而藻酸盐溶液被浓缩，进入后续藻酸盐提取工艺，如采用钙凝-酸化法分离提纯藻酸盐。例如，市售藻酸钠分子量一般为 $(1.2\sim19)\times10^4 Da$，对应的宏观尺寸大约为 $0.005\sim0.05\mu m$，而超滤膜孔径一般为 $0.001\sim0.02\mu m$。因此，应根据具体工程实际中浓缩分离的藻酸盐分子量大小，选择超滤膜孔径。

另一方面，如图 1.11 所示，可将碱洗溶解反应器和微滤膜组件合二为一，即微滤膜组件浸没于碱洗溶解反应器中，成为一体式微滤膜组件。该种设置方法可节省生产工艺装置的占地面积，与图 1.10 所示工艺相比，除微滤膜组件的连接形式不同，其他均一致。

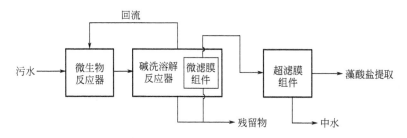

图 1.11　一体式微滤联合超滤回收藻酸盐工艺流程图

需要说明的是，该工艺不局限于污水处理过程中生物合成藻酸盐的回收。由于藻酸盐为一种典型的多糖类 EPS，因此其他的多糖、蛋白质、核酸、脂类等胞外分泌的生物大分子物质，亦适合该工艺流程。需重点控制的是，微生物反应器中微生物菌群以及培养环境条件、碱洗溶解反应器的反应条件、分置式和一体式微滤膜组件中微滤膜孔径以及超滤膜组件中超滤膜孔径。另外，本工艺也适用于以污水为有机营养物，培养海洋褐藻或淡水微藻生物合成藻酸盐的回收，其中，微生物反应器中主要微生物为微藻。以污水为有机营养源，培养的微生物与藻类不限于假单胞菌属与固氮菌属细菌、巨型海洋褐藻类、淡水微藻，其他只要是以污水为营养源生产藻酸盐的工艺都可以。综上，该工艺具有以下突出特点。

① 不需要添加外来营养原料，节省生产原料成本。与微生物纯种培养生产藻酸盐不同，采用的有机营养物来源于污水，在污水处理的过程中，培养能大量分泌藻酸盐的以假单胞菌属与固氮菌属细菌为优势菌种的混合微生物体系。

② 实现环境保护与水资源回收。传统的从海带、巨藻等海洋褐藻中提取藻酸盐生产工艺，产生大量的生产废水；然而，以污水中有机污染物为营养源，在藻酸盐生产的过程中，不仅可以回收高价值的藻酸盐，而且经超滤膜组件的出水，可以作为中水回收利用。

③ 定向调控合成特定分子量与结构的藻酸盐。传统的从海带、巨藻等海洋褐藻中提取藻酸盐生产工艺中，褐藻生长容易受季节等自然环境条件的影响；而采用微生物混合菌种培养生物工程技术，通过调节合适的环境条件，培养能分泌特定藻酸盐的以假单胞菌属与固氮菌属细菌为优势菌种的混合微生物体系，定向调控合成特定分子量与结构的藻酸盐，不受季节等自然环境条件的影响。

④ 微生物反应器中微生物存在形态，不局限于污水生物处理中活性污泥、生物膜、好氧颗粒污泥，甚至厌氧颗粒污泥，而是以能生物合成藻酸盐的假单胞菌属与固氮菌属细菌为主要菌群的混合微生物反应系统。

⑤ 碱洗溶解反应器中，不局限于添加强碱，只要能将反应器中的非溶解性胞外分泌物转化为溶解态且不破坏胞外分泌物的分子结构的物质都可以作为添加物。

⑥ 分置式和一体式微滤膜组件中微滤膜孔径的大小，根据实际工程中待去除的细胞体及其碎片与无机颗粒的尺寸选定。

⑦ 超滤膜组件中超滤膜孔径的大小，根据实际工程中待浓缩提纯的藻酸盐等 EPS 分子量而选定。

1.4 展望

资源回收是未来污水处理技术的发展方向。污水中高分子物质回收是一套系统工程，尽管诸如本书所述，自污水中不仅可回收藻酸盐（多糖）、纤维素、蛋白质、生物塑料、胞外聚合物等高分子物质，还可能回收甲烷、磷、贵金属、热能等资源，但目前仍然处于研究萌芽阶段。根据笔者见解，对于污水中高分子物质回收，今后至少需要在以下 5 方面开展瓶颈问题突破研究。

① 提取方法优化。酸法、碱法、超声波法等物理、化学方法，以及物理与化学结合的方法，在保证无二次污染的同时，省能降耗是主要的瓶颈。

② 定向资源回收。回收的目标产物决定高附加值实现，如通过前沿的好氧颗粒污泥工艺等新工艺开发，在满足基本出水指标的同时，自好氧颗粒污泥中回收定向的具有高附加值的高分子物质——藻酸盐，即定向高分子物质的生物合成新工艺是瓶颈。

③ 新型浓缩技术开发。毋庸置疑，无论采用何种提取方法，何种特征污泥，获得的高分子物质均为水溶性的，且含水率接近 100%，如高浓度的好氧颗粒污泥中提取的胞外聚合物溶液浓度仅为 $1.2 \sim 1.8 \text{g} \cdot \text{L}^{-1}$。

④ 高效的分离与纯化。污水作为人类活动的产物，其中必然含有较多杂质，特别是重金属离子、有机污染物如激素类、抗生素等有毒有害物质，在实现回收产物有效利用前，开发现实可行的分离与纯化技术必不可少。

⑤ 潜在应用领域扩展。除本书所述的重金属离子吸附剂、保水剂、絮凝剂外，新型应用如用作纳米纤维、首饰、防火材料、黏结剂甚至过滤膜材料等高附加值物质亦是今后研究方向，这决定污水中高分子物质回收的最终出路。

参考文献

[1] van Loosdrecht M C M, Brdjanovic D. Anticipating the next century of wastewater treatment: advances in activated sludge sewage treatment can improve its energy use and resource recovery [J]. Science, 2014, 344 (6191): 1452-1453.

[2] Cao D Q, Hao X D, Wang Z, et al. Membrane recovery of alginate in an aqueous solution by the addition of calcium ions: Analyses of resistance reduction and fouling mechanism [J].

Journal of Membrane Science, 2017, 535: 312-321.

[3] 曹达啟, 王振, 郝晓地, 等. 藻酸盐污水处理合成研究现状与应用前景 [J]. 中国给水排水, 2017, 33: 1-6.

[4] Cao D Q, Song X, Hao X D, et al. Ca^{2+}-aided separation of polysaccharides and proteins by microfltration: implications for sludge processing [J]. Separation and Purification Technology, 2018, 202: 318-325.

[5] Cao D Q, Song X, Fang X M, et al. Membrane fltration-based recovery of extracellular polymer substances from excess sludge and analysis of their heavy metal ion adsorption properties [J]. Chemical Engineering Journal, 2018, 354: 866-874.

[6] Cao D Q, Wang X, Wang Q H, et al. Removal of heavy metal ions by ultrafiltration with recovery of extracellular polymer substances from excess sludge [J]. Journal of Membrane Science, 2020, 606: 118103.

[7] Cao D Q, Jin J Y, Wang Q H, et al. Ultrafiltration recovery of alginate: Membrane fouling mitigation by multivalent metal ions and properties of recycled materials [J]. Chinese Journal of Chemical Engineering, 2020, 28 (11): 2881-2889.

[8] 曹达啟, 孙秀珍, 靳景宜, 等. EPS回收: 藻酸钠正渗透分离的影响因素 [J]. 环境工程, 2020, 38 (8): 64-68.

[9] Cao D Q, Sun X Z, Yang X X, et al. News on alginate recovery by forward osmosis: Reverse solute diffusion is useful [J]. Chemosphere, 2021, 285: 131483.

[10] Cao D Q, Tian F, Wang X, et al. Recovery of polymeric substances from excess sludge: Surfactant-enhanced ultrasonic extraction and properties analysis [J]. Chemosphere, 2021, 283: 131181.

[11] Flemming H C, Wingender J, Szewzyk U, et al. Biofilms: an emergent form of bacterial life [J]. Nature Reviews Microbiology, 2016, 14: 563-575.

[12] 曹达啟, 郝晓地, 宋鑫, 等. 一种EPS中多糖的回收方法: 201810291161.9 [P]. 2018-03-30.

[13] 曹达啟, 王欣, 杨晓璇, 等. 剩余污泥中胞内与胞外高分子聚合物同时回收的方法: 201910739281.5 [P]. 2019-08-12.

[14] 曹达啟, 田锋, 孙秀珍, 等. 一种剩余污泥中胞内与胞外高分子分步回收的方法: 202010821758.7 [P]. 2020-08-15.

[15] 曹达啟, 方晓敏, 宋鑫, 等. 剩余污泥中EPS回收以及重金属离子去除的方法: ZL201811549284.4 [P]. 2018-12-18.

[16] 曹达啟, 郝晓地, 汪群慧, 等. 一种新型正渗透浓缩方法及装置: 201910619042.6 [P]. 2019-07-10.

[17] 曹达啟, 杨晓璇, 靳景宜, 等. 一种利用驱动剂反向渗透的正渗透浓缩回收藻酸盐的方法: 202010189536.8 [P]. 2020-03-18.

[18] 曹达啟,韩佳霖,田锋,等. 一种高附加值 EPS 回收的无污染集成化方法及装置:202010763794.2 [P]. 2020-08-01.

[19] 曹达啟,郝晓地,王振,等. 一种污水处理过程中合成藻酸盐的方法以及设备:ZL201610201849.4 [P]. 2016-03-31.

第2章

藻酸盐

藻酸盐是一种天然聚合物和可再生资源，是一种具有较高附加值的生物聚合物，通常来源于海带、巨藻等褐藻类海藻植物。因其凝胶强度高、增稠性好、保水能力强、有生物相容性等特点，被广泛应用于食品、医药、纺织、印染、造纸、日用化工等产品；可作为增稠剂、乳化剂、稳定剂、黏合剂、上浆剂等使用，是具有许多潜在应用的高价值原料[1-4]。藻酸盐已在各个领域引起了广泛的兴趣，高附加值藻酸盐的回收势在必行[5-10]。

藻酸钠（sodium alginate，SA）不仅是一种安全的食品添加剂，而且可以作为仿生食品或疗效食品的基材。藻酸钠实际上是一种天然纤维素，可减缓脂肪糖和胆盐的吸收，具有降低血清胆固醇、血中甘油三酯和血糖的作用，可预防高血压、糖尿病、肥胖症等现代病。藻酸钠在肠道中能抑制有害金属，如锶、镉、铅等在体内的积累。正是因为这些重要作用，藻酸钠在国内外已日益被人们所重视。日本人把富含有褐藻酸钠的食品称为"长寿食品"，美国人则称其为"奇妙的食品添加剂"。

目前，工业获取藻酸钠主要是从大型海藻中提取。但是，从海藻中提取藻酸钠的生产成本较高，且藻酸钠成分易受季节变化的影响。此外，从海藻中提取藻酸钠还会产生大量废水；每生产1t藻胶及其碘产品通常需要超过1200t淡水，并消耗大量煤炭、酸、碱等化学品；产生的废水中含有难以回收利用的糖胶、色素、纤维素等有机物，并含有大量无机离子（如Na^+、Ca^{2+}、Cl^-等）[11,12]。

鉴于此，研究人员尝试通过纯微生物培养方式，经假单胞菌属（*Pseudomonas*）或固氮菌属（*Azotobacter*）细菌来生物合成藻酸盐[13]。通过定向调控细菌产藻酸盐之特性，优化培养条件，稳定产胶能力，可以生物合成各种具有特定结构性能的藻酸盐。但是，该方法的缺点是需要投加大量有机营养物作为生产原料，会使得生产成本大幅提高[13]。

近年来,一些研究人员在研发污水处理技术过程中,发现好氧颗粒污泥(AGS)成粒过程以及成熟过程始终含有较高含量的藻酸盐[5,7,9,10,14,15],最高可达污泥干重的25%[14,16]。联想到上述藻酸盐微生物纯培养中需要消耗大量有机添加物,van Loosdrecht 等率先提出利用污水中有机物来作为细菌生物合成藻酸盐的营养物,并通过好氧颗粒污泥特有的成粒现象来实现藻酸盐定向生产[5]。这样一来,不仅可拓展藻酸盐微生物生物合成渠道,而且可避免微生物纯培养时对有机营养物的需求,更为重要的是这种途径还为污水处理资源化拓展了一条新路,可推动好氧颗粒污泥技术的广泛应用。

2.1 藻酸盐来源与特性

藻酸盐又名褐藻酸盐、海带胶、褐藻胶、海藻酸盐。19 世纪 80 年代,英国化学家 Stanford 首次提出在褐藻中存在一种含量丰富的多糖类物质——藻酸盐,其含量分别占泡叶藻($A.nodosum$)干重的 22%~30% 和掌状海带($L.digitata$)的 25%~44%[17],这些藻酸盐主要以 Ca^{2+}、Mg^{2+}、Na^+ 和 K^+ 等盐的形式存在于细胞外和细胞壁之中[18]。20 世纪 60 年代,Linker 和 Jones 首次在囊胞性纤维病病人的分泌物中发现铜绿假单胞菌($P.aeruginosa$)可以产生藻酸盐物质[19];Gorin 和 Spencer 报道了土壤微生物棕色固氮菌($A.vinelandii$)能够合成乙酰化的海藻酸[20]。随后,荧光假单胞菌($P.fluorescens$)[21]、恶臭假单胞菌($P.putida$)[21]、门多萨假单胞菌($P.mendocina$)[21]、丁香假单胞菌($P.syringae$)[22,23]、褐球固氮菌($A.cbroococcum$)[24] 等也被发现可以生物合成藻酸盐。

藻酸盐是由 β-D-甘露糖醛酸残基(β-D-mannuronic acid,记为 M)与其同分异构体 α-L-古罗糖醛酸残基(α-L-guluronic acid,记为 G),通过 α(1→4)糖苷键连接而成的线型嵌段共聚物[25],如图 2.1 所示[26]。藻酸钠盐分子以连续的甘露糖醛酸钠盐残基组成的 MM 区、古罗糖醛酸钠盐残基组成的 GG 区以及由两类残基交替变化的 MG 区嵌段构成。

藻酸盐最突出的特性是能与二价以上金属离子在温和的条件下形成凝胶,且与二价金属阳离子结合具有一定的选择性,结合顺序依次为:$Mg^{2+} \ll Mn^{2+} <$ $Ca^{2+} < Sr^{2+} < Ba^{2+} < Cu^{2+} < Pb^{2+}$ [25]。藻酸盐与金属的结合能力与藻酸盐的结构组成密切相关,随着 G 残基增多,藻酸盐与金属的结合能力变强,即与二价金属离子的结合形成凝胶能力依次为:MM 区 < MG 区 < GG 区[25]。图 2.2 显

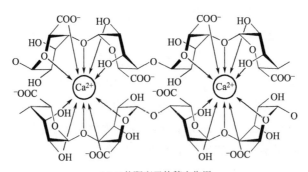

(a) β-D-甘露糖醛酸钠盐残基(M)和 α-L-古罗糖醛酸钠盐残基(G)

(b) 以MM区、GG区与MG区构成的藻酸钠盐线性结构片段构象

图 2.1 藻酸盐化学结构[26]

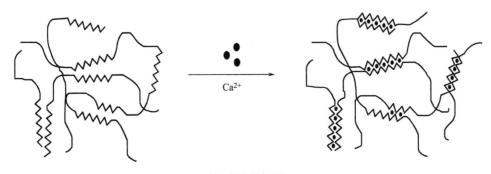

(a) 二价阳离子的螯合作用

(b) 链间结合形成过程

图 2.2 二价金属离子与藻酸盐的结合——"蛋格"模型[26]

示[26]，当两组呈螺旋态的 GG 区互相靠近时，古罗糖醛酸残基中的羧基、羟基以及 1-4 糖苷键中的氧与金属离子发生螯合作用，金属离子镶嵌在其形成的凹槽

之中，形成类似"蛋格"的结构，Smidsrød 等和 Morris 等将这种蛋格结构称为"蛋格"模型[25,27]。不同金属离子所带电荷数以及离子半径不同，其与蛋格凹槽的亲和能力也存在差异，亲和力较强的离子可与 GG 区优先形成蛋格结构，同时也能置换出已形成蛋格模型中较弱亲和力的金属离子[28]。

2.2 藻酸盐纯培养生物合成

利用海洋褐藻生产的藻酸盐，其化学组成随着季节和气候变化而改变，即使在同一株褐藻中，不同部位提取出来的藻酸盐组成成分也不尽相同，这就使得从褐藻中提取的藻酸盐具有结构多样性与性质不稳定性[3]。如上所述，除海洋褐藻外，藻酸盐亦可由两类微生物——固氮菌属和假单胞菌属微生物合成。通过生物工程技术纯培养这两类微生物，可以定向调控细菌合成藻酸盐的特性，从而合成各种具有特定结构、性能稳定的藻酸盐[13]。当受到外界环境刺激时，固氮菌属和假单胞菌属细菌可能分泌藻酸盐[13,29,30]，这是导致藻酸盐普遍存在于污水生物处理系统絮状污泥和颗粒污泥中的主要原因。因此，深入揭示固氮菌和假单胞菌合成藻酸盐的特性以及外界刺激合成条件非常重要。

2.2.1 棕色固氮菌合成藻酸盐

棕色固氮菌与其他固氮菌的区别在于其胞外可形成一层以藻酸盐为主要成分的休眠胞囊，该结构对细胞维持正常生理代谢至关重要[13]。尽管固氮菌科的褐球固氮菌也可以生物合成藻酸盐[24]，但研究人员主要以棕色固氮菌作为研究对象[13]。

碳（C）、氮（N）、磷（P）等营养物以及溶解氧（DO）会影响棕色固氮菌生产藻酸盐潜能，不同的 C 源会影响藻酸盐的生物合成，例如，模拟 C 源葡萄糖优于蔗糖；搅拌速度越大，DO 越大，则藻酸盐产量越高；无机 P 与 N 源均有利于合成藻酸盐[31]。如图 2.3 所示，高 DO 浓度下棕色固氮菌细胞表面将分泌更多、更致密的藻酸盐。N 源和 C/N 值也将影响棕色固氮菌合成藻酸盐产量以及其分子量[32]。另外，氧的传递速率与细胞生长速率也将影响生物合成藻酸盐的分子量。为了抵抗不利环境条件（如氧气或底物缺乏），棕色固氮菌在其细胞表面分泌的藻酸盐分子量将增大[33,34]。通常情况下，棕色固氮菌在生物合成藻酸盐的同时会分泌藻酸盐裂解酶，因此，通过基因工程技术获得不分泌藻酸盐裂解酶的棕色固氮菌，或者抑制藻酸盐裂解酶的分泌，也是促进藻酸盐生产的有效方法[35]。同时，在纯培养过程中，也应该避免因藻酸盐浓度升高、相应培养液黏度增大而带来的搅拌过程所需能耗的增加[36]。

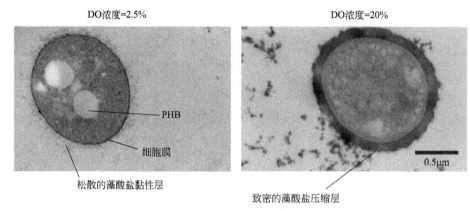

图 2.3　在不同 DO 浓度下，棕色固氮菌的薄片电子显微图[13]

其次，操作条件也将影响藻酸盐的合成。改造反应器的类型，例如，利用鼓泡反应器，能够控制生物合成藻酸盐中单体的组成，使得 G 单体占主要成分[37]。利用基于序批式反应器（SBR）两段式发酵工艺可培养棕色固氮菌生产藻酸盐[38]。两段控制不同 DO 分压，在第一阶段可获得较多生物量，第二阶段则用于生物合成藻酸盐，能够显著提高藻酸盐的产量[38]。另外，也可利用 SBR 反应器与膜组件相结合系统培养棕色固氮菌生产藻酸盐，微生物因膜组件截留而保留在反应器中，藻酸盐则会源源不断地从反应器中得以回收，从而提高藻酸盐的产量[39]；同时，利用细胞固定技术亦可提高藻酸盐的产量，并能增加其分子量，达到每克蔗糖生物合成 0.24g 藻酸盐[40]。

2.2.2　假单胞菌合成藻酸盐

在假单胞菌生产藻酸盐的过程中有可能伴随毒性物质的分泌，这使得人们主要研究固氮菌合成藻酸盐[41]。尽管如此，在一些特殊行业，如生物医药领域，假单胞菌合成藻酸盐依然被持续关注[13,42]。

藻酸盐为假单胞菌生物膜的主要成分之一，其生物合成受到各种环境因素的影响，如氧、高渗透压、乙醇、N 源、磷酸盐等[43-45]。Krieg 等在按 1∶1 配比培养类黏型与非类黏型铜绿假单胞菌的实验中观察发现，氧气对类黏型铜绿假单胞菌具有定向选择作用，而非类黏型铜绿假单胞菌对于氧气十分敏感[46]；在恒化培养条件下，非类黏型铜绿假单胞菌在氧气存在的环境压力下可以生物合成藻酸盐[47]。铜绿假单胞菌在微氧环境下生长，主要由两种机制支配：①氧气传输速度下降；②细胞表面多糖荚膜形成[13]。氯化钠和乙醇对于荧光假单胞菌分泌藻酸盐有一定的促进作用，即渗透压与脱水性是藻酸盐分泌的诱导因素[48,49]。温度和搅拌强度也将影响藻酸盐的合成，且存在最佳的温度与搅拌强度值[50]。在荧光假单胞菌的 SBR 发酵实验中，以果糖为营养物比葡萄糖更能促进藻酸盐的生成[51]。

综合以上两类微生物合成藻酸盐情况可知，营养物类型及其浓度、氧含量以及传递速度、培养温度、工艺运行条件等均影响细菌生产藻酸盐的特性（分子量与 G/M 值）、产量以及系统所需能耗。此外，这两类微生物较多半是在对数增长期内合成藻酸盐[52]。因此，在污水处理过程中合理控制工艺条件，保证污泥中微生物始终处于对数增长期，将加速合成藻酸盐的速率。

2.3 污水处理过程中合成藻酸盐

在一定环境条件刺激下，固氮菌属和假单胞菌属能够分泌高附加值的藻酸盐，况且，这两类细菌普遍存在活性污泥之中，并有可能成为优势种属[53,54]，这为污水生物处理过程合成藻酸盐创造了可能性。理论上，只要满足上述环境条件，在混合菌种培养的活性污泥中这两类细菌应该会分泌藻酸盐。事实上，一些文献已证实了活性污泥中藻酸盐的存在[16,55-66]。

2.3.1 污水处理系统中的藻酸盐

Bruus 等在研究活性污泥絮体脱水性能过程中发现，污泥胞外聚合物与二价离子结合的性质类似于藻酸盐；较之 Mg^{2+}，絮体污泥对 Ca^{2+} 和 Cu^{2+} 具有较强的亲和力。因污泥中藻酸盐这一特性与从海洋褐藻中提取的藻酸盐十分相似，所以，Bruus 等首次提出在污水生物处理系统中可能存在藻酸盐[55]。Sobeck 和 Higgins 在解释离子诱导生物絮凝形成机理过程中，提出了基于藻酸盐的絮凝理论，即在 Ca^{2+} 作用下藻酸盐将形成凝胶，从而加速污泥絮凝沉淀，并断言藻酸盐普遍存在于活性污泥中[56]。王琳和林跃梅甚至报道，在红外光谱分析鉴定下，从好氧颗粒污泥中提取到占颗粒污泥干质量约 35% 的细菌藻酸盐[57]。尽管存在红外光谱分析鉴定胞外聚合物与相应提取方法的局限性[58]，但是，毋庸置疑的是多名研究者均声称他们从活性污泥中提取出了藻酸盐[16,61,63-66]。Lin等从中试规模好氧颗粒污泥处理系统中提取得到占干污泥质量16%左右的藻酸盐，并且通过鉴定得到其中古罗糖残基（GG区）占比约69%[61]。继而，他们还比较了好氧絮凝污泥与好氧颗粒污泥中提取出的藻酸盐物理化学性质之差异。实验结果显示，好氧颗粒污泥较好氧絮凝污泥合成的藻酸盐中古罗糖残基（GG区）更多，这刚好与污泥絮凝的藻酸盐理论一致，因为藻酸盐中GG区比MM区具有更强的成胶能力，从而污泥絮凝呈颗粒状[16]。Yang等通过丙烯酸盐模拟废水，研究不同有机负荷（OLR）下好氧颗粒污泥性能发现，OLR突然增加将促进污泥组成微生物，如假单胞菌、梭状芽孢杆菌、索氏菌属、节细菌属分泌胞外环鸟苷二磷酸（c-di-GMP）等的生长[62]。因c-di-GMP为藻酸盐产生的前体，从而产生大量藻酸盐。但是，他们获得的藻酸盐中并没有发现较丰富的古罗糖残基，这可能是好氧颗粒污泥培养中营养源不同所致。Gonzalez-Gil等基于核磁共振（NMR）和电离飞行时间质谱（MALDI-TOF MS），证实在实际厌氧颗粒污泥反应工艺中藻酸盐扮演着微生物胞外聚合物——EPS之角色（主要成分）[63]。Sam和Dulekgurgen以合成废水与啤酒废水为处理目标，研究了传统絮凝污泥和好氧颗粒污泥中含有的胞外多糖物理化学特性［包括成胶能力、形态学（SEM观察）、凝胶含水率以及基于红外光谱的化学结构］，实验得到的结果与商业藻酸钠十分相似[64]。李佳琦以及邹声明等亦研究了絮凝污泥、生物膜和好氧颗粒污泥中藻酸盐的提取方法与差异[65,66]。

进言之，因藻酸盐作为一种胞外多糖普遍存在于活性污泥中，所以许多研究者在机理研究过程中，通常采用藻酸盐模拟胞外多糖方式进行。例如，Örmeci和Vesilind、Wang等为模拟絮凝形成过程以及调查污泥的物理化学特性，用藻酸盐和乳胶颗粒模拟制得了污泥，经实验验证获得与实际活性污泥性能类似的结论[67,68]。Li等在研究好氧颗粒污泥形成机理中，采用藻酸盐作为微生物胞外聚合物（EPS）[69]。在MBR污水处理工艺中，因胞外分泌物构成了主要的膜污染[70,71]，所以，众多研究者也采用藻酸盐作为模型EPS，进行膜分离机理与膜污染去除行为的研究，尝试揭示EPS膜污染机理以及寻求控制膜污染的方法[72-77]。

2.3.2 好氧颗粒污泥中藻酸盐及回收可行性

好氧颗粒污泥是通过微生物自凝聚作用形成的颗粒状活性污泥[78,79]。与普通活性污泥相比，好氧颗粒污泥具有易沉降、不易发生污泥膨胀、抗冲击能力强、能承受高有机负荷，集不同性质的微生物（好氧、兼氧和厌氧微生物）于一体等特点[80,81]。微生物自絮凝本质原因可归结为胞外分泌EPS作用[78,79]，而藻酸盐是EPS的主要组成成分[16,61]。研究发现，好氧颗粒污泥特有成粒现象可以实现多糖类EPS——藻酸盐生物合成，所形成的污泥中藻酸盐含量高达15%～20%[16,61,82]。由此可见，污水合成藻酸盐不仅进一步拓展了污水资源化的渠道，同时也必将推动被誉为下一代污水处理技术的好氧颗粒污泥工艺之广泛工程应用[5]。

藻酸盐可以在活性污泥中合成，但是它们并不能自行从污泥中"脱颖而出"。这就为污水合成藻酸盐后续分离、回收带来了新的问题。如上所述，藻酸盐实际上是假单胞菌属和固氮菌属这两类微生物所分泌的EPS[13]。图2.4显示了微生物的五个发展阶段，伴随着微生物逐渐繁殖，EPS不断分泌。EPS其实是在特定环境下细菌新陈代谢所分泌的、包裹在细胞壁外的高分子物质。EPS具有复杂的化学组成，占总量75%～89%的多糖和蛋白质是两种最主要的成分，而核酸、腐殖质、糖醛酸、脂类、氨基酸以及一些无机成分的含量相对较低[83]。

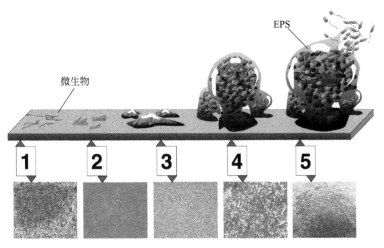

图2.4 微生物五个发展阶段：微生物繁殖与EPS分泌[84]

显然，回收污泥中胞外多糖——藻酸盐的关键是首先将微生物菌体与其表面的EPS分离开来[7]。因污水中存在多种二价、三价金属离子，所以，活性污泥中藻酸盐往往以非溶解态盐，如钙盐、镁盐、铁盐等形式存在[69,85]。其次，由于藻酸盐与微生物等悬浊颗粒表面的电性中和、亲疏水性等作用，藻酸盐也大部分存在于污泥絮体中[56,86]。因藻酸盐为古罗糖醛酸残基与甘露糖醛酸残基构成，且一价钠盐、钾盐在水中以溶解态形式存在，所以，可以向沉淀的好氧颗粒污泥中加入碱，将藻酸盐转化为藻酸钠或藻酸钾，从而解体颗粒污泥，分离藻酸盐与微生物等悬浊颗粒[87]。根据最新文献资料，研究者均以碱洗为关键步骤，从好氧颗粒污泥中提取藻酸盐[16,57,61,62,64]。王琳和林跃梅利用 Na_2CO_3 将好氧颗粒污泥由凝胶颗粒转化为溶胶，然后参照藻类中藻酸盐的提取方法[57]（如钙凝-酸化法[88]），分离提取得到了藻酸盐。Lin 等、Yang 等和 Sam 等将好氧颗粒污泥或活性污泥进行干燥，得到干物质后再加入碱试剂反应，再经反复离心分离、pH调节和乙醇脱水等步骤，最后回收得到藻酸钠固体粉末[16,61,62,64]。

污水合成藻酸盐，尽管目前研究关注点主要集中于好氧颗粒污泥，然而，通过以上论述不难发现，只要环境条件符合，刺激混合微生物污泥培养体系中固氮菌属与假单胞菌细菌分泌藻酸盐，不限于好氧颗粒污泥，絮凝污泥、生物膜甚至厌氧颗粒污泥亦可能生物合成藻酸盐。

2.4 藻酸盐的超滤/微滤浓缩与回收

如前文所述，从污水中回收的藻酸盐溶液的含水率高达 99.8%[9,10,14,16,89]。因此，脱水和浓缩是从 AGS 回收藻酸盐的主要瓶颈之一。传统方法是通过添加乙醇、氯化钙、无机酸和其他化学试剂以浓缩沉淀水中溶解的藻酸盐。但是，这种方法消耗大量化学试剂，还可能造成二次污染[9,10]。广泛用于浓缩蛋白质、多糖和核酸等生物聚合物的膜分离和浓缩方法可以有效避免这些缺点[7,9,10,90,91]，通过膜过滤，藻酸盐溶液的浓度增加但体积减小，藻酸盐回收过程中的规模和操作成本可以大大降低。

2.4.1 Ca^{2+} 作用下藻酸钠溶液的特性

图 2.5 显示了在藻酸钠（SA）溶液中添加 $8mmol \cdot L^{-1}$ Ca^{2+} 时形成的悬浮液的典型显微图。悬浊液通过 $0.45\mu m$ 膜过滤后，使用纳米粒度电位仪通过动态光散射（DLS）测量胶体或聚合物的典型尺寸分布，如图 2.6 所示。随着 Ca^{2+} 浓度的增加，悬浮液中胶体和聚合物的尺寸明显增大。添加了 Ca^{2+} 的 SA 溶液形成的悬浮液中，包括藻酸钙颗粒、SA 与 Ca^{2+} 形成的絮状物以及残留的 SA，其中，不溶性物质如较大的胶体颗粒和絮体可通过重力沉降。以 $1.0g \cdot L^{-1}$ 藻酸钠溶液为例，当 Ca^{2+} 浓度 $C_{i0} \geqslant 4mmol \cdot L^{-1}$ 时沉降 12h 后可以观察到一个明

显的界面，如图 2.7 所示。因此，为了研究沉降对过滤特性的影响[92]，悬浮液在重力作用下沉淀 12h 后，亦讨论获得的上清液的超滤行为，并将其过滤性能与悬浮液进行比较。

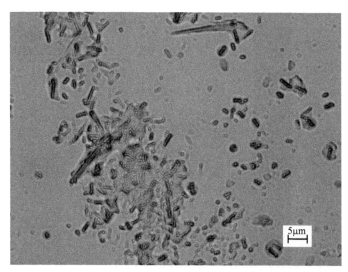

图 2.5　8mmol·L^{-1} Ca^{2+} 作用下 1.0g·L^{-1} SA 溶液形成的悬浮液的显微图

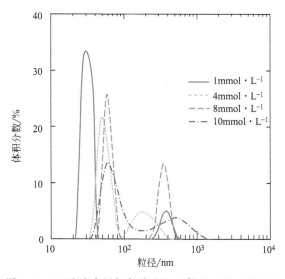

图 2.6　SA 溶液中添加各种浓度 Ca^{2+} 形成的悬浮液中胶体和聚合物的尺寸分布

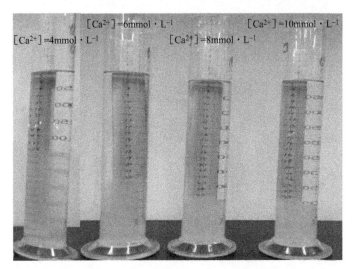

图 2.7　Ca^{2+} 作用下 $1.0g \cdot L^{-1}$ SA 溶液形成的悬浮液（静沉 12h）

2.4.2　Ca^{2+} 作用下藻酸钠溶液的超滤行为

恒压死端过滤是评价膜过滤性能最方便的方法。图 2.8 显示了不同浓度 Ca^{2+} 与 SA 溶液作用后形成的悬浊液的超滤数据。根据 Ruth 过滤理论[93,94]，理论上，过滤速率的倒数 $(d\theta/dv)$ 与单位有效膜面积上滤出的累积滤液体积 v 是线性的关系。如图 2.8 所示，用 Ruth 过滤速率方程 [式(2.1)]，讨论 $(d\theta/dv) - (d\theta/dv)_m$ 与 v 的关系；由图可知，不依赖于 Ca^{2+} 浓度，过滤行为均呈线性关系。

$$\frac{d\theta}{dv} = \frac{2}{K_v}v + \left(\frac{d\theta}{dv}\right)_m \tag{2.1}$$

式中，θ 是过滤时间；v 是单位有效膜面积上滤出的累积滤液体积；$(d\theta/dv)_m$ 是根据 Ruth 过滤理论得出 $(d\theta/dv)$ 与 v 的线性函数在 $(d\theta/dv)$ 轴上的截距，即过滤开始（滤饼未形成，$v=0$）时过滤速率的倒数；K_v 是 Ruth 过滤系数，用于描述过滤的难易程度，其值越大，恒压死端过滤的过滤速度下降越缓慢。K_v 可由下式计算：

$$K_v = \frac{2p(1-ms)}{\mu\rho s\alpha_{av}} \tag{2.2}$$

式中，p 为过滤压力；m 为滤饼的湿干质量比；s 为过滤试料的质量分数；μ 为滤液的黏度；ρ 为滤液的密度；α_{av} 是滤饼的平均过滤阻抗。特别地，当过滤试料浓度较小时，s 值很小，$(1-ms) \approx 1^{[95,96]}$，故式(2.2)可简化为：

$$K_v = \frac{2p}{\mu \rho s \alpha_{av}} \tag{2.3}$$

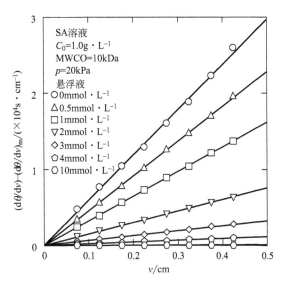

图 2.8　不同浓度 Ca^{2+} 与 SA 溶液形成的悬浮液的
过滤速率倒数与累积滤液体积的关系

由上可知，水通量下降可以用 Ruth 过滤模型来分析。同时，注意到高浓度 Ca^{2+} 时在膜表面发现了藻酸钙颗粒与藻酸盐凝胶状滤饼层，而低浓度 Ca^{2+} 时却未观察到。如图 2.8 所示，随 Ca^{2+} 浓度的增加，过滤速率倒数的增加趋势减缓，即膜过滤阻抗减小。有趣的是，实验发现随着过滤时间的推移，在悬浮液中观察到了一个沉降界面（图 2.7），因此，对上清液亦进行了超滤。图 2.9 显示了 Ca^{2+} 与 SA 溶液作用后悬浊液沉淀 12h 后，上清液的超滤行为；如图所示，$(d\theta/dv) - (d\theta/dv)_m$ 与 v 关系亦呈现线性关系，即也可以用 Ruth 过滤理论来评价水通量下降行为。

通常，随着 v 的增加，由于悬浮液中悬浮固体的沉降导致滤饼层厚度增加，过滤速率的下降趋势更大，过滤阻抗增大，即 Ruth 过滤数据点 $[(d\theta/dv) - (d\theta/dv)_m$ 与 v 的关系] 呈下凸曲线$^{[92,95]}$。然而，由于悬浮液和上清液的超滤行为均呈现线性关系（图 2.8 和图 2.9），故悬浊液中颗粒的沉降对过滤行为的影响可以忽略不计。

利用 $(d\theta/dv) - (d\theta/dv)_m$ 对 v 的斜率，经式(2.1)计算得出 K_v 值，如图 2.10 半对数坐标所示。由图可知，无论是悬浮液还是上清液，随着添加的

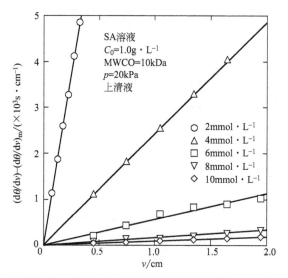

图 2.9 不同浓度 Ca^{2+} 与 SA 溶液形成的悬浊液沉淀 12h 后上清液的过滤速率倒数与累积滤液体积的关系

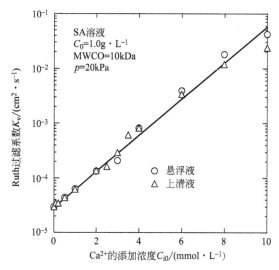

图 2.10 不同浓度 Ca^{2+} 与 SA 溶液形成的悬浮液和上清液（静沉 12h）的 Ruth 过滤系数 K_v

Ca^{2+} 浓度的增加，Ruth 过滤系数均呈指数增长，表明 Ca^{2+} 的添加显著减少了 SA 溶液超滤过程中的膜污染。此外，悬浮液和上清液的 K_v 值在 $C_{i0} \leqslant 4\text{mmol} \cdot L^{-1}$ 时是一致的，与活性污泥的过滤特性类似[70]。因此，由于悬浊液与上清液中含有的不能沉降的 SA、藻酸钙等胶体相同，故在 Ca^{2+} 作用下 SA 溶液的超滤过程中造成膜污染的主要成分为不能沉降的 SA、藻酸钙等胶体。然而，当 $C_{i0} >$ 4mmol·L^{-1} 时，上清液大于悬浮液的 K_v 值，即上清液反而过滤阻抗更大，这可能是因为悬浮液中较大的悬浮颗粒充当了助滤剂作用，与不能沉降的 SA、藻酸钙等胶体结合而使滤饼变疏松。

为详细比较悬浮液和上清液的超滤行为，Ca^{2+} 浓度 $C_{i0} =$ 4mmol·L^{-1}、10mmol·L^{-1} 时 SA 溶液的典型超滤行为，如图 2.11 所示。如图所示，$C_{i0} =$ 4mmol·L^{-1} 时，悬浮液和上清液的水通量下降速度相同；然而，$C_{i0} =$ 10mmol·L^{-1} 时，上清液超滤的水通量下降速度更快。换句话说，$C_{i0} =$ 4mmol·L^{-1} 时，悬浮液和上清液的 Ruth 过滤系数相同；而 $C_{i0} =$ 10mmol·L^{-1} 时，上清液的 Ruth 过滤系数更大（图 2.11）。

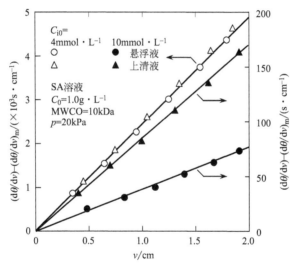

图 2.11　Ca^{2+} 浓度分别为 4mmol·L^{-1}、10mmol·L^{-1} 时与 SA 溶液形成的悬浮液和上清液（静沉 12h）的过滤行为

2.4.3　超滤过滤阻抗

如上节所述，因为过滤阻抗几乎由 Ca^{2+} 与 SA 作用后悬浮液（或上清液）中不能沉降的 SA、藻酸钙等胶体物质贡献，故深入分析上清液的超滤膜过滤特性，可揭示 Ca^{2+} 作用下 SA 溶液的超滤膜污染的机理。图 2.12 显示了不同 Ca^{2+} 浓度时 Ca^{2+} 与 SA 作用后的上清液中藻酸盐（包括 SA 与藻酸钙）的浓度。由图可知，随 Ca^{2+} 浓度增加，上清液中 SA 和藻酸钙等胶体的浓度显著降低，特别

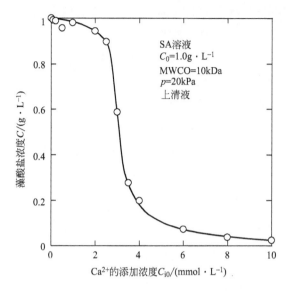

图 2.12 不同 Ca^{2+} 浓度时 Ca^{2+} 与 SA 作用后的上清液中藻酸盐的浓度

是在 $2\sim4\text{mmol}\cdot\text{L}^{-1}$ 之间，这可能是 K_v 随 Ca^{2+} 浓度增加呈指数增长的原因之一。当上清液中胶体浓度较低时，上清液中藻酸盐的质量分数 s 可近似为：

$$s = \frac{C}{\rho} \qquad (2.4)$$

这里，C 是上清液中单位体积的藻酸盐的质量浓度。因此，将上式中的 s 和 K_v 值代入式(2.3) 中，并注意到过滤压力 p 为 20kPa，从而，计算出平均滤饼过滤阻抗 α_{av}，如图 2.13 所示。未添加 Ca^{2+} 时 SA 溶液的 α_{av} 值为 $1.34\times10^{16}\text{m}\cdot\text{kg}^{-1}$。随 Ca^{2+} 浓度的增加，α_{av} 值不断减小（图 2.13），这可能是由于在一定的 SA 浓度下，SA 和 Ca^{2+} 之间反应形成的藻酸钙胶体的大小，随 Ca^{2+} 浓度的增加而增加（图 2.6）[97]。

2.4.4 Ca^{2+} 的利用效率

SA 和 Ca^{2+} 反应完成后，测定 10kDa 超滤膜过滤的滤液中 Ca^{2+} 浓度，评估悬浮液中残留的游离 Ca^{2+} 浓度。图 2.14 显示了悬浮液中残余的游离 Ca^{2+} 浓度与初始添加 Ca^{2+} 浓度之间的关系。由图可知，当 $C_{i0}>2\text{mmol}\cdot\text{L}^{-1}$ 时，悬浮液中残留的游离 Ca^{2+} 浓度随初始添加 Ca^{2+} 浓度的增加呈线性增加。考虑残余的藻酸盐和没参与反应的 Ca^{2+}（游离的），结合的 Ca^{2+} 与糖单元的摩尔质量比 R_{Ca}，可通过式(2.5) 计算：

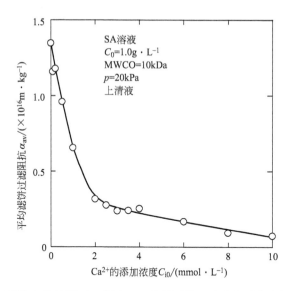

图 2.13　不同 Ca^{2+} 浓度时 Ca^{2+} 与 SA 作用后的上清液的平均滤饼过滤阻抗

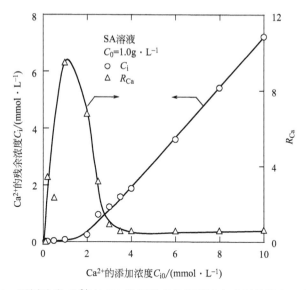

图 2.14　不同浓度 Ca^{2+} 与 SA 溶液形成的悬浮液中残留的游离 Ca^{2+} 浓度以及结合的 Ca^{2+} 与藻酸盐糖单元的摩尔质量比 R_{Ca}

$$R_{Ca} = \frac{(C_{i0} - C_i)}{(C_0 - C)/216.12} \quad (2.5)$$

式中，C_{i0} 和 C_i 分别是反应开始和结束时悬浮液中单位体积的游离 Ca^{2+} 浓度；C_0 和 C 分别为反应开始和结束时悬浮液中单位体积的藻酸盐浓度；216.12 为 SA 糖单元的摩尔质量。上清液被用于评价反应结束时悬浮液中游离 Ca^{2+} 的

摩尔浓度 C_i 和残余的藻酸盐浓度 C。图 2.14 还显示了不同 Ca^{2+} 浓度时结合的 Ca^{2+} 与糖单元的摩尔质量比 R_{Ca}。当 C_{i0} 约为 $1mmol \cdot L^{-1}$ 时，R_{Ca} 达到最大值，而在 $C_{i0} > 4mmol \cdot L^{-1}$ 时几乎保持恒定。这表明添加最适量的 Ca^{2+}，可实现 Ca^{2+} 的高效利用，并达到特定藻酸盐浓度下的低过滤阻抗。例如，为了获得最高的 Ca^{2+} 利用效率（$R_{Ca}=9.5$），添加的 Ca^{2+} 浓度应为 $1mmol \cdot L^{-1}$（图 2.14），K_v 增加至原来的约 2.1 倍，从 $3.0 \times 10^{-5} cm^2 \cdot s^{-1}$ 增至 $6.2 \times 10^{-5} cm^2 \cdot s^{-1}$（图 2.10）；并且，尽管 $C_{i0} > 4mmol \cdot L^{-1}$ 时 R_{Ca} 是恒定（≈ 0.58）的，在不考虑 Ca^{2+} 的利用率时，添加的 Ca^{2+} 浓度越高，获得的过滤阻抗越低或 K_v 越大（图 2.10）。

另一方面，含有游离 Ca^{2+} 的滤液可以再次被利用，以减缓 SA 溶液超滤回收的膜污染。图 2.15 比较了 Ca^{2+} 浓度 $C_{i0}=1mmol \cdot L^{-1}$ 时 $C_0=1.0g \cdot L^{-1}$ SA 溶液的超滤（10kDa）过滤速率倒数与累积滤液体积之间的关系，其中，圆点为利用新制的 Ca^{2+}（通过将 $CaCl_2$ 溶于超纯水中制得）（新），三角点为利用 $10mmol \cdot L^{-1}$ Ca^{2+} 作用下 $1.0g \cdot L^{-1}$ SA 溶液超滤（10kDa）获得的滤液中的 Ca^{2+}（旧）。如图 2.15 所示，两者具有相似的过滤行为，且后者的过滤速度下降得更缓慢，表明回收利用的滤液中的 Ca^{2+} 表现出与新制的 Ca^{2+} 相同，甚至更佳的膜污染缓解作用。

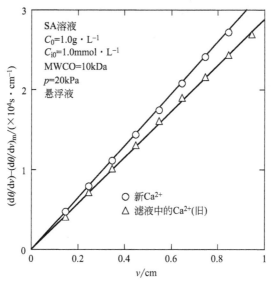

图 2.15 新、旧 Ca^{2+}（浓度 $C_{i0}=1mmol \cdot L^{-1}$）作用下 $C_0=1.0g \cdot L^{-1}$ SA 溶液的超滤行为

为了评估残留的游离金属离子盐对过滤特性的影响[98,99]，通过恒定藻酸盐浓度而稀释悬浮液中的盐，研究不同浓度的盐作用下的超滤。图 2.16 显示 10mmol·L^{-1} Ca^{2+} 作用下 1.0g·L^{-1} SA 溶液中形成的悬浮液中盐离子不同稀释倍数时过滤速率的倒数与单位膜面积累积滤液体积的关系。如图 2.16 所示，盐无稀释时过滤速率倒数增加更快，表明残留盐离子增加过滤阻力。表 2.1 显示了 10mmol·L^{-1} Ca^{2+} 作用下 1.0g·L^{-1} SA 溶液中形成的悬浮液中盐离子不同稀释倍数时，游离的 Ca^{2+}、Na$^+$ 浓度以及相应的 Ruth 过滤系数 K_v。当盐的稀释倍数≥5 时，表征过滤难易性的 K_v 保持恒定，主要是因为游离的盐离子浓度非常低（表 2.1）。故，当盐稀释倍数≥5 时，残留的盐对膜过滤的影响可忽略不计。

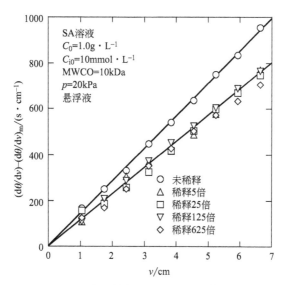

图 2.16　10mmol·L^{-1} Ca^{2+} 作用下 1.0g·L^{-1} SA 溶液中形成的
悬浮液中盐离子不同稀释倍数时过滤行为

表 2.1　10mmol·L^{-1} Ca^{2+} 作用下 1.0g·L^{-1} SA 溶液中形成的悬浮液中盐离子不同稀释倍数时，游离的 Ca^{2+}、Na$^+$ 浓度以及相应的 Ruth 过滤系数 K_v

稀释倍数	Ca^{2+} 浓度/(mmol·L^{-1})	Na$^+$ 浓度/(mmol·L^{-1})	K_v/($\times 10^{-6}$m^2·s^{-1})
0	7.23	4.43	1.46
5	1.70	0.72	1.77
25	0.44	—①	1.79
125	0.07	—	1.73
625	—	—	1.86

① 浓度低于电感耦合等离子（ICP）光谱法的检测限，可看作 0。

2.4.5 过滤压力的影响

一般地，增加过滤压力可提高过滤速度，然而，针对易变形滤料，在压力作用下膜表面形成的滤饼将被压缩变形，滤饼空隙率将显著下降，随过滤压力的增加过滤阻抗增加[9,95]。图 2.17(a) 显示了 4mmol·L^{-1} Ca^{2+} 作用下 1.0g·L^{-1} SA 溶液形成的悬浮液和上清液（静沉 12h）的 K_v 和 p 的关系。从图中可以明显看出，随着过滤压力的增加，悬浮液和上清液的 K_v 增幅均减小，这表明悬浮液和上清液形成的滤饼均是可压缩的。但是，当 p 大于 20kPa 时，相同压力下悬浮液的 K_v 增加速度较上清液更慢。特别地，当过滤压力大于 80kPa 时，悬浮液的 K_v 反而下降，这可能是因为悬浮液中包含的胶体颗粒表现出较高的可变形性和可压缩性。

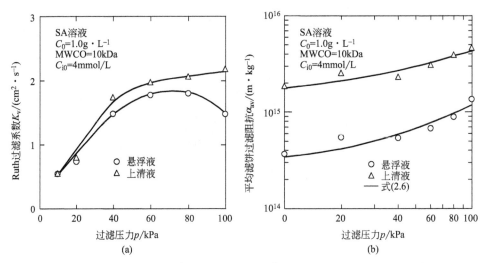

图 2.17 4mmol·L^{-1} Ca^{2+} 作用下 1.0g·L^{-1} SA 溶液形成的悬浮液和上清液
（静沉 12h）的 K_v 和 p 的关系 (a) 以及 α_{av} 和 p 的关系 (b)

采用如 2.4.3 节中所述方法计算 α_{av}，如图 2.17(b) 所示，显示了悬浮液和上清液的 α_{av} 对过滤压力 p 的依赖性。对比入谷英司教授研究结果[96]，笔者提出了一个经验方程，即使用三个拟合参数拟合 10～100kPa 之间的实验数据，如下式：

$$\alpha_{av} = \alpha_0 \left(1 + \frac{p}{p_a}\right)^n \tag{2.6}$$

式中，α_0 和 p_a 是经验常数；n 是可压缩系数。注意到，式(2.6) 中需要确定三个常数的值，但在拟合过程中它们并不是唯一的。因此，n 值由幂律表达式即 Sperry 定律[100] 确定：

$$\alpha_{av} = \alpha_1 p^n \tag{2.7}$$

式中，α_1 与 n 是利用过滤压力为 60～100kPa 的实验数据，通过式(2.7) 拟合获得的值。结果显示，悬浮液和上清液的 n 值分别为 1.34 和 0.80，表明悬浮液形成的滤饼比上清液形成的滤饼更易压缩。将获得的 n 值代入式(2.6)，拟合悬浮液和上清液的 α_{av} 和 p 的关系，过滤压力范围为 10～100kPa。表 2.2 显示了数据拟合的各经验常数值。如图 2.17(b) 所示，式(2.6) 拟合值与实验数据吻合。此外，注意到当过滤压力超过某一特定值（如 80kPa）时，再增加过滤压力并不能提高悬浮液的过滤性能。

表 2.2 数据拟合的各经验常数值

项目	$\alpha_0/(m \cdot kg^{-1})$	$\alpha_1/(kg^{-1-n} \cdot m^{1+n} \cdot s^{2n})$	p_a/kPa	n
悬浮液	2.62×10^{14}	2.70×10^{12}	47.00	1.34
上清液	1.50×10^{15}	1.15×10^{14}	35.19	0.80

2.4.6 多糖溶液超滤时蛋白质的影响

从活性污泥如好氧颗粒污泥中分离出来的 EPS，主要由多糖和蛋白质组成[83]，因此，以模拟蛋白质——牛血清蛋白（BSA）和模拟多糖（SA）混合物为对象，研究蛋白质对多糖溶液过滤性能的影响。图 2.18 显示了不含 BSA 且无

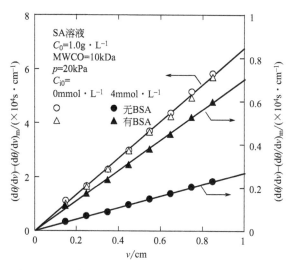

图 2.18 含与不含 0.5g·L^{-1} BSA、有与无 4mmol·L^{-1} Ca^{2+} 时 SA 溶液的过滤行为

Ca^{2+}（空心圆）、含 $0.5g \cdot L^{-1}$ BSA 但无 Ca^{2+}（空三角形）、不含 BSA 但有 $4mmol \cdot L^{-1}$ Ca^{2+}（实心圆）以及含 $0.5g \cdot L^{-1}$ BSA 且有 $4mmol \cdot L^{-1}$ Ca^{2+}（实心三角形）时 SA 溶液的过滤行为。由图可知，无论有、无 BSA，在无 Ca^{2+} 时 SA 溶液呈现相同的过滤行为，即蛋白质的影响可以忽略不计。但是，存在 Ca^{2+} 情况下，含 BSA 时 SA 溶液的过滤速度下降更快。因此，含蛋白质的多糖溶液超滤时，在无 Ca^{2+} 作用下可以忽略蛋白质的过滤阻力贡献；但是，当有 Ca^{2+} 作用时，需考虑蛋白质对过滤的影响，这可能是由于 BSA 无法与 Ca^{2+} 反应，不生成过滤阻抗更小的材料如藻酸钙。

2.4.7 微滤/超滤中藻酸盐的过滤系数和回收率

如上文所示，Ca^{2+} 作用下 SA 溶液形成的悬浮液中的组分包括颗粒、胶体和聚合物等。因此，造成膜污染或膜面上形成的物质成分是颗粒、胶体和聚合物，如图 2.19(a) 所示。同时注意到，由于 SA 与 Ca^{2+} 作用后形成的悬浊液中颗粒的沉降速度大，故上清液中主要的成分为胶体和聚合物，如图 2.19(b) 所示。在 SA 溶液中添加 Ca^{2+} 形成的悬浮液超滤时，胶体与聚合物贡献了主要的膜过滤阻抗；即在 Ca^{2+} 存在下 SA 溶液的超滤过程中 K_v 的增加主要是由于胶体和聚合物等组分的浓度降低，造成平均过滤阻抗 α_{av} 减小。悬浮液中存在的胶体和聚合物被认为是造成膜污染的主要因素，因此，经微滤其可随滤液排出，且不在膜表面形成膜污染，如图 2.19(c) 所示。由此想到，使用微滤膜或滤纸过滤时，过滤阻抗会显著降低，同时藻酸盐的回收率亦较佳，这是由于 Ca^{2+} 与 SA 作用后形成的悬浮液中大部分物质被截留，而只有一小部分的胶体和聚合物随滤液滤出。

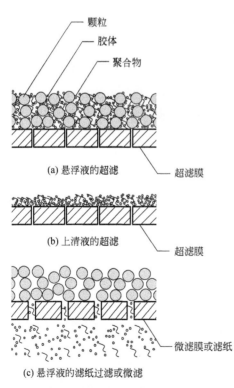

图 2.19 Ca^{2+} 作用下藻酸钠溶液的膜污染示意图

为了证实上述分析，亦使用 $1\mu m$ 微滤膜和 $7\mu m$ 滤纸讨论了 SA 溶液的死端过滤，并通过 Ruth 过滤理论分析了水通量下降情况。表 2.3 显示了三种膜过滤时 20kPa 下 Ruth 过滤系数 K_v 和藻酸盐的回收率 R_r。R_r 值通过下式计算：

$$R_r = 1 - \frac{C_f}{C_0} \tag{2.8}$$

式中，C_f 是单位有效膜面积上收集的累积滤液体积 $v=1\text{cm}$ 时滤液中藻酸盐的浓度。应当注意到，$v=1\text{cm}$ 后实验数据显示，R_r 值是恒定的。$C_{i0} < 2\text{mmol} \cdot \text{L}^{-1}$ 时由于形成的大颗粒较少，对于 $1.0\mu m$ 微滤膜和 $7.0\mu m$ 滤纸，藻酸盐的回收率 R_r 均小于 70%；然而，$C_{i0} \geqslant 2\text{mmol} \cdot \text{L}^{-1}$ 时，$1.0\mu m$ 微滤膜和 $7.0\mu m$ 滤纸较 10kDa 超滤膜，K_v 值增大 1~2 个数量级，且 R_r 值均大于 92%。对于 $7.0\mu m$ 滤纸而言，$C_{i0}=1\text{mmol} \cdot \text{L}^{-1}$ 时 K_v 值非常大（$1.18\text{cm}^2 \cdot \text{s}^{-1}$），可能是因为悬浮液中存在的大多数胶体和聚合物随滤液滤出。类似于 10kDa 超滤膜，$1.0\mu m$ 微滤膜和 $7.0\mu m$ 滤纸时 K_v 值亦随 Ca^{2+} 浓度增加呈指数增加。值得注意的是，未使用过的 10kDa 超滤膜的过滤阻抗（$5.94 \times 10^{12} \text{m}^{-1}$）显著大于 $1.0\mu m$ 微滤膜和 $7.0\mu m$ 滤纸的过滤阻抗。

表 2.3 三种膜过滤时 20kPa 下 Ruth 过滤系数 K_v 和藻酸盐的回收率 R_r

C_{i0} /(mmol·L^{-1})	10kDa 超滤膜		1.0μm 微滤膜		7.0μm 滤纸	
	K_v /(cm^2·s^{-1})	R_r /%	K_v /(cm^2·s^{-1})	R_r /%	K_v /(cm^2·s^{-1})	R_r /%
1	6.20×10^{-5}	100.00	7.69×10^{-5}	59.26	1.18	67.95
2	1.34×10^{-4}	100.00	1.15×10^{-4}	97.92	1.08×10^{-2}	94.56
4	8.00×10^{-4}	100.00	7.73×10^{-4}	96.83	1.11×10^{-3}	92.45
6	3.92×10^{-3}	100.00	1.18×10^{-3}	97.38	3.38×10^{-2}	96.51
8	1.77×10^{-2}	100.00	7.47×10^{-3}	97.55	2.09	97.80
10	4.17×10^{-2}	100.00	0.47	98.53	5.44	97.90

2.4.8 小结

通过超滤与微滤浓缩与回收藻酸盐，使用 Ruth 滤饼过滤理论分析了藻酸盐溶液的膜过滤水通量下降情况与过滤特性。在藻酸钠溶液超滤过程中 Ca^{2+} 作用可显著降低膜污染，提高 Ruth 过滤系数；随着 Ca^{2+} 浓度增加，Ruth 过滤系数呈指数型增长。Ruth 过滤系数的增加（膜污染降低）主要源于胶体和聚合物等组分浓度的降低。考虑到 Ca^{2+} 消耗成本与残留的盐离子会增加过滤阻力，因此，存在最佳的 Ca^{2+} 投加量。因滤液中残留的 Ca^{2+} 与新鲜的 Ca^{2+} 具有相同的作用，故可以重复使用，用于降低藻酸盐膜过滤过程中的膜污染。Ca^{2+} 作用下藻酸盐溶液形成的悬浮液在膜面上形成的滤饼是可压缩的，提出了简易的平均过滤阻抗评价公式，并得出当过滤压力超过某一特定值，增加过滤压力不能改善过滤性能。无 Ca^{2+} 存在时可以忽略蛋白质对藻酸盐等多糖的过滤行为的影响，但有 Ca^{2+} 时必须考虑。在保持较高的藻酸盐的回收率下，微滤或滤纸过滤可提高水通量并显著降低过滤阻抗，因此，推荐采用 Ca^{2+} 协助的微滤或滤纸过滤浓缩回收由污水生物合成的藻酸盐。

2.5 高价金属离子减轻膜污染及回收材料特性

膜污染是限制膜分离应用的瓶颈，其通常以污垢的附着或沉积[10,90,101,102]和凝胶层的热力学过滤阻力[103-106]的形式发生。如上节所述，SA 溶液膜分离过程中 Ca^{2+} 作用可提高水通量、降低过滤阻抗，这是因为 SA 和 Ca^{2+} 作用生成的藻酸钙形成的膜污染更小[9,10,73,76,97,98]。此外，三价离子如铁盐和铝盐，由于它们的絮凝作用，同样可以减轻 SA 的膜污染[10,77,90,107-109]。

藻酸盐最突出的性质是其具有结合二价和多价阳离子的能力，可以形成高价值的水凝胶。生物工程领域，藻酸盐的高生物相容性已被广泛用于医学[110]，例如愈合伤口的止血材料[17,111]和药物输送[112,113]。组织工程领域，藻酸钙通常用作 3D 生物打印的生物墨水[114-117]。研究表明，在藻酸盐中添加金属离子可以增强力学强度及相关性能[118-120]。例如，在藻酸盐/聚丙烯酰胺水凝胶中同时引入 Ba^{2+} 和 Fe^{3+} 作为交联剂，可改善水凝胶的强度和刚度[120]。增强型水凝胶藻酸盐可用作酶固定载体、微胶囊和食品添加剂[121]，其与金属离子的交联可以提高藻酸盐的稳定性和力学性能，可将其用作新型膜材料[122-125]和包装应用的涂层材料[126,127]。藻酸铁凝胶可用作氧化降解偶氮染料的光催化剂[128]。基于这些应用，利用金属离子与藻酸盐形成的复杂聚合物的特殊性能，可为在超滤回收藻酸盐过程中添加高价金属离子减轻膜污染的技术策略提供前提条件。

本节系统地比较了四种典型的金属离子（Ca^{2+}、Mg^{2+}、Al^{3+} 和 Fe^{3+}）作用下藻酸盐溶液的超滤膜分离特性，阐述单一和组合金属离子缓解膜污染的机制；同时，从膜浓缩回收产物角度，讨论藻酸盐与多价金属离子形成材料（滤饼）的含水率、光学和电子扫描显微镜照片、粒度分布、官能团和表面化学组成等特征性能。

2.5.1 单一和组合金属离子作用下超滤

通过恒压死端膜过滤，评估单一和组合的多价金属离子作用下 SA 溶液的浓缩特性。如 2.4 节，数据点采用 Ruth 滤饼过滤模型 [$(dt/dv)-(dt/dv)_m$] $-v$ 作图，如图 2.20 所示，显示了有、无各种高价金属离子（Mg^{2+}、Ca^{2+}、Fe^{3+} 和 Al^{3+}，$1mmol·L^{-1}$）作用下 SA 溶液的超滤行为。如图所示，与金属离子种类和膜污染形式无关，超滤行为均呈现线性关系，即符合 Ruth 过滤速率方程 [式(2.1)]，同时，各金属离子作用下过滤速率的降低逐渐减慢，并且三价离子减轻膜污染的能力比二价离子更有效，过滤阻力减缓能力排列顺序为 $Mg^{2+}<Ca^{2+}<Fe^{3+}<Al^{3+}$。金属离子与 SA 作用后悬浊液中溶解性的藻酸盐和游离的金属离子浓度以及溶液 pH 值，如表 2.4 所示。其中，SA 的初始浓度为 $1.0g·L^{-1}$，金属离子的初始浓度为 $1.0mmol·L^{-1}$，过滤阻抗和 pH 值、溶解性的藻酸盐浓度呈正相关。然而，由于游离的金属离子浓度接近于 0，故其对过滤阻抗的影响可以忽略不计[9]。

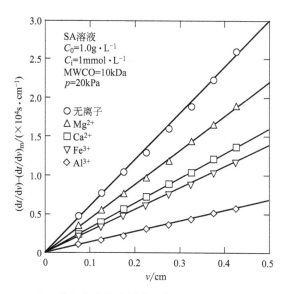

图 2.20 有、无各种高价金属离子作用时 SA 溶液的超滤行为

表 2.4　SA 溶液中添加高价金属离子后形成的悬浊液中
溶解性的藻酸盐浓度和游离的金属离子浓度以及溶液的 pH 值

金属离子	溶解性的藻酸盐浓度/(g·L^{-1})	游离的金属离子浓度/(mmol·L^{-1})	pH
Ca^{2+}	0.861	0.023	6.52
Mg^{2+}	0.838	0.065	6.62
Fe^{3+}	0.481	0.000	3.98
Al^{3+}	0.010	0.003	4.41

利用不同浓度的 Mg^{2+}、Ca^{2+}、Fe^{3+} 和 $Ca^{2+}+Fe^{3+}$ 作用下 SA 溶液的超滤数据，代入式(2.1)，计算出 Ruth 过滤系数 K_v，结果如图 2.21 所示。横坐标为金属离子总电荷浓度，即金属离子浓度（C_i）与离子电荷数（N）的乘积，NC_i；$Ca^{2+}+Fe^{3+}$ 为 Ca^{2+} 和 Fe^{3+} 的摩尔质量比为 3∶2 的混合物，即 Ca^{2+} 与 Fe^{3+} 的总电荷浓度比为 1∶1。进一步，通过式（2.3）计算平均滤饼过滤阻抗 α_{av}，如图 2.22 所示。当总电荷浓度较低（$NC_i<5 mmol·L^{-1}$）时，四种情况下 α_{av} 值几乎相同，表明它们具有相同的膜污染缓解作用。对于 $NC_i>5 mmol·L^{-1}$ 的总电荷浓度，在 Ca^{2+} 或 Fe^{3+} 存在下，膜污染的缓解作用显著增加。然而，随着 NC_i 的增加，Mg^{2+} 的缓解作用保持不变。过滤阻抗减轻效果按 $Fe^{3+}>Ca^{2+}+Fe^{3+}>Ca^{2+}>Mg^{2+}$ 的顺序排列。

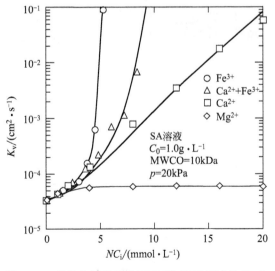

图 2.21　高价金属离子作用下 SA 溶液超滤的 Ruth 过滤系数 K_v 和金属离子总电荷浓度 NC_i 的关系

第 2 章 藻酸盐

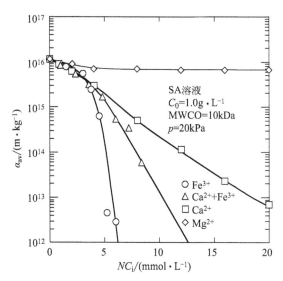

图 2.22 高价金属离子作用下 SA 溶液超滤的
平均滤饼过滤阻抗 α_{av} 与金属离子总电荷浓度 NC_i 的关系

2.5.2 溶解性的藻酸盐浓度和 pH

图 2.23 显示了高价金属离子作用下 SA 溶液超滤时残留的 SA（溶解性的藻

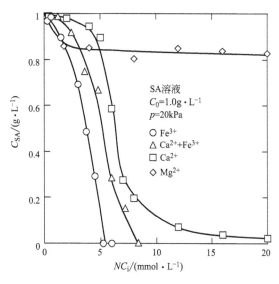

图 2.23 高价金属离子作用下 SA 溶液超滤时残留的
游离 SA 浓度 C_{SA} 与金属离子总电荷浓度 NC_i 的关系

酸盐）浓度 C_{SA} 与金属离子总电荷浓度 NC_i 之间的关系。如图 2.23 所示，当增加金属离子的总电荷浓度时，悬浮液中残留的 SA 浓度在 Ca^{2+} 或 Fe^{3+} 作用下显著降低，而当 $NC_i>5\mathrm{mmol\cdot L^{-1}}$ 时，在 Mg^{2+} 作用下保持不变。当 $NC_i>5\mathrm{mmol\cdot L^{-1}}$ 时，相同总电荷浓度下残留的 SA 浓度按 $Fe^{3+}<Ca^{2+}+Fe^{3+}<Ca^{2+}<Mg^{2+}$ 的顺序排列。图 2.24 显示了不同浓度 Fe^{3+} 和 $Ca^{2+}+Fe^{3+}$ 作用下 SA 溶液的 pH，由图可知，SA 溶液的 pH 值与 Fe^{3+} 或 $Ca^{2+}+Fe^{3+}$ 的浓度呈负相关。这是由 Fe^{3+} 的水解引起的，而在 Ca^{2+} 或 Mg^{2+} 的情况下则没有发生变化（图中没显示）。因此，在单一和组合的高价金属离子作用下藻酸盐的超滤浓缩过程中，溶解性的藻酸盐浓度与 pH 的降低是过滤阻抗降低的原因。

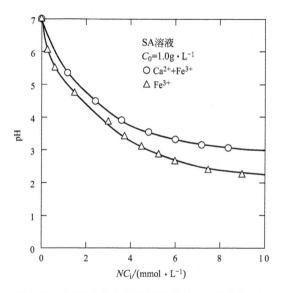

图 2.24 不同高价金属离子浓度时 SA 溶液的 pH

2.5.3 Fe^{3+} 缓解膜污染的机理

如前文所述，Fe^{3+} 浓度的增加可显著降低过滤阻抗，这为从 AGS 中膜浓缩高效回收藻酸盐提供了前提条件。分析 SA 的超滤膜回收过程中 Fe^{3+} 引起的膜污染缓解机制，宏观上 Fe^{3+} 的作用可能源于三种机理。机理 1：游离 SA 的浓度因 Fe^{3+} 的添加而降低，且藻酸铁的过滤阻力较低[9]。机理 2：Fe^{3+} 的水解改变水溶液的 pH 值[129]。机理 3：Fe^{3+} 的水解产生氢氧化铁胶体，其与 SA 相互作用形成絮凝物构成的滤饼结构更松散[130-132]。机理 1 与 Ca^{2+} 作用下类似，由于水解作用，Fe^{3+} 还可能表现出机理 2 和机理 3。图 2.25 显示了各种条件下 SA 溶液的典型超滤行为。需说明的是，$1.0mmol \cdot L^{-1}$ Fe^{3+} 时 $1.0g \cdot L^{-1}$ SA 溶液的 pH 为 3.98，残留的游离 SA 浓度 C_{SA} 为 $0.481g \cdot L^{-1}$，如表 2.4 所示。

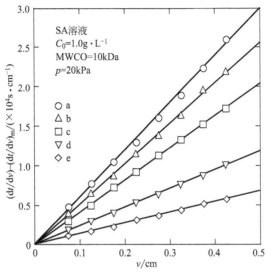

图 2.25 典型条件下 SA 溶液的超滤行为

a 为 $1.0g \cdot L^{-1}$ SA 溶液（pH=7）；b 为 $1mmol \cdot L^{-1}$ Fe^{3+} 时 $1.0g \cdot L^{-1}$ SA 溶液（pH=7）；c 为 $1.0g \cdot L^{-1}$ SA 溶液（pH=3.98）；d 为 $0.481g \cdot L^{-1}$ SA 溶液（pH=7）；e 为 $1mmol \cdot L^{-1}$ Fe^{3+} 时 $1.0g \cdot L^{-1}$ SA 溶液（pH=3.98）

如图 2.25 所示，比较 5 种情况下的过滤行为，可知过滤阻抗按 a>b>c>d>e 的顺序排列。比较 a 和 b 可知，SA 和氢氧化铁胶体相互作用形成絮凝可能是膜污染减轻的主要原因，因为在 pH=7 的水溶液中没有游离的 Fe^{3+}，但存在氢氧化铁胶体，对应于机理 3。比较 a 和 c 可知，较低的 pH（3.98）明显降低了过滤阻抗，即构成滤饼的胶体颗粒的表面电荷发生变化，造成滤饼结构变得更加疏松，对应于机理 2。比较 a 和 d 可知，过滤阻抗与游离的 SA 浓度呈负相关，对应于机理 1。综上，如图 2.25 中 e 所示，Fe^{3+} 作用可以显著降低超滤 SA 中的过滤阻力，主要是由于 pH 值降低（7.0→3.89）、游离 SA 浓度降低（$1.0g \cdot L^{-1}$→$0.481g \cdot L^{-1}$）以及氢氧化铁胶体的形成。

2.5.4 回收物的材料特性

（1）滤饼含水率

有、无金属离子（$1mmol \cdot L^{-1}$ Ca^{2+}、$1mmol \cdot L^{-1}$ Fe^{3+} 和 $0.5mmol \cdot L^{-1}$

Ca^{2+} + 0.5mmol·L^{-1} Fe^{3+}）作用下 SA 溶液超滤时，滤饼的含水率分别为 99.35％、96.18％、93.64％和 92.32％。由此可知，金属离子作用下滤饼的含水率显著降低，即高价金属离子不仅可减轻膜污染，而且可降低超滤 SA 膜浓缩回收过程中滤饼的含水率。

（2）显微照片

SA 和金属离子相互作用形成的物质的光学显微镜图，如图 2.26 所示。图(a)显示了对照的 SA 的微观结构，观察到三维旋转链。高价金属离子改变藻酸盐的链结构，形成较大的絮凝物，但 SA 和金属离子相互作用形成的材料的微观结构明显不同［图 2.26(b)～(f)］。图(b) 是 Mg^{2+} 与 SA 结合的图像，由图可知，长链消失，出现包裹物[133]。图(c) 为 Ca^{2+} 与 SA 结合形成了更稳定的胶体结构，即蛋壳结构[134]。图(d) 为 Fe^{3+} 与 SA 作用产物的显微图，与图(c) 中的藻酸钙相比，形成了另外的团块和一些花状结构，即如文献报道，当与 SA 反应时三价金属离子比二价金属离子产生更多的絮凝物[77,135]。图(e) 显示了 Al^{3+} 与 SA 作用产物的显微图，其结构与 Fe^{3+} 的情况类似，这亦可解释 Al^{3+} 具有良好的 SA 膜污染缓解作用（见图 2.20）。特别地，图(f) 显示了 0.5mmol·L^{-1} Ca^{2+} + 0.5mmol·L^{-1} Fe^{3+} 作用后形成黄色絮凝物，而不是嵌段结构。因此，基于不同类型藻酸盐的光学微观结构，或许可拓宽各种藻酸盐（如新型纳米材料）的潜在应用。

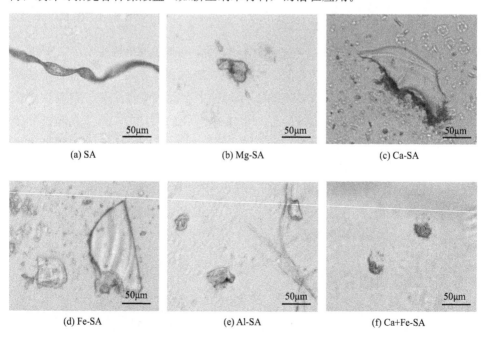

图 2.26 回收材料（滤饼）的典型显微图

(3) 尺寸分布

图 2.27 显示了在 1.0g·L^{-1} SA 溶液中加入各种金属离子形成的悬浮液中胶体和聚合物的典型尺寸分布。由图可知，添加金属离子后，粒径峰向右移动，即形成了更大的颗粒。类似于图 2.26 的显微结构，该结果进一步证实了添加金属离子后降低 SA 溶液过滤阻抗的原因是 SA 与金属离子结合形成了较大的絮凝物。

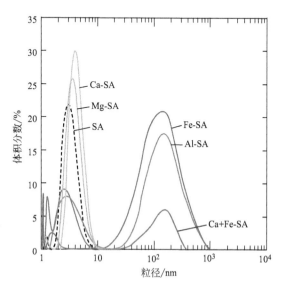

图 2.27　各种金属离子与 SA 相互作用后形成的悬浮液中胶体和聚合物的典型尺寸分布

(4) FTIR 光谱

图 2.28 显示了 SA 及其与金属离子作用后产物的 FTIR 光谱。这里，采用了 1.0g·L^{-1} SA 和 1mmol·L^{-1} 金属离子。与 SA [图 2.28(a)] 相比，因 Fe^{3+} 和 Ca^{2+} 均可与 SA 中羧基（—COOH）上的羟基反应[131,136]，故两者显示相似的结果 [图 2.28 (b) 和 (c)]，即产物中羧酸的特征峰均消失。图 2.28(d) 显示了在 pH=7 时 SA 与 Fe^{3+} 形成的悬浮液的 FTIR 光谱，此时，因 Fe^{3+} 以氢氧化铁 [$Fe(OH)_3$] 的形式存在，羧酸的特征峰降低，故证实了 pH=7 时氢氧化铁与 SA 发生相互作用。

(5) XPS 光谱

图 2.29 显示了 SA 及其与金属离子的产物在 0~1200eV 能量范围内的 XPS 光谱。由图可知，SA 和各金属离子形成的各种材料中均可观察到 C 1s、O 1s、Na 1s、Ca 2p 和 Fe 2p 的特征峰。图 2.29 (a) 为 SA 的 XPS 光谱，图 2.29 (b)、(c) 和 (d) 分别对应于和 Ca^{2+}、Fe^{3+} 和 $Ca^{2+}+Fe^{3+}$ 作用后 SA 的 XPS 光谱。由图 2.29 (b) 和 (d) 中 Ca 2p 的组分峰，可知结合能分别为 350.68eV 和

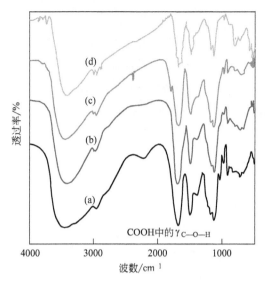

图 2.28 SA 及其与金属离子反应产物的 FTIR 光谱
(a) SA;(b) Ca-SA;(c) Fe-SA;(d) Fe-SA (pH=7)

347.68eV;图 2.29(c) 和 (d) 中分别观察到在结合能为 713.08eV 和 724.08eV 时 Fe 2p 的两个峰。如图 2.29(b)～(d) 所示,高价金属离子作用下 Na^+ 的含量减少,这是因为 SA 中 Na^+ 被置换,形成了藻酸钙或藻酸铁,故阳离子交换是 SA 与高价金属离子之间的相互作用机理。

进一步,如图 2.29(d) 所示,在无法检测到 Na^+ 的强度同时,出现钙和铁的特征峰,这表明混合金属离子可以更完全地交换 SA 中的 Na^+。当比较 Ca 2p 和 Fe 2p 的光谱 [图 2.29(b) 和 (c)] 时,与 SA 结合的金属离子含量发生变化,Fe^{3+} 的相对强度增加,而 Ca^{2+} 时减少。考虑到过滤行为,过滤阻抗的降低主要是 Fe^{3+} 的贡献,这是由于 Fe^{3+} 可比 Ca^{2+} 占据更多的 SA 结合位点,从而减少膜污染。值得注意的是,作为产物的藻酸盐可认为一种复杂的混合物,不会显示均匀性,故可能会导致 XPS 分析的偏差。并且,作为一种半定量分析方法,XPS 不能用于组分和官能团的绝对定量分析。尽管如此,基于藻酸盐的独特结构及其与金属离子的特殊相互作用,将高价金属离子引入藻酸盐无疑已成为开发新材料的具有潜力的方法。

(6) SEM

各种金属离子作用下 $1.0g \cdot L^{-1}$ SA 溶液超滤 (10kDa,20kPa) 形成滤饼截面的 SEM 图如图 2.30 所示。与不含金属离子的 SA 溶液的滤饼 [图 2.30(a)] 相比,高价金属离子作用下 SA 溶液超滤形成的滤饼是多孔的,并且在膜表面附近显示出剥离倾向 [图 2.30(b)～(d)]。Fe^{3+} 作用下形成的滤饼 [图 2.30(c)] 明显比 Ca^{2+} 时的滤饼 [图 2.30(b)] 疏松,且有滤饼的孔隙率按 Fe-SA＞Ca＋

Fe-SA＞Ca-SA＞SA 的顺序排列。

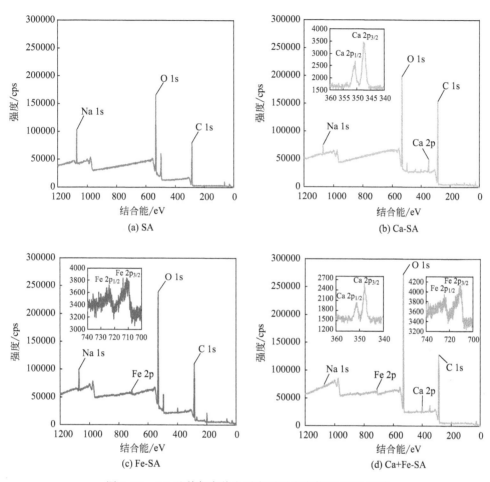

图 2.29　SA 及其与高价金属离子反应产物的 XPS 光谱

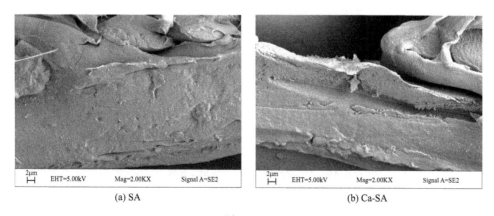

图 2.30

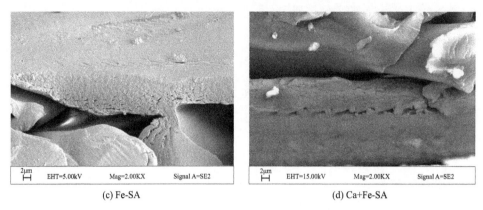

图 2.30　各种高价金属离子作用下 SA 溶液的超滤形成滤饼截面的 SEM 图

2.5.5　小结

高价金属离子可作为缓解 SA 膜污染的策略,同时,膜分离回收形成的滤饼因其特殊的材料性能有望扩展藻酸盐的应用范围。过滤阻抗随着金属离子浓度的增加而显著降低且滤饼的含水率明显下降,过滤阻抗减轻的顺序为 $Mg^{2+} < Ca^{2+} < Fe^{3+} < Al^{3+}$。金属离子存在下,过滤阻抗与 pH 值、游离 SA 的浓度呈正相关。Ca^{2+}、Mg^{2+}、Fe^{3+} 和 $Ca^{2+}+Fe^{3+}$ 作用下 SA 溶液的超滤,当金属离子的总电荷浓度小于 $5mmol \cdot L^{-1}$ 时,滤饼的平均过滤阻抗相近;但是,当总电荷浓度大于 $5mmol \cdot L^{-1}$ 时,Ca^{2+} 或 Fe^{3+} 作用下膜污染缓解效果显著增加,而 Mg^{2+} 作用下膜污染缓解作用保持恒定,过滤阻抗减轻的顺序为 $Fe^{3+} > Ca^{2+}+Fe^{3+} > Ca^{2+} > Mg^{2+}$。$Fe^{3+}$ 减轻膜污染主要源于 SA 浓度降低、pH 值降低以及水解产物氢氧化铁胶体的形成。回收滤饼的光学显微图、扫描电子显微图、粒径分布、特征官能团以及表面化学成分等材料特性,主要取决于单一和组合的高价金属离子的类型。将高价金属离子引入藻酸盐可能是开发新型纳米材料的潜在方法,同时,从 AGS 中提取的实际藻酸盐的超滤浓缩回收产物的材料特性及潜在应用领域还有待进一步探究。

2.6　藻酸盐的正渗透浓缩与回收

膜分离技术是一种绿色分离技术,不会带来额外废物与二次污染,故在藻酸盐浓缩回收领域具有巨大的应用前景。然而，传统的压力驱动膜分离法亦存在诸多瓶颈，而正渗透（forward osmosis，FO）膜分离技术具有截留回收率高、膜污染小、耐受高浓度料液、膜污染易清洗等优势[123]，成为极具应用前景的前沿分离技术[137,138]。传统的正渗透过程采用膜两侧扫流形式进行，然而料液侧的剪切作用可能对某些待浓缩物产生影响，如使蛋白质等浓缩物发生变性；同时，随着浓缩的进行，料液浓度的升高使黏度大幅度增加，造成料液流动能耗增加。因此，料液量少、流动性差时不宜采用传统的正渗透。基于此，笔者开发了死端正渗透（dead-end FO，DEFO）膜过滤系统（驱动液侧膜面扫流，而料液侧膜面无扫流）[137]，以便用于快速、便携、样品少时的浓缩脱水；同时，消除了料液侧膜面上流态变化对 FO 过程的影响，亦可以用于调查正渗透过程的膜污染情况。本小节基于新型的 DEFO 装置开发，讨论藻酸钠溶液的 DEFO 过滤，包括膜朝向、隔板、扫流与 Ca^{2+} 的影响。

2.6.1 死端正渗透装置开发

参考美国 Sterlitech 公司 CF042A-FO 型正渗透单元，自主设计一套 DEFO 单元[137]。NaCl 驱动液（draw solution，DS）、SA 料液（feed solution，FS）及 FO 单元间用硅胶软管连接，齿轮泵输送溶液，组装的 DEFO 过滤装置示意图，如图 2.31 所示。

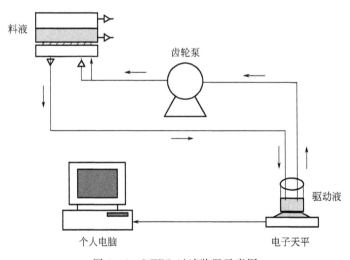

图 2.31 DEFO 过滤装置示意图

预实验阶段：死端料液侧腔体加入超纯水为原料液，$2.0\mathrm{mol\cdot L^{-1}}$ NaCl 溶液为驱动液，DS 侧扫流速度为 $2.5\mathrm{cm\cdot s^{-1}}$，开泵运行 2h，进行预实验，获得稳定的流量。实验数据收集阶段：死端料液腔体中加入 SA 超纯水溶液为原料液，NaCl 溶液为驱动液，驱动液侧扫流速度为 $2.5\mathrm{cm\cdot s^{-1}}$，开泵运行 5h，用电脑实时记录驱动液质量随时间的变化。扫流模式时，采用 CF042A-FO 型 FO 单元进行实验调查，其余实验条件同 DEFO 过程。

正渗透膜分离过程中单位时间内单位过滤面积渗透的水的体积，即水通量 $J_\mathrm{w}(\mathrm{m^3\cdot m^{-2}\cdot h^{-1}})$，由下式[138] 计算：

$$J_\mathrm{w}=\frac{\mathrm{d}V_\mathrm{DS}}{A_\mathrm{E}\mathrm{d}t} \tag{2.9}$$

式中，V_DS 为驱动液侧体积，$\mathrm{m^3}$；t 为过滤时间，h；A_E 为 FO 膜的有效过滤面积，$\mathrm{m^2}$。为防止 FO 膜的拉伸变形，降低膜的使用寿命与截留效果，采用与死端 FO 单元配套的隔板，将隔板放置在料液侧腔体与膜之间。无隔板时 FO 膜的有效过滤面积为 $40.5\mathrm{cm^2}$，记为 A_E1；有隔板（如图 2.32）时理论有效正渗透过滤面积为隔板的开孔面积即 $11.2\mathrm{cm^2}$，记为 A_E2。初始时刻 $t=0$ 时，过滤速度为 J_0。所有实验的驱动液中检测的有机物浓度均低于 TOC 仪的检出限，故 SA 被 FO 膜全部截留。

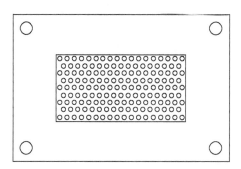

图 2.32　DEFO 过滤单元中隔板的示意图

2.6.2　膜朝向的影响

因 FO 膜为不对称的结构，由光滑的活性层和粗糙的支撑层构成，以模拟 EPS 的藻酸钠超纯水溶液为原料液，讨论死端 FO 膜朝向对水通量下降的影响。图 2.33 显示了无隔板时死端方式下水通量 J_w 随过滤时间的变化曲线，其中，CTA-FS 为活性层朝向料液侧，CTA-DS 为活性层朝向驱动液侧。由图可知，两者的水通量均不断下降，研究表明，SA 造成膜污染的决定性因素是滤饼层的形成[9,10]，同时滤饼层会引起浓差极化现象[123]，使得料液侧膜表面实际的渗透压升高，从而膜两侧的有效渗透压差降低，导致水通量下降得更快。CTA-DS 溶质在多孔支撑层中扩散，导致活性层的内表面形成了一层极化层，即浓缩型内浓差极化；CTA-FS 时，水渗透通过活性层，使支撑层中驱动液被稀释，形成了稀释型内浓差极化[123,139,140]。因此，对比两者发现，CTA-DS 较 CTA-FS 具有更高的初始水通量，表明稀释型内浓差极化较浓缩型内浓差极化具有更大的膜污染。

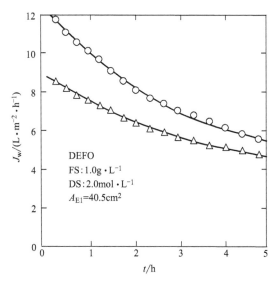

图 2.33　无隔板时死端方式下水通量（J_w）随过滤时间的变化
—△—CTA-FS；—○—CTA-DS

为进一步探究 FO 膜朝向对水通量的影响，以归一化的水通量，即水通量/初始水通量（J_w/J_0）对过滤时间的变化作图，如图 2.34 所示。由图可知，CTA-DS 较 CTA-FS，水通量下降速率更快；对比图 2.33 结果，尽管 CTA-DS 时的初始水通量高于 CTA-FS，但水通量下降速率更快，这可能与 FO 膜本身的性质有关。因为 FO 膜为非对称膜材料，活性层膜表面孔径小于支撑层孔径，随着 FO 过程的进行，有机污染物进入支撑层，不断在支撑层内部的孔隙积累，故 CTA-DS 时膜内部更容易附着污染物，且浓缩型内浓差极化更大。因此，膜活性层朝向料液侧时更有利于藻酸钠的 DEFO 浓缩，后续讨论均为膜活性层朝向料液侧的结果。

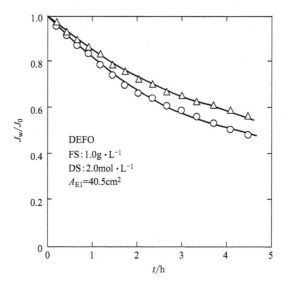

图 2.34 归一化水通量随过滤时间的变化
—△— CTA-FS；—○— CTA-DS

2.6.3 扫流的影响

图 2.35 显示了无隔板时死端与扫流过滤模式下水通量随过滤时间的变化。由

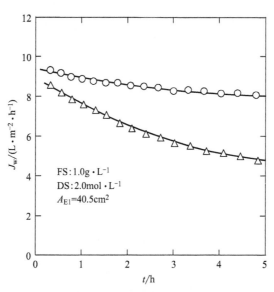

图 2.35 无隔板时死端与扫流过滤模式下水通量随过滤时间的变化
—△—死端；—○—扫流

图可知，与扫流模式时相比，死端模式下 FO 膜的水通量下降更快。原因是扫流模式时，由于 FO 膜表面不断被扫流，污染物不易在 FO 膜表面积累，形成的污垢层较死端方式时更薄且疏松[101]。因此，在同等条件下，扫流方式时 FO 膜的水通量下降速度较慢，即 FO 过程与外加压力过滤类似，通过扫流可减轻膜面污垢层，缓解水通量下降，减轻膜污染，表明 SA 在膜表面堆积亦构成主要膜污染。

2.6.4 隔板的影响

有、无隔板时水通量随过滤时间的变化曲线，如图 2.36 所示。考虑到 FO 膜与隔板间的贴合度，即隔板开孔率对结果的影响，分为两种情况进行结果分析：其一，假定 FO 膜与隔板完全贴合，即有效过滤面积等于隔板开孔面积 A_{E2}；其二，FO 膜与隔板中间不贴合，则有效过滤面积等于无隔板时有效过滤面积 A_{E1}。由图 2.36 可知，无隔板（A_{E1}）与有隔板（A_{E1}），两者初始水通量大致相同，表明过滤初期隔板的存在几乎不影响水通量；但随着 FO 的进行，有隔板时污染物质堆积在膜与隔板间的通道，造成水通量急剧下降，5h 时水通量下降了 90%。另一方面，对比无隔板（A_{E1}）与有隔板（A_{E2}）的数据，初始水通量刚好为 40.5/11.2＝3.62 倍左右，而 2h 后趋于相同，表明污染物质（溶质 SA）堆积于隔板与 FO 膜间，原料液中的水分子几乎是通过隔板上开孔进入驱

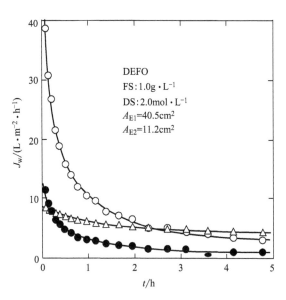

图 2.36　有、无隔板时水通量随过滤时间的变化曲线
—△—无隔板（A_{E1}）；—○—有隔板（A_{E2}）；—●—有隔板（A_{E1}）

动液侧。因此，在 FO 过程中设置隔板会降低水通量，应对隔板进行适宜设计以减轻其对水通量的负面效果[141]，应选择适宜的隔板开孔率。尽管与无隔板时相比水通量下降，但在实验过程中发现添加隔板可以保护 FO 膜不受太多损伤，并延长 FO 膜的使用次数（通过 SA 的截留效果评价得出），因此设置隔板仍然具有必要性；为优化隔板设计及各种影响因素，需要进一步开展更详细的调查与研究。

2.6.5 Ca^{2+} 的影响

如 2.4 节与 2.5 节所述，外加压力驱动模式下 Ca^{2+} 可以减轻藻酸盐与胞外聚合物的膜过滤阻抗[9,90,101]。因此，以不同 Ca^{2+} 浓度作用下藻酸钠超纯水溶液作为原料液，讨论 Ca^{2+} 对 FO 水通量的影响。图 2.37 显示料液侧和膜之间设置隔板，不同 Ca^{2+} 浓度时水通量随过滤时间的变化。由图可知，不同 Ca^{2+} 浓度下 0~1h 时水通量均急剧下降，1~5h 时水通量下降缓慢，且呈现类似的过滤行为，但 Ca^{2+} 浓度较高时水通量下降速度变缓；表明不同于外加压力驱动模式，渗透压驱动模式下 Ca^{2+} 尽管也可减轻膜污染，但减轻效果不显著。此外，其他金属离子（如 Fe^{3+}）作用下正渗透膜污染减轻行为需进一步研究。

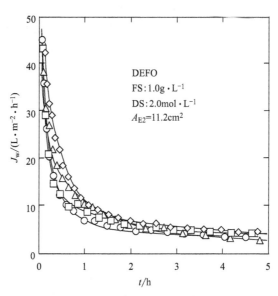

图 2.37　有隔板、不同 Ca^{2+} 浓度时水通量随过滤时间的变化
—△— 0mmol·L^{-1}；—○— 1mmol·L^{-1}；—□— 2mmol·L^{-1}；—◇— 4mmol·L^{-1}

图 2.38 为无隔板、不同 Ca^{2+} 浓度时 $0.5g \cdot L^{-1}$ 藻酸钠超纯水溶液的正渗透归一化水通量随时间的变化。由图可知，各 Ca^{2+} 浓度下 0~5h 时水通量均不断下降，$2mmol \cdot L^{-1}$、$4mmol \cdot L^{-1}$ Ca^{2+} 时水通量下降速率低于 $0mmol \cdot L^{-1}$、$1mmol \cdot L^{-1}$ Ca^{2+} 时；可能是因为 Ca^{2+} 与 SA 形成藻酸钙聚集体，其尺寸大于 SA 分子，在正渗透膜表面上形成阻抗小的污垢层。当 Ca^{2+} 浓度低时，大部分 SA 不能与 Ca^{2+} 结合，Ca^{2+} 作用效果不明显（$0mmol \cdot L^{-1}$ 与 $1mmol \cdot L^{-1}$ 时水通量变化情况相近）；Ca^{2+} 浓度高时，大部分 Ca^{2+} 不能与藻酸盐结合，Ca^{2+} 可能堵塞膜孔，加剧膜污染（$2mmol \cdot L^{-1}$ 与 $4mmol \cdot L^{-1}$ 时水通量变化情况相近）。

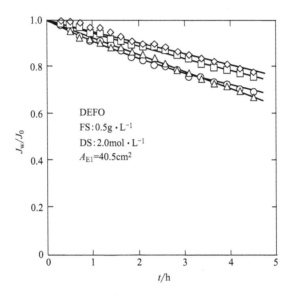

图 2.38　无隔板、不同 Ca^{2+} 浓度时归一化水通量随过滤时间的变化
—△— $0mmol \cdot L^{-1}$；—○— $1mmol \cdot L^{-1}$；—□— $2mmol \cdot L^{-1}$；—◇— $4mmol \cdot L^{-1}$

2.6.6　小结

死端正渗透模式可用于藻酸钠溶液的过滤脱水。实际应用过程中，因水通量下降速率小，建议使用活性层朝向料液侧进行正渗透过滤；类似于外加压力驱动膜过滤，扫流模式可以减轻藻酸钠的正渗透膜污染，提高水通量；隔板可以防止正渗透膜的拉伸变形，但需进行合理设计，以减轻水通量的下降；不同于外加压力驱动膜过滤，Ca^{2+} 作用下尽管也可减轻膜污染，但减轻效果不显著。

2.7 利用反向溶质扩散的正渗透浓缩藻酸盐

驱动剂反向溶质扩散是制约 FO 发展的瓶颈之一，驱动液产生的反向溶质通量（RSF）会降低 FO 过程所需驱动力，导致水通量下降[142,143]。驱动液中溶质的反向扩散亦会污染原料液，同时，增加驱动液的消耗成本[144,145]。FO 中驱动液几乎都存在 RSF，因此，大量研究致力于减少 RSF[146-153]。从驱动液和膜的性质考虑，降低 RSF 的方法包括驱动液的选择（有机溶质、无机溶质）[154]、操作策略（压力、电解和超声波辅助渗透）[155] 和膜改性[156,157]。

有趣的是，笔者发现 FO 中 Ca^{2+} 的 RSF 具有有益作用[143,158]。少量 Ca^{2+} 可以透过膜，反向扩散至原料液侧[159,160]。藻酸盐作为一种高分子材料，可以与 Ca^{2+} 结合形成"蛋壳"结构，而生成的海藻酸钙（Ca-Alg）可看作是一种新型的可回收纳米材料，即也是可回收的目标产品之一[10]。在 FO 回收藻酸盐过程中，以 Ca^{2+} 溶液作为驱动液，在原料液侧膜上回收 Ca-Alg，从而无需从原料液中分离反向渗透的 Ca^{2+}，避免驱动溶质的二次污染。

本小节提出一种通过 FO 来浓缩和回收藻酸盐的新方法，其中，驱动液溶质的反向扩散不再是制约正渗透发展的瓶颈。采用三乙酸纤维素活性层嵌入聚酯支撑筛网（CTA-ES）FO 膜，以 SA 溶液为原料液，$CaCl_2$ 溶液为驱动液，讨论 FO 膜（原料液侧）上形成的材料性质，SA 和驱动溶质浓度对水通量的影响，并分析 FO 中 RSF。

2.7.1 原料液侧膜上浓缩物的特性

（1）浓缩物的典型图

当 $CaCl_2$ 作 FO 驱动剂时，原料液侧 FO 膜上会形成浓缩物并不断累积[158]，典型图如图 2.39 所示。可能源于原料液侧的 SA 与驱动液侧反向扩散的 Ca^{2+} 在膜面上相互吸引并结合[9,102]。浓缩物是 FO 结束后直接获得的，且无操作问题；并且，当 SA 原料液浓度为 1.0~3.0g·L^{-1}，$CaCl_2$ 驱动液浓度为 1.0~3.0g·L^{-1} 时，均观察到这种现象。

（2）FTIR 分析

用 FTIR 和 XPS 检测分析浓缩物的组成。由于 SA 具有分子量分布，即可认为是一种混合物，因此，FO 中原料液侧的 SA 和驱动液侧反向扩散的 Ca^{2+} 相互

(a) 俯视图　　　　　　　　　　　(b) 侧视图

图 2.39　正渗透过程中原料液侧形成的浓缩物质的典型图

作用获得的产物（浓缩物）与现有的海藻酸钙明显不同。因此，分析比较浓缩物与 SA 的性质差异。

图 2.40 显示了 SA 和在原料液侧 FO 膜上形成的浓缩物的 FTIR 光谱。如图所示，SA 和浓缩物的峰位相似，表明两者都存在类似的特征官能团，例如，醇羟基、多糖特征官能团和氨基酸酰胺 I。然而，与 SA 相比，浓缩物中 COO^- 的反对称（ν_{as}）和对称（ν_s）伸缩振动峰向右移动，因此，推断 SA 可以桥接金属离子，如反向渗透的 Ca^{2+}[161]。

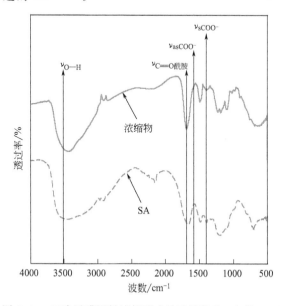

图 2.40　正渗透膜原料液侧形成的浓缩物和 SA 的 FTIR

(3) XPS 分析

利用 XPS 分析浓缩物和 SA 基本组成的差异，如图 2.41 所示。参考经典手册[162]，识别并解释 XPS 数据。SA 的全谱中出现 Na 1s（1071eV）、O 1s（510eV）和 C 1s（285eV）等峰。与 SA 相比，浓缩物中出现 Ca 2p 的特征峰，Na 1s 的特征峰消失。因此，比较 SA 与浓缩物的 XPS，可以看出 Ca^{2+} 通过阳离子交换取代 Na^+ 形成 Ca-Alg。

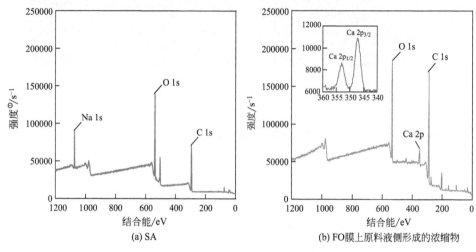

(a) SA　　　　　　　　　　　(b) FO膜上原料液侧形成的浓缩物

图 2.41　XPS 能谱图
①指单位时间内的光电子数

进一步，通过高分辨率扫描得到了主要官能团含量的详细信息，如图 2.42 所示。与 SA 相比，浓缩物中典型官能团如 C—O、C=O 或 O=C—O、O=C—OR 等的峰较低，而 C—(C/H) 的峰较高。此外，浓缩物的 O=C 峰值增加，而 C—O—C 或 C—O—H 峰值降低。这些结果进一步证实了可渗透的金属阳离子如 Ca^{2+} 与 SA 中的羟基发生反应[102]。

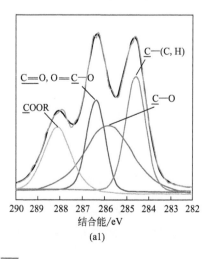

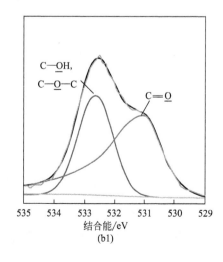

(a1)　　　　　　　　　　　(b1)

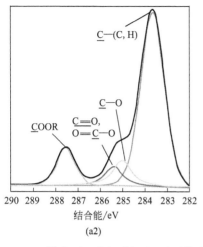
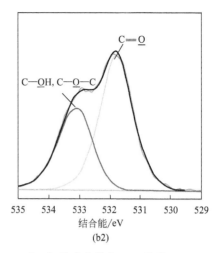

图 2.42　C 1s [(a1)、(a2)] 和 O 1s [(b1)、(b2)] 的高分辨率 XPS 能谱

(a1) 和 (b1) 为 SA；(a2) 和 (b2) 为 FO 膜上原料液侧形成的浓缩物

2.7.2　藻酸钠和驱动剂浓度对水通量的影响

图 2.43 显示了 SA 浓度对 FO 过程中水通量的影响。如图所示，不同浓度 SA 的水通量相差小于 $1L \cdot m^{-2} \cdot h^{-1}$，并且随 SA 浓度的增加，水通量下降行为相似。$1.0g \cdot L^{-1}$、$2.0g \cdot L^{-1}$ 和 $3.0g \cdot L^{-1}$ SA 溶液时 5h 内的平均水通量分别

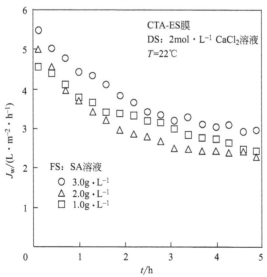

图 2.43　不同 SA 浓度时 FO 过程中水通量的变化

DS 为驱动液；FS 为原料液

为 $3.28L \cdot m^{-2} \cdot h^{-1}$、$3.05L \cdot m^{-2} \cdot h^{-1}$ 和 $3.76L \cdot m^{-2} \cdot h^{-1}$,它们的标准偏差为 $0.36L \cdot m^{-2} \cdot h^{-1}$(相对偏差为10.8%),并且平均水通量并未随着SA浓度的增加而下降,这反常于传统压力驱动过滤过程中水通量随SA浓度的增加而减小的结果[9]。因此,当SA浓度为 $1.0 \sim 3.0g \cdot L^{-1}$ 时SA浓度对FO过程中水通量的影响不明显。值得说明的是,从实际好氧颗粒污泥(AGS)中回收的藻酸盐浓度为 $1.28 \sim 1.60g \cdot L^{-1}$ [9,102]。综上,由于SA溶液的黏度和渗透压是SA浓度的函数,进而,判断SA溶液的黏度和渗透压的变化对水通量的影响可以忽略不计。

$CaCl_2$ 浓度显著影响FO膜两侧的渗透压差[163]和 Ca^{2+} 的反向扩散量[153]。图2.44显示了不同 $CaCl_2$ 浓度下SA溶液的FO行为。如图所示,随着 $CaCl_2$ 浓度($1.0 \sim 3.0mol \cdot L^{-1}$)的增加,因驱动液侧渗透压增加,水通量显著增加。然而,随着 $CaCl_2$ 浓度的增加,水通量下降速率增加,可能是因为反向扩散的 Ca^{2+} 增加,导致形成的浓缩物浓度更大和结构改变,从而原料液侧的浓缩型浓差极化更大。值得注意的是,在FO膜上形成的浓缩物Ca-Alg的材料性能受到SA和 Ca^{2+} 摩尔质量比的影响[9,102]。因此,以 $CaCl_2$ 为驱动剂,通过FO对SA进行浓缩时,存在一个最佳的 Ca^{2+} 浓度;尽管SA浓度和FO膜的性质决定水通量与膜污染,但考虑到高水通量和低水通量下降速率,建议最佳的 Ca^{2+} 浓度为 $2mol \cdot L^{-1}$。

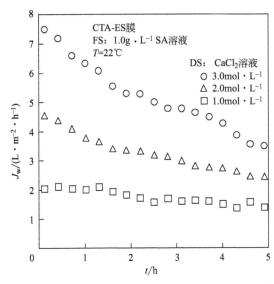

图2.44 不同 $CaCl_2$ 浓度时FO过程中水通量的变化

DS为驱动液;FS为原料液

2.7.3 驱动剂钙盐的反向渗透分析

从驱动液侧反向扩散的 Ca^{2+} 穿过 FO 膜与料液侧膜上浓缩的 SA 反应形成 Ca-Alg,如图 2.45 所示,显示了 FO 膜上料液侧浓缩物(图 2.39)的形成机理。FO 过程中 Ca^{2+} 的反向扩散是有限的,因此,Ca^{2+} 与 SA 结合为分子间结合优于分子内结合[104]。Ca^{2+} 连续不断的反向扩散导致了聚合物束的形成,并最终转变成蛋壳结构[164],如图 2.45 所示。

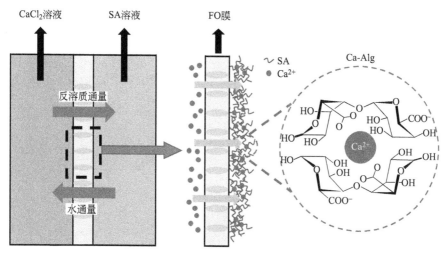

图 2.45 以钙盐为驱动剂的 SA 溶液 FO 浓缩过程中料液侧藻酸钙(Ca-Alg)的形成机理

表 2.5 为文献中各种金属盐为驱动剂时 FO 过程中产生的反溶质通量(RSF)。首先,应考虑 FO 膜的类型。例如,当驱动液为 $1mol \cdot L^{-1}$ NaCl 时,Na^+ 的 RSF 为 $0.552 \sim 7.5 g \cdot m^{-2} \cdot h^{-1}$,主要由于不同 FO 膜类型,如乙酸纤维素/三乙酸纤维素(CA/CTA)[146,150]、三乙酸纤维素嵌入聚酯丝网支撑(CTA-ES)[165]、CA[148] 和薄膜复合材料(TFC)[166]。同时,由于 CTA 和 TFC 的 FO 膜带负电荷,因此,溶液中阳离子比阴离子更容易迁移[167]。其次,在 FO 过程中同一金属的不同盐溶液,不仅渗透压不同,而且产生的 RSF 也不同。例如,驱动液为 $1mol \cdot L^{-1}$ NaCl 和 $1mol \cdot L^{-1}$ Na_2SO_4(采用 TFC FO 膜)时,Na^+ 的 RSF 值分别为 $7.5g \cdot m^{-2} \cdot h^{-1}$ 和 $4.9g \cdot m^{-2} \cdot h^{-1}$[166];驱动液为 $1mol \cdot L^{-1}$ $MgSO_4$ 和 $1mol \cdot L^{-1}$ $Mg(NO_3)_2$(采用 TFC-PA FO 膜)时,Mg^{2+} 的 RSF 值分

别为 1.32g·m^{-2}·h^{-1} 和 24.18g·m^{-2}·h^{-1}[152]。最后，RSF 一般随驱动液浓度的增加而增加。例如，驱动液为 0.1mol·L^{-1} 和 0.75mol·L^{-1} NaHCO$_3$ 时，Na$^+$ 的 RSF 值分别为 1.61g·m^{-2}·h^{-1} 和 17.71g·m^{-2}·h^{-1}[153]。

表 2.5 文献中各种金属盐为驱动剂时 FO 过程中的反溶质通量

金属离子	膜类型	驱动剂	RSF/(g·m^{-2}·h^{-1})	参考文献
K$^+$	CTA	0.3mol·L^{-1} KCl	0.17	[149]
	CTA	0.94mol·L^{-1} KCl	15.3	[168]
	CTA	0.58mol·L^{-1} K$_2$SO$_4$	3.7	[168]
Na$^+$	CTA	0.18mol·L^{-1} NaH$_2$PO$_4$	0.01	[149]
	CA/CTA	1mol·L^{-1} NaCl	0.552	[150]
	CA/CTA	1mol·L^{-1} NaCl	0.47	[146]
	CTA-ES	1mol·L^{-1} NaCl	3.99	[165]
	CA	1mol·L^{-1} NaCl	2.33	[148]
	TFC	1mol·L^{-1} NaCl	7.5	[166]
	TFC	1mol·L^{-1} Na$_2$SO$_4$	4.9	[166]
	TFC	0.5mol·L^{-1} NaCl	3.15	[169]
	TFC	0.1mol·L^{-1} NaHCO$_3$	1.61	[153]
	TFC	0.75mol·L^{-1} NaHCO$_3$	17.71	[153]
	TFC-PA	0.5mol·L^{-1} NaCl	0.25	[170]
	TFC-PA	0.26mol·L^{-1} EDTA-4Na	2.27	[147]
	TFC-PA	0.39mol·L^{-1} EDTA-4Na	2.47	[147]
	TFC-PA	0.53mol·L^{-1} EDTA-4Na	2.85	[147]
Mg^{2+}	CTA	1.75mol·L^{-1} MgSO$_4$	0.306	[151]
	CTA	1.17mol·L^{-1} MgSO$_4$	1.2	[168]
	CTA-PA	1.2mol·L^{-1} MgSO$_4$	0.34	[171]
	TFC	0.5mol·L^{-1} MgCl$_2$	0.14	[169]
	TFC-PA	1mol·L^{-1} MgSO$_4$	1.32	[152]
	TFC-PA	1mol·L^{-1} Mg(NO$_3$)$_2$	24.18	[152]
Cu^{2+}	CTA	1mol·L^{-1} CuSO$_4$	0.596	[151]
Ca^{2+}	CTA	0.56mol·L^{-1} CaCl$_2$	9.5	[168]
	CTA	0.8mol·L^{-1} Ca(NO$_3$)$_2$	6.6	[168]
	CTA-ES	1mol·L^{-1} CaCl$_2$	1.27	[143]
	CTA-ES	2mol·L^{-1} CaCl$_2$	0.83	[143]
	CTA-ES	3mol·L^{-1} CaCl$_2$	0.58	[143]

t 时刻单位时间单位膜面积上 Ca^{2+} 透过 FO 膜的质量（RSF），通过下式计算[151]：

$$J_s = \frac{C_0 V_0 - C_{DS} V_{DS}}{A_m t} \qquad (2.10)$$

式中，C_0、V_0 分别为初始时刻驱动液的浓度和体积；C_{DS}、V_{DS} 分别为 t 时刻驱动液中 Ca^{2+} 的浓度与驱动液的体积；A_m 为有效过滤面积。

研究发现，采用 CTA-ES FO 膜，FO 过程中驱动液为 $1mol·L^{-1}$、$2mol·L^{-1}$ 和 $3mol·L^{-1}$ $CaCl_2$ 时，Ca^{2+} 的 5h 内平均 RSF 值分别为 $1.01g·m^{-2}·h^{-1}$、$0.63g·m^{-2}·h^{-1}$ 和 $0.40g·m^{-2}·h^{-1}$，即驱动剂浓度越大，Ca^{2+} 的反向扩散越小。这种异常行为可以解释为：料液侧 FO 膜面上形成的浓缩物（Ca-Alg），因其电荷特性、分子筛作用以及形成的渗透压，阻碍了 Ca^{2+} 的反向扩散，并且随 Ca^{2+} 浓度的增加，阻碍作用增大。

综上所述，料液侧 FO 膜上需要适量 Ca^{2+} 才可以形成 Ca-Alg，这是该方法浓缩藻酸盐的局限性。Ca^{2+} 的反向扩散较低，可能不足以与 SA 结合形成 Ca-Alg，而 Ca^{2+} 的反向扩散较高，则可能导致水通量下降加快。驱动液中 $CaCl_2$ 的浓度不仅影响水通量，还影响 Ca^{2+} 的 RSF，从而改变料液侧 FO 膜上形成的 Ca-Alg 的材料特性。此外，FO 膜的种类也会影响 Ca^{2+} 的 RSF，这取决于膜的设计及性能。因此，驱动剂钙盐浓度和膜类型是藻酸盐回收的重点。应指出的是，实际工程领域，从 AGS 中提取藻酸盐后的剩余污泥，还可用于生产沼气等其他利用途径；同时，浓缩物（Ca-Alg）回收过程中，采用膜表面冲洗和膜反洗等方法，可用于缓解钙盐为驱动剂时 FO 浓缩藻酸盐过程中产生的膜污染[142]。

2.7.4 小结

本节提出了一种以钙盐为驱动剂，FO 浓缩回收藻酸盐的新方法，其中，Ca^{2+} 的反向扩散有利于藻酸盐的回收。料液侧 FO 膜上形成的浓缩物是藻酸钠与反向扩散的钙离子相互作用形成的藻酸钙，其亦是一种可回收的材料。随 $CaCl_2$ 浓度的增加，水通量显著增加；但 SA 浓度对水通量影响不大。待浓缩藻酸盐浓度一定时需要适量反向扩散的 Ca^{2+}。设计并制作新型的 FO 膜是未来研究的重点方向，同时，还应评估藻酸钠回收的经济潜力。

参考文献

[1] Brownlee I A, Seal C J, Wilcox M, et al. Applications of alginates in food// Rehm B H A. Alginates: Biology and Applications [M]. Münster: Springer, 2009: 211-228.

[2] Lee K Y, Mooney D J. Alginate: Properties and biomedical applications [J]. Progress in Polymer Science, 2012, 37: 106-126.

[3] Hay I D, Ur R Z, Moradali M F, et al. Microbial alginate production, modification and its applications [J]. Microbial Biotechnology, 2013, 6: 637-650.

[4] Tanna B, Mishra A. Nutraceutical potential of seaweed polysaccharides: Structure, bioactivity, safety, and toxicity [J]. Comprehensive Reviews In Food Science And Food Safety, 2019, 18: 817-831.

[5] van Loosdrecht M C M, Brdjanovic D. Anticipating the next century of wastewater treatment: advances in activated sludge sewage treatment can improve its energy use and resource recovery [J]. Science, 2014, 344 (6191): 1452-1453.

[6] van der Hoek J P, de Fooij H, Struker A. Wastewater as a resource: Strategies to recover resources from Amsterdam's wastewater [J]. Resources Conservation and Recycling, 2016, 113: 53-64.

[7] 曹达啟, 王振, 郝晓地, 等. 藻酸盐污水处理合成研究现状与应用前景 [J]. 中国给水排水, 2017, 33: 1-6.

[8] Sepúlveda-Mardones M, Campos J L, Magrí A, et al. Moving forward in the use of aerobic granular sludge for municipal wastewater treatment: An overview [J]. Reviews in Environmental Science and Bio/Technology, 2019, 18: 741-769.

[9] Cao D Q, Hao X D, Wang Z, et al. Membrane recovery of alginate in an aqueous solution by the addition of calcium ions: Analyses of resistance reduction and fouling mechanism [J]. Journal of Membrane Science, 2017, 535: 312-321.

[10] Cao D Q, Jin J Y, Wang Q H, et al. Ultrafiltration recovery of alginate: Membrane fouling mitigation by multivalent metal ions and properties of recycled materials [J]. Chinese Journal of Chemical Engineering, 2020, 28 (11): 2881-2889.

[11] Li G J, Zhang Z J. Anaerobic biological treatment of alginate production wastewaters in a pilot-scale expended granular sludge bed reactor under moderate to low temperatures [J]. Water Environment Research, 2010, 82 (8): 725-732.

[12] 李陶陶. 褐藻胶生产节能减排关键技术点的研究 [D]. 青岛: 中国海洋大学, 2011: 5-7.

[13] Sabra W, Zeng A P. Microbial production of alginates: physiology and process aspects// Rehm B H A. Alginates: Biology and Applications [M]. Münster: Springer, 2009: 153-173.

[14] van der Roest H, van Loosdrecht M C M, Langkamp E J, et al. Recovery and reuse of alginate from granular Nereda sludge [J]. Water, 2015, 21 (4): 48.

[15] Nancharaiah Y V, Reddy G K K. Aerobic granular sludge technology: Mechanisms of granulation and biotechnological applications [J]. Bioresource Technolgy, 2018, 247: 1128-1143.

[16] Lin Y M, Sharma P K, van Loosdrecht M C M. The chemical and mechanical differences between alginate-like exopolysaccharides isolated from aerobic flocculent sludge and aerobic granular sludge [J]. Water Reserch, 2013, 47 (1): 57-65.

[17] Qin Y M. Alginate fibres: an overview of the production processes and applications in wound management [J]. Polymer International, 2008, 57 (57): 171-180.

[18] Haug A, Smidsrød O. Strontium-calcium selectivity of alginates [J]. Nature, 1967, 215 (5102): 757.

[19] Linker A, Jones R S. Polysaccharide resembling alginic acid from pseudomonas micro-organism [J]. Nature, 1964, 204 (4954): 187-188.

[20] Gorin P A J, Spencer J F T. Exocellular alginic acid from azotobacter vinelandii [J]. Canadian Journal of Chemistry, 1966, 44 (9): 993-998.

[21] Govan J R W, Fyfe J A, Jarman T R. Isolation of alginate-producing mutants of pseudomonas fluorescens, pseudomonas putida and pseudomonas mendocina [J]. Journal of General Microbiology, 1981, 125 (1): 217-220.

[22] Fett W F, Osman S F, Fishman M L, et al. Alginate production by plant-pathogenic pseudomonads [J]. Applied & Environmental Microbiology, 1986, 52 (3): 466-473.

[23] Gross M, Rudolph K. Demonstration of levan and alginate in bean plants (Phaseolus vulgaris) infected by Pseudomonas-syringae pv. phaseolicola [J]. Journal of Phytopathology, 1987, 120 (1): 9-19.

[24] Cote G L, Krull L H. Characterization of the exocellular polysaccharides from Azotobacter chroococcum [J]. Carbohydrate Research, 1988, 181 (10): 143-152.

[25] Smidsrød O. Molecular basis for some physical properties of alginates in the gel state [J]. Faraday Discussions of the Chemical Society, 1974, 57: 263-274.

[26] Donati I, Paoletti S. Material properties of alginates// Rehm B H A. Alginates: Biology and Applications [M]. Münster: Springer, 2009: 1-53.

[27] Morris E R, Rees D A, Thom D, et al. Chiroptical and stoichiometric evidence of a specific, primary dimerisation process in alginate gelation [J]. Carbohydrate Research, 1978, 66 (1): 145-154.

[28] Haug A, Smidsrød O. The effect of divalent metals on the properties of alginate solutions. II. Comparison of different metal ions [J]. Acta Chemica Scandinavica, 1965, 19 (2): 341-351..

[29] Celik G Y, Aslim B, Beyatli Y. Characterization and production of the exopolysaccharide (EPS) from Pseudomonas aeruginosa G1 and Pseudomonas putida G12 strains [J]. Cabohydrate Polymers, 2008, 73 (1): 178-182.

[30] 钱飞跃, 王琰, 王建芳, 等. 好氧颗粒污泥中凝胶型聚多糖的特性研究进展 [J]. 化学通报, 2015, 78 (4): 320-324.

[31] Brivonese A C, Sutherland I W. Polymer production by a mucoid stain of Azotobacter vinelandii in batch culture [J]. Applied Microbiology and Biotechnology, 1989, 30 (1): 97-102.

[32] Zapata-Velez A M, Trujillo-Roldan M A. The lack of a nitrogen source and/or the C/N ratio affects the molecular weight of alginate and its productivity in submerged cultures of Azotobacter vinelandii [J]. Annals of Microbiology, 2010, 60 (4): 661-668.

[33] Priego-Jimenez R, Pena C, Ramirez O T, et al. Specific growth rate determines the molecular mass of the alginate produced by Azotobacter vinelandii [J]. Biochemical Engineering Journal, 2005, 25 (3): 187-193.

[34] Diaz-Barrera A, Pena C, Galindo E. The oxygen transfer rate influences the molecular mass of the alginate produced by Azotobacter vinelandii [J]. Applied Microbiology and Biotechnology, 2007, 76 (4): 903-910.

[35] Trujillo-Roldan M A, Moreno S, Segura D, et al. Alginate production by an Azotobacter vinelandii mutant unable to produce alginate lyase [J]. Applied Microbiology and Biotechnology, 2003, 60 (6): 733-737.

[36] Pena C, Peter C P, Buchs J, et al. 2007. Evolution of the specific power consumption and oxygen transfer rate in alginate-producing cultures of Azotobacter vinelandii conducted in shake flasks [J]. Biochemical Engineering Journal, 2007, 36 (2): 73-80.

[37] Asami K, Aritomi T, Tan Y S, et al. Biosynthesis of polysaccharide alginate by Azotobacter vinelandii in a bubble column [J]. Journal of Chemical Engineering of Japan, 2004, 37 (8): 1050-1055.

[38] Mejía1 M Á, Segura D, Espín G, et al. Two-stage fermentation process for alginate production by Azotobacter vinelandii mutant altered in poly-b-hydroxybutyrate (PHB) synthesis [J]. Journal of Applied Microbiology, 2010, 108 (1): 55-61.

[39] Saude N, Chèze-Lange H, Beunard D, et al. Alginate production by Azotobacter vinelandii in a membrane bioreactor [J]. Process Biochemistry, 2002, 38 (2): 273-278.

[40] Saude N, Junter G A. Production and molecular weight characteristics of alginate from free and immobilized-cell cultures of Azotobacter vinelandii [J]. Process Biochemistry, 2002,

37 (8): 895-900.

[41] Clementi F. Alginate production by azotobacter vinelandii [J]. Critical Reviews in Biotechnology, 1997, 17 (4): 327-361.

[42] Wang Y, Hay I D, Rehman Z U, et al. Membrane-anchored MucR mediates nitrate-dependent regulation of alginate production in Pseudomonas aeruginosa [J]. Applied Microbiology and Biotechnology, 2015, 99 (17): 1-13.

[43] Boyd A, Chakrabarty A M. Pseudomonas aeruginosa biofilms: role of the alginate exopolysaccharide [J]. Journal of Industrial Microbiology, 1995, 15 (3): 162-168.

[44] Govan J R W, Deretic V. Microbial pathogensis in cystic fibrosis: mucoid Pseudomonas aeruginosa and Burkholderia cepacia [J]. Microbiological Reviews, 1996, 60 (3): 539-574.

[45] Wagner V E, Iglewski B H. P. aeruginosa biofilms in CF infection [J]. Clinical Reviews in Allergy & Immunology, 2008, 35 (3): 124-134.

[46] Krieg D P, Bass J A, Mattingly S J. Aeration selects for mucoid phenotype of Pseudomonas aeruginosa [J]. Journal of Clinical Microbiology, 1986, 24 (6): 986-990.

[47] Sabra W, Kim E J, Zeng A P. Physiological responses of Pseudomonas aeruginosa PAO1 to oxidative stress in controlled microaerobic and aerobic cultures [J]. Microbiology, 2002, 148 (Pt10): 3195-3202.

[48] Kidambi P S, Sundin G W, Palmer A D, et al. Copper as a signal for alginate synthesis in Pseudomonas syringae pv. Syringae [J]. Applied & Environmental Microbiology, 1995, 61 (6): 2172-2179.

[49] Chang W S, van de Mortel M, Nielsen L, et al. Alginate production by Pseudomonas putida creates a hydrated microenvironment and contributes to biofilm architecture and stress tolerance under water-limiting conditions [J]. Journal of Bacteriology, 2007, 189 (22): 8290-8299.

[50] Muller J M, Alegre R M. Alginate production by Pseudomonas mendocina in a stirred draft fermenter [J]. World Journal of Microbiology & Biotechnology, 2007, 23 (5): 691-695.

[51] Fett W F, Wijey C. Yields of alginates produced by fluorescent pseudomonads in batch culture [J]. Journal of Industrial Microbiology, 1995, 14 (5): 412-415.

[52] Piggott N H, Sutherland I W, Jarman T R. Alginate synthesis by mucoid strains of Pseudomonas aeruginosa PAO [J]. Applied Microbiology & Biotechnology, 1982, 16 (16): 131-135.

[53] Dias F F, Bhat J V. Microbial ecology of activated sludge: I. Dominant bacteria [J]. Applied Microbiology, 1964, 12 (5): 412-417.

[54] Pike E B, Curds C R. The microbial ecology of the activated sludge process [J]. Society

for Applied Bacteriology Symposium, 1971, 1: 123-147.

[55] Bruus J H, Nielsen P H, Keiding K. On the stability of activated sludge flocs with implications to dewatering [J]. Water Research, 1992, 26: 1597-1604.

[56] Sobeck D C, Higgins M J. Examination of three theories for mechanisms of cation-induced bioflocculation [J]. Water Research, 2002, 36 (3): 527-538.

[57] 王琳, 林跃梅. 好氧颗粒污泥中细菌藻酸盐的提取和鉴定 [J]. 中国给水排水, 2007, 23 (24): 88-91.

[58] Seviour T, Yuan Z G, van Loosdrecht M C M, et al. Aerobic sludge granulation: a tale of two polysaccharides [J]. Water Research, 2012, 46 (15): 4803-4813.

[59] Seviour T, Pijuan M, Nicholson T, et al. Gel-forming exopolysaccharides explain basic differences between structures of aerobic sludge granules and floccular sludges [J]. Water Research, 2009, 43 (18): 4469-4478.

[60] Lin Y M, Wang L, Chi Z M, et al. Bacterial alginate role in aerobic granular bio-particles formation and settleability improvement [J]. Separation Science and Technology, 2008, 43 (7): 1642-1652.

[61] Lin Y M, De K M, van Loosdrecht M C M, et al. Characterization of alginate-like exopolysaccharides isolated from aerobic granular sludge in pilot-plant [J]. Water Research, 2010, 44: 3355-3364.

[62] Yang Y C, Liu X, Wan C L, et al. Accelerated aerobic granulation using alternating feed loadings: Alginate-like exopolysaccharides [J]. Bioresource Technology, 2014, 171: 360-366.

[63] Gonzalez-Gil G, Thomas L, Emwas A H, et al. NMR and MALDI-TOF MS based characterization of exopolysaccharides in anaerobic microbial aggregates from full-scale reactors [J]. Scientific Reports, 2015, 5: 14316.

[64] Sam S B, Dulekgurgen E. Characterization of exopolysaccharides from floccular and aerobic granular activated sludge as alginate-like-exoPS [J]. Desalination and Water Treatment, 2016, 57: 2534-2545.

[65] 李佳琦, 彭党聪, 董征, 等. 藻酸盐对污泥性能的影响及提取方法的研究 [J]. 中国给水排水, 2018, 34: 15-19.

[66] 邹声明. 强化获取剩余污泥中藻酸盐的技术研究 [D]. 广州大学, 2018.

[67] Örmeci B, Vesilind P A. Development of an improved synthetic sludge: a possible surrogate for studying activated sludge dewatering characteristics [J]. Water Research, 2000, 34 (4): 1069-1078.

[68] Wang L L, Chen S, Zheng H T, et al. A new polystyrene-latex-based and EPS-containing synthetic sludge [J]. Frontiers of Environmental Science & Engineering, 2011, 6 (1): 131-139.

[69] Li Y, Yang S F, Zhang J J, et al. Formation of artificial granules for proving gelation as the main mechanism of aerobic granulation in biological wastewater treatment [J]. Water Science & Technology, 2014, 70 (3): 548-554.

[70] Iritani E, Katagiri N, Sengoku T, et al. Flux decline behaviors in dead-end microfiltration of activated sludge and its supernatant [J]. Journal of Membrane Science, 2007, 300: 36-44.

[71] Hwang K J, Yang S S. The role of polysaccharide on the filtration of microbial cells [J]. Separation Science & Technology, 2011, 46 (5): 786-793.

[72] Ye Y, Clech P L, Chen V, et al. Fouling mechanisms of alginate solutions as model extracellular polymeric substances [J]. Desalination, 2005, 175 (1): 7-20.

[73] Katsoufidou K, Yiantsios S G, Karabelas A J. Experimental study of ultrafiltration membrane fouling by sodium alginate and flux recovery by backwashing [J]. Journal of Membrane Science, 2007, 300: 137-146.

[74] van den Brink P, Zwijnenburg A, Smith G, et al. Effect of free calcium concentration and ionic strength on alginate fouling in cross-flow membrane filtration [J]. Journal of Membrane Science, 2009, 345 (1): 207-216.

[75] Meng S J, Liu Y. Alginate block fractions and their effects on membrane fouling [J]. Water Reserch, 2013, 47 (17): 6618-6627.

[76] Meng S J, Winters H, Liu Y. Ultrafiltration behaviors of alginate blocks at various calcium concentrations [J]. Water Reserch, 2015, 83: 248-257.

[77] Xin Y, Bligh M W, Kinsela A S, et al. Effect of iron on membrane fouling by alginate in the absence and presence of calcium [J]. Journal of Membrane Science, 2016, 497: 289-299.

[78] Morgenroth E, Sherden T, van Loosdrecht M C M, et al. Aerobic granular sludge in a sequencing batch reactor [J]. Water Research, 1997, 31 (12): 3191-3194.

[79] Beun J J, Hendriks A, van Loosdrecht M C M, et al. Aerobic granulation in a sequencing batch reactor [J]. Water Research, 1999, 33 (10): 2283-2290.

[80] Kreuk M K D, Heijnen J J, van Loosdrecht M C M. Simultaneous COD, nitrogen, and phosphate removal by aerobic granular sludge [J]. Biotechnology & Bioengineering, 2005, 90 (6): 761-769.

[81] Anuar A N, Ujang Z, van Loosdrecht M C M, et al. Settling behaviour of aerobic granular sludge [J]. Water Science & Technology, 2007, 56 (7): 55-63.

[82] van Loosdrecht M C M, Roeleveld P. Future possibilities for waste water [J]. Water Matters, 2015.

[83] Mcswain B S, Irvine R L, Hausner M, et al. Composition and distribution of extracellular polymeric substances in aerobic flocs and granular sludge [J]. Applied & Environmental

Microbiology, 2005, 71 (2): 1051-1057.

[84] Monroe D. Looking for chinks in the armor of bacterial biofilms [J]. Plos Biology, 2007, 5 (11): 2458-2461.

[85] Kończak B, Karcz J, Miksch K. Influence of calcium, magnesium, and iron ions on aerobic granulation [J]. Applied Biochemistry & Biotechnology, 2014, 174 (8): 2910-2918.

[86] Liao B Q, Allen D G, Droppo I G, et al. Surface properties of sludge and their role in bioflocculation and settleability [J]. Water Research, 2001, 35 (2): 339-350.

[87] Liu H, Fang H H P. Extraction of extracellular polymeric substances (EPS) of sludges [J]. Journal of Biotechnology, 2002, 95 (3): 249-256.

[88] 秦益民. 海藻酸 [M]. 北京: 中国轻工业出版社, 2008: 43-48.

[89] Felz S, Al-Zuhairy S, Aarstad O A, et al. Extraction of structural extracellular polymeric substances from aerobic granular sludge [J]. Journal of Visualized Experiments, 2016, 115: 54534.

[90] Cao D Q, Song X, Fang X M, et al. Membrane filtration-based recovery of extracellular polymer substances from excess sludge and analysis of their heavy metal ion adsorption properties [J]. Chemical Engineering Journal, 2018, 354: 866-874.

[91] Mohammad A W, Ng C Y, Lim Y P, et al. Ultrafiltration in food processing industry: Review on application, membrane fouling, and fouling control [J]. Food Bioprocess Technology, 2012, 5: 1143-1156.

[92] Tiller F M, Hsyung N B, Cong D Z. Role of porosity in filtration: xii. filtration with sedimentation [J]. AIChE Journal, 1995, 41: 1153-1164.

[93] Ruth B F. Studies in filtration III: derivation of general filtration equations [J]. Industrial and. Engineering Chemistry, 1935, 27: 708-723.

[94] Iritani E, Katagiri N, Takaishi Y, et al. Determination of pressure dependence of permeability characteristics from single constant pressure filtration test [J]. Journal of Chemical Engineering of Japan, 2011, 44: 14-23.

[95] Cao D Q, Iritani E, Katagiri N. Properties of filter cake formed during dead-end microfiltration of O/W emulsion [J]. Journal of Chemical Engineering of Japan, 2013, 46: 593-600.

[96] Iritani E, Katagiri N, Kanetake S. Determination of cake filtration characteristics of dilute suspension of bentonite from various filtration tests [J]. Separation and Purification Technology, 2012, 92: 143-151.

[97] Xin Y, Bligh M W, Kinsela A S, et al. Calcium-mediated polysaccharide gel formation and breakage: Impact on membrane foulant hydraulic properties [J]. Journal of Membrane Science, 2015, 475: 395-405.

[98] van de Ven W J C, van't Sant K, Pünt I G M, et al. Wessling, Hollow fiber dead-end ultrafiltration: influence of ionic environment on filtration of alginates [J]. Journal of Membrane Science, 2008, 308: 218-229.

[99] Iritani E, Toyoda Y, Murase T. Effect of solution environment on dead-end microfiltration characteristics of rutile suspensions [J]. Journal of Chemical Engineering of Japan, 1997, 30: 614-619.

[100] Sperry D R. Notes and correspondence: a study of the fundamental laws of filtration using plant-scale equipment [J]. Industrial& Engineegring Chemistry Research, 1921, 13: 1163-1164.

[101] Cao D Q, Song X, Hao X D, et al. Ca^{2+}-aided separation of polysaccharides and proteins by microfiltration: Implications for sludge processing [J]. Separation and Purification Technology, 2018, 202: 318-325.

[102] Cao D Q, Wang X, Wang Q H, et al. Removal of heavy metal ions by ultrafiltration with recovery of extracellular polymer substances from excess sludge [J]. Journal of Membrane Science, 2020, 606: 118103.

[103] Zhang M J, Lin H J, Shen L G, et al. Effect of calcium ions on fouling properties of alginate solution and its mechanisms [J]. Journal of Membrane Science, 2017, 525: 320-329.

[104] Zhang M J, Hong H C, Lin H J, et al. Mechanistic insights into alginate fouling caused by calcium ions based on terahertz time-domain spectra analyses and DFT calculations [J]. Water Reserch, 2018, 129: 337-346.

[105] Chen J R, Zhang M J, Li F Q, et al. Membrane fouling in a membrane bioreactor: High filtration resistance of gel layer and its underlying mechanism [J]. Water Reserch, 2016, 102: 82-89.

[106] Flory P J. Thermodynamics of high polymer solutions [J]. Journal of Chemical Physics, 1941, 9: 660.

[107] Xiong X J, Xu H, Zhang B P, et al. Floc structure and membrane fouling affected by sodium alginate interaction with Al species as model organic pollutants [J]. Journal of Environmental Sciences, 2019, 82: 1-13.

[108] Chen X D, Yang H W, Liu W J, et al. Filterability and structure of the fouling layers of biopolymer coexisting with ferric iron in ultrafiltration membrane [J]. Journal of Membrane Science, 2015, 495: 81-90.

[109] Ma B W, Yu W Z, Liu H J, et al. Comparison of iron (III) and alum salt on ultrafiltration membrane fouling by alginate [J]. Desalination, 2014, 354: 153-159.

[110] Lee K Y, Mooney D J. Alginate: properties and biomedical applications [J]. Progress in Polymer Science, 2012, 37 (1): 106-126.

[111] Franco P, Pessolano E, Belvedere R, et al. Marco, Supercritical impregnation of mesoglycan into calcium alginate aerogel for wound healing [J]. Journal of Supercritical Fluids, 2020, 157: 104711.

[112] Grøndahl L, Lawrie G, Anitha A, et al. Applications of alginate biopolymer in drug delivery, in: C. P. Sharma (Ed.), Biointegration of Medical Implant Materials, Woodhead Publishing, 2020.

[113] 何帆, 谢锐, 巨晓洁, 等. 超薄壁结构海藻酸钙胶囊膜制备及其功能化研究新进展 [J]. 化工学报, 2015, 66 (08): 2817-2823.

[114] Hernández-González A C, Téllez-Jurado L T, Rodríguez-Lorenzo L M. Alginate hydrogels for bone tissue engineering, from injectables to bioprinting: A review [J]. Carbohydrate Polymers, 2020, 229: 115514.

[115] Xu K, Ganapathy K, Andl T, et al. 3D porous chitosan-alginate scaffold stiffness promotes differential responses in prostate cancer cell lines [J]. Biomaterials, 2019, 217: 119311.

[116] Yang X C, Lu Z H, Wu H Y, et al. Collagen-alginate as bioink for three-dimensional (3D) cell printing based cartilage tissue engineering [J]. Materials Science & Engineering C, 2018, 83: 195-201.

[117] Giuseppe M D, Law N, Webb B, et al. Mechanical behavior of alginate-gelatin hydrogels for 3D bioprinting [J]. Journal of the Mechanical Behavior of Biomedical Materials, 2018, 79: 150-157.

[118] Yang X, Gong T, Lu Y H, et al. Compatibility of sodium alginate and konjac glucomannan and their applications in fabricating low-fat mayonnaise-like emulsion gels [J]. Carbohydrate Polymers, 2019, 229: 115468.

[119] Lee B B, Bhandari B R, Howes T. Gelation of an alginate film via spraying of calcium chloride droplets [J]. Chemical Engineering Science, 2018, 183: 1-12.

[120] Li G, Zhang G P, Sun R, et al. Mechanical strengthened alginate/polyacrylamide hydrogel crosslinked by barium and ferric dual ions [J]. Journal of Materials Science, 2017, 52: 8538-8545.

[121] Rehm B H A. Alginates: biology and applications [M]. Berlin Heidelberg: Springer, 2009.

[122] Chiaoprakobkij N, Seetabhawang S, Sanchavanakit N, et al. Fabrication and characterization of novel bacterial cellulose/alginate/gelatin biocomposite film [J]. Journal of Biomaterials Science Polymer Edition, 2019, 30: 961-982.

[123] Li X, He T, Dou P, et al. Forward osmosis and forward osmosis membranes [J]. Comprehensive Membrane Science & Engineering, 2017: 95-123.

[124] Yuan X, Nie W C, Xu C, et al. From fragility to flexibility: Construction of hydrogel bridges toward a flexible multifunctional free-standing $CaCO_3$ film [J]. Advanced Func-

tional Materials, 2017, 28: 1704956.

[125] Zhao K Y, Zhang X X, Wei J F, et al. Calcium alginate hydrogel filtration membrane with excellent anti-fouling property and controlled separation performance [J]. Journal of Membrane Science, 2015, 492: 536-546.

[126] Jost V, Reinelt M. Effect of Ca^{2+} induced crosslinking on the mechanical and barrier properties of cast alginate films [J]. Journal of Applied Polymer Science, 2018, 135: 45754.

[127] Lin Y M, Nierop K G J, Girbal-Neuhauser E M, et al. Sustainable polysaccharide-based biomaterial recovered from waste aerobic granular sludge as a surface coating material [J]. Sustainable Materials and Technologies, 2015, 4: 24-29.

[128] 董永春, 曹亚楠, 董文静. 海藻酸铁微球对偶氮染料降解反应的光催化作用 [J]. 太阳能学报, 2009, 30 (08): 1100-1105.

[129] Pham A N, Rose A L, Feitz A J, et al. Kinetics of Fe (III) precipitation in aqueous solutions at pH 6.0-9.5 and 25℃ [J]. Geochimica et Cosmochimica Acta, 2006, 70: 640-650.

[130] Bligh M W, Waite T D. Formation, Aggregation and reactivity of amorphous ferric oxyhydroxides on dissociation of Fe (III) -organic complexes in dilute aqueous suspensions [J]. Geochimica et Cosmochimica Acta, 2010, 74: 5746-5762.

[131] Sreeram K J, Shrivastava H Y, Nair B U. Studies on the nature of interaction of iron (III) with alginates [J]. BBA-General Subjects, 2004, 1670: 121-125.

[132] Jones F, Cölfen H, Antonietti H. Iron oxyhydroxide colloids stabilized with polysaccharides [J]. Colloid & Polymer Science, 2000, 278: 491-501.

[133] Donati I, Asaro F, Paoletti S. Experimental evidence of counterion affinity in alginates: the case of nongelling ion Mg^{2+} [J]. The Journal of Physical Chemistry B, 2009, 113: 12877-12886.

[134] Grant G T, Morris E R, Rees D A, et al. Thom, Biological interactions between polysaccharides and divalent cations: the egg-box model [J]. FEBS letters, 1973, 32: 195-198.

[135] Sipos P, Berkesi O, Tombácz E, et al. Formation of spherical iron (III) oxyhydroxide nanoparticles sterically stabilized by chitosan in aqueous solutions [J]. Journal of Inorganic Biochemistry, 2003, 95: 55-63.

[136] Gregor J E, Fenton E, Brokenshire G, et al. Interactions of calcium and aluminium ions with alginate [J]. Water Reserch, 1996, 30: 1319-1324.

[137] 曹达啟, 郝晓地, 汪群慧, 等. 一种新型正渗透浓缩方法及装置: 201910619042.6 [P]. 2019-07-10.

[138] Cao D Q, Yang X X, Yang W Y, et al. Separation of trace pharmaceuticals individually and in combination via forward osmosis [J]. Science of the Total Environment, 2020,

718: 137366.

[139] Honda R, Rukapan W, Komura H, et al. Effects of membrane orientation on fouling characteristics of forward osmosis membrane in concentration of microalgae culture [J]. Bioresource Technology, 2015, 197: 429-433.

[140] Seker M, Buyuksari E, Topcu S, et al. Effect of pretreatment and membrane orientation on fluxes for concentration of whey with high foulants by using NH_3/CO_2 in forward osmosis [J]. Bioresource Technology, 2017, 243: 237-246.

[141] Liu F X, Zhang H M, Feng Y J, et al. Influence of spacer on rejection of trace antibiotics in wastewater during forward osmosis process [J]. Desalination, 2015, 371: 134-143.

[142] She Q H, Wang R, Fane A G, et al. Membrane fouling in osmotically driven membrane processes: A review [J]. Journal of Membrane Science, 2016, 499: 201-233.

[143] Cao D Q, Sun X Z, Yang X X, et al. News on alginate recovery by forward osmosis: Reverse solute diffusion is useful [J]. Chemosphere, 2021, 285: 131483.

[144] Im S J, Jeong G, Jeong S, et al. Fouling and transport of organic matter in cellulose triacetate forward osmosis membrane for wastewater reuse and seawater desalination [J]. Chemical Engineering Journal, 2020, 384: 123341.

[145] Johnson D J, Suwaileh W A, Mohammed A W, et al. Osmotic's potential: An overview of draw solutes for forward osmosis [J]. Desalination, 2018, 434: 100-120.

[146] Chen G J, Lee D J. Synthesis of asymmetrical cellulose acetate/cellulose triacetate forward osmosis membranes: optimization [J]. Journal of the Taiwan Institute of Chemical Engineers, 2019, 96: 299-304.

[147] Choi J W, Im S J, Jang A. Application of volume retarded osmosis - Low pressure membrane hybrid process for recovery of heavy metals in acid mine drainage [J]. Chemosphere, 2019, 232: 264-272.

[148] Ghaemi N, Khodakarami Z. Nano-biopolymer effect on forward osmosis performance of cellulosic membrane: High water flux and low reverse salt [J]. Carbohydrate Polymers, 2019, 204: 78-88.

[149] Gulied M, Momani F A, Khraisheh M, et al. Influence of draw solution type and properties on the performance of forward osmosis process: Energy consumption and sustainable water reuse [J]. Chemosphere, 2019, 233: 234-244.

[150] Lee D J, Hsieh M H. Forward osmosis membrane processes for wastewater bioremediation: Research needs [J]. Bioresource Technolgy, 2019, 290: 121795.

[151] Qasim M, Khudhur F W, Aidan A, et al. Ultrasound-assisted forward osmosis desalination using inorganic draw solutes [J]. Ultrasonics Sonochemistry, 2020, 61: 104810.

[152] Volpin F, Chekli L, Phuntsho S, et al. Simultaneous phosphorous and nitrogen recovery from source separated urine: A novel application for fertiliser drawn forward osmosis [J].

Chemosphere, 2018, 203: 482-489.

[153] Wu S M, Zou S Q, Yang Y L, et al. Enhancing the performance of an osmotic microbial fuel cell through self-buffering with reverse-fluxed sodium bicarbonate [J]. Chemical Engineering Journal, 2018, 349: 241-248.

[154] Oh S H, Im S J, Jeong S, et al. Nanoparticle charge affects water and reverse salt fluxes in forward osmosis process [J]. Desalination, 2018, 438: 10-18.

[155] Zou S Q, Qin M H, He Z. Tackle reverse solute flux in forward osmosis towards sustainable water recovery: reduction and perspectives [J]. Water Research, 2019, 149: 362-374.

[156] Chekli L, Pathak N, Kim Y, et al. Combining high performance fertiliser with surfactants to reduce the reverse solute flux in the fertiliser drawn forward osmosis process [J]. Journal of Environmental Management, 2018, 226: 217-225.

[157] Kahrizi M, Lin J, Ji G Z, et al. Relating forward water and reverse salt fluxes to membrane porosity and tortuosity in forward osmosis: CFD modelling [J]. Separation and Purification Technology, 2020, 241: 116727.

[158] 曹达啟, 杨晓璇, 靳景宜, 等. 一种利用驱动剂反向渗透的正渗透浓缩回收藻酸盐的方法: 202010189536.8 [P]. 2020-03-18.

[159] Roy D, Rahni M, Pierre P. Forward osmosis for the concentration and reuse of process saline wastewater [J]. Chemical Engineering Journal, 2016, 287: 277-284.

[160] Soler-Cabezas J L, Mendoza-Roca J A, Vincent-Vela M C, et al. Simultaneous concentration of nutrients from anaerobically digested sludge centrate and pre-treatment of industrial effluents by forward osmosis [J]. Separation and Purification Technology, 2018, 193: 289-296.

[161] Cao D Q, Yang W Y, Wang Z, et al. Role of extracellular polymeric substance in adsorption of quinolone antibiotics by microbial cells in excess sludge [J]. Chemical Engineering Journal, 2019, 370: 684-694.

[162] Moulder J F, Stickle W F, Sobol P E, et al. Handbook of X-ray photoelectron spectroscopy: A reference book of standard spectra for identifcation and interpretation of XPS data [J]. Chemical Physics Letters, 1992, 220 (1): 7-10.

[163] Hoff, van'T J H. Die rolle der osmotischen druckes in der analogie zwischen lösungen und gasen [J]. Zeitschrift Für Physikalische Chemie, 1887, 1: 481-508.

[164] Braccini I, Perez S. Molecular basis of Ca^{2+}-induced gelation in alginates and pectins: the egg-box model revisited [J]. Biomacromolecules, 2001, 2: 1089-1096.

[165] Yu M C, Zhang H M, Yang F L. A study of a ferric-lactate complex as draw solute in forward osmosis [J]. Chemical Engineering Journal, 2017, 314: 132-138.

[166] Shakeri A, Salehi H, Rastgar M. Chitosan-based thin active layer membrane for forward

osmosis desalination [J]. Carbohydrate Polymers, 2017, 174: 658-668.
[167] Sarkar S, SenGupta A K, Prakash P. The donnan membrane principle: opportunities for sustainable engineered processes and materials [J]. Environmental Science & Technology, 2010, 44: 1161-1166.
[168] Achilli A, Cath T Y, Childress A E. Selection of inorganic-based draw solutions for forward osmosis applications [J]. Journal of Membrane Science, 2010, 364: 233-241.
[169] Holloway R W, Maltos R, Vanneste J, et al. Mixed draw solutions for improved forward osmosis performance [J]. Journal of Membrane Science, 2015, 491: 121-131.
[170] Lotfi F, Phuntsho S, Majeed T, et al. Thin film compositehollow fibre forward osmosis membrane module for the desalination of brackish groundwater for fertigation [J]. Desalination, 2015, 364: 108-118.
[171] Oymaci P, Nijmeijer K, Borneman Z. Development of polydopamine forward osmosis membranes with low reverse salt flux [J]. Membranes, 2020, 10: 94.

第3章
纤维素

资源不断枯竭已成为社会的共识,这导致了对原材料的谨慎使用和更多的资源回收,因此,产生了从有限资源的开采,向可循环利用的资源和产品的过渡。传统的纤维素生产由木材生产,为可再生过程,可用于加工成高附加值分子、绿色建筑材料、纸制品、生物塑料和絮凝剂等。纤维素是一种可循环利用的有机物成分,具有生物相容性、生物降解性、热稳定性和化学稳定性等特性[1]。污水中手纸的高含量及纤维素的难降解性使得从污水中回收纤维素引起广泛关注,近几年,欧洲一些国家开始尝试从污水处理厂前端筛分纤维素[1,2]。

传统污水处理工艺中主要通过减少能源消耗以及回收污水中资源物质来降低污水处理成本和实现污水处理可持续性。通过前端截留回收污水中纤维素,不仅可实现污水中碳捕捉,为后续污水好氧处理以及污泥厌氧消化过程减负,而且纤维素可回收利用,如用作透水沥青材料、包装工业、生物乙醇生产、高附加值化学品的生产原料[1-3]。污水中纤维素的主要来源是厕纸,根据应用水研究基金会报告[4],每人每年向污水系统排放 10~14kg 厕纸,占进水悬浮固体的 30%~50%,荷兰每人每月的厕纸使用量约为 1kg[2]。难降解且量大的纤维素作为一种潜在的资源,通过筛分作用易从污水中回收,例如筛网(<0.35mm)在挪威已广泛用于机械处理,以最大限度去除悬浮固体[5,6]。研究显示,通过筛分作用可去除 50%~80% 悬浮物,效果较初沉池更好[5]。此外,若与膜生物反应器(MBR)相结合,筛分作用(0.8~2mm)可优化膜过滤操作的性能[7,8]。通过细孔筛去除水中的悬浮固体,可以减小污水处理成本,同时降低污水处理以及污泥处理处置过程中的能耗。

3.1 污水中纤维素来源与特性

纤维素(厕纸)在污水处理厂进水有机物 COD 中占据相当大的比例,但是它的演变规律一直没有得到重视，在污水特性表征中甚至被忽视。不同国家的经济水平和生活习惯不同导致厕纸使用量差异巨大，例如每年人均厕纸使用量，美国为23kg，欧洲为10～14kg，亚洲4kg，非洲仅为0.4kg。中国从20世纪90年代的1kg到如今的6kg，厕纸的销量相当可观，表明厕纸使用量会随人口增长和卫生意识进一步增长。以荷兰阿姆斯特丹市为例，2013年污水中的有机物总量约为41.9kt COD，主要源自尿液（7%）、粪便（34%）、厕纸纤维素（23%）和灰水（36%）[9]。由此可见，污水有机物中纤维素占比较高，需要对污水中纤维素进行单独的评价。

生活用纸包括卷筒卫生纸、抽取式卫生纸、手帕纸、餐巾纸、擦手纸、厨房纸巾。纸的成分不同也可能造成使用量的不同，纸浆主要原料是植物纤维，大致可分为以下几类：木浆、草浆、蔗浆、棉浆、回收废纸等。原始纤维厕纸的纸浆主要由木纤维组成，或部分由非木材纤维素组成。在造纸原料生产过程中，根据所需规格，选择长纤维、短纤维的组合；而再生纤维厕纸完全或部分由再生纤维组成，可能有不同的来源，如办公室废纸或旧新闻纸，原始纤维与再生纤维的比例决定了最终产品的柔软程度。手帕纸和厕纸主要区别在于手帕纸一般具有湿韧强度且质柔不破，能够较快地吸水且不分解成碎纸屑；而厕纸柔软度适中，一般不允许具有湿韧性，以防止纸张不易水解而堵塞管道。这种区别是由生产工艺不同造成的，应用特定的化学物质和工艺步骤可以提高纸的最终质量，如拉伸强度、柔软度、亮度等。在制浆和造纸过程中，使用了某些化学物质。然而，每一家造纸厂都因其所使用的原料、所需要的产品和工艺的优化而有所不同。一般来说，这些添加剂可以分为过程中使用的添加剂和用于产品改进的添加剂。因此，卫生纸没有标准的成分，而且其生物降解性也可能会随着成分的不同而变化。由于生产工艺不同，各国标准不同，厕纸中纤维素成分和长度可能不同。

如图3.1所示，纸张置于水中能明显看到溶解性的差异，其中1号为麦当劳餐纸、2号为竹叶情竹浆手帕纸、3号为泉林本色原生木浆卷纸、4号为维达原生木浆抽纸。可以看到，3号破碎程度最大，并伴随着少量纸屑脱落，起初漂浮在上方，后来沉入底部；其他三个没有明显破碎现象，纸张完整性较好。3号纸溶液的上清液显微镜观察，如图3.2所示，可以看到细小颗粒状纤维素。图3.3显示了400倍显微镜下的观察到的四种纸的显微图，明显可看出因纸张成分不同，纤维素的结果存在差异。1号纸张成分不明，触感最为粗糙，纤维素也比较松散，直径最粗；2号成分为竹浆，纤维素较密实，层层叠叠的结构不易破坏；3号成分为原生木浆，粗、细直径的纤维素混合在一起；4号成分为原生木浆，多为直径较粗的纤维。由此可得出，竹纤维较木纤维稳定，在污水处理过程中更难降解。综合水溶性的对比，直径粗的纤维素不易水解，可能影响筛分孔径的选择。

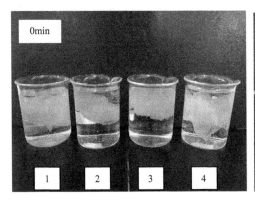

图 3.1　静置 20min 前后 4 种纸的水溶性变化

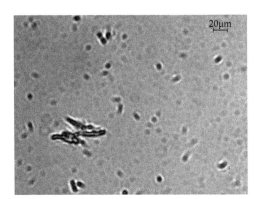
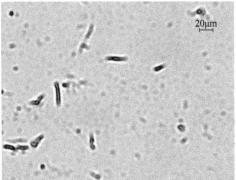

图 3.2　3 号纸溶液的上清液显微图（放大 400 倍）

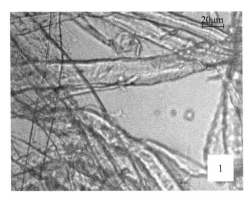
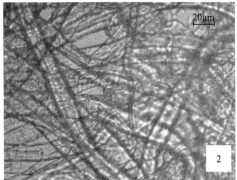

图 3.3

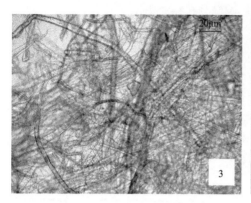 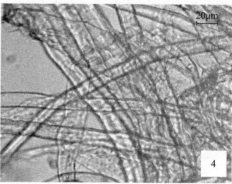

图 3.3 4 种纸的显微图（放大 400 倍）

3.2 污水处理厂纤维素的回收

3.2.1 归趋

厕纸、厨余残渣、合流制中杂草树叶等构成了污水中总纤维素（学名为木质纤维素物质）。木质纤维素由半纤维素（木糖、葡萄糖、半乳糖、阿拉伯糖、甘露糖以及它们的单体衍生物）、纤维素（D-吡喃型葡萄糖）和木质素（苯丙烷单元）组成。它们的分子结构与聚合物的稳定聚合状态是导致这类物质生物降解性变差的主要原因。木质纤维素中的三种基本成分往往并不彼此独立存在，链状纤维素分子所组成的纤维束骨架通过半纤维素的联结作用使得木质素缠绕包裹在纤维束周围，形成整体结构致密稳定的复杂聚合物。纤维素在一级处理中如果不能有效分离，就会直接进入活性污泥处理过程。由于木质素的稳定包裹作用和本身降解的复杂性、顽固性，使得木质素在生物处理过程中实际起到了保护纤维素和半纤维素的作用，这就阻碍了水解酶发挥有效作用，使得木质纤维素整体的生物降解性能较低[10]。除非存在对木质纤维素结构的"破稳"作用（如预处理），否则，木质纤维素在好氧（污水处理）及厌氧（污泥处理）过程均难以降解，最后大多残留于消化后剩余污泥之中，使之占残余有机成分比例高达 39%，最后大多残留于消化污泥之中，从而加大剩余污泥产量[3]。此外，木质纤维素因其结构与丝状菌相似，可能还具有与丝状菌一样的某些"架桥"作用，具有诱发污泥膨胀的嫌疑。进言之，木质纤维素也会成为消化污泥的"骨架"，导致熟污泥浓缩脱水后体积无法进一步减少[11]。

Honda 等对 11 个污水处理厂的纤维素组成进行了分析,结果表明,原污水和初沉池污泥中纤维素的含量分别占总悬浮固体（TSS）的 17% 和 7%,而生物污泥中纤维素的含量占 TSS 的 1%,表明在生物处理过程中纤维素被降解[12]。原始污泥中显然含有相当一部分纤维素,初沉池出水含有更多的纤维素。假设纤维素质量降低都是由纤维素氧化引起的,但其他有机成分也可能在这个范围内被氧化。因此,检测到的纤维素的含量（尤其是初始污泥）可看作是纤维素含量的上限,而不是绝对含量。

在活性污泥培养过程中纤维素变化已受到重视,但是只有少数研究表明污水中的纤维素转化是可行的。在好氧条件下,活性污泥中只有 60% 的纤维素在 4~5 周内降解,与活性污泥完全混合工艺（5~15 天）的正常 SRT 操作范围相比,指数相当高。在厌氧条件下（中温环境）,纤维素的生物降解率接近 60%,SRT 为 2 周。因此,纤维素在污泥中的降解情况取决于操作温度条件和反应器的选择；与沉淀池相比,通过筛分作用可以更好地去除纤维素,同时还可降低剩余污泥中 COD 产量。

3.2.2 筛分

筛分这一创新概念的实质是根据原始废水中颗粒的粒径从废水中回收悬浮固体,与使用基于颗粒密度的传统分离技术（沉淀池）相比,可以回收不同尺寸的组分。通过研究颗粒物质的粒度,可以观察到筛分对下游工艺处理效率起着积极影响,目前该项技术已在欧洲的多个试点中进行了测试,尽管大多数以较小的规模（试点规模）运行。

荷兰污水处理厂中试结果显示,对进水物质的平均去除率,SS 约为 50%（范围 10%~75%）,COD 约为 35%（范围 10%~60%）,TN 约为 1%,TP<1%[2]。通过显微镜观察可知,筛网可以去除进水中大部分木质纤维素,但是由于对废水或活性污泥中木质纤维素的测量方法仍然缺失,所以还没有进行良好的表征。因此,纤维素的具体去除率还不清楚。筛网截留纤维素量高是因为木质纤维素平均长度一般为 1.0~1.2mm,这与荷兰销售的卫生纸纤维素长度基本一样,显微镜观察表明,这种长度在污水管网运输过程中没有改变。由于网孔尺寸小于 $350\mu m$,大多数纤维因此将在低液压负载条件下被截留,而其他颗粒通过了筛网。

挪威为研究筛网在一级处理中对 SS 的去除率,对筛网孔径从 $80\sim850\mu m$

进行测试[5]。筛选试验表明，废水中至少 20% 的 SS 由大于 350μm 的颗粒组成，50~100μm 的孔径可能无法满足初级处理的要求，而事先去除 850μm 以下的颗粒对絮凝效果不利，250~500μm 的筛孔通常是典型城市污水的合适选择，其中使用 350μm 的网孔，78% 的 SS 被去除。考虑到污水中 SS 成分不尽相同，选取不同孔径的筛网，如 100μm、250μm、350μm、500μm、650μm、850μm 对污水进行筛分，检测纤维素的回收量。筛网（<350μm）在挪威广泛用于机械处理，以最大限度去除悬浮固体。通过和初沉池的比较，可去除 50%~80% 悬浮物，效果可能比初沉池更好。此外，与 MBR 相结合，使用 0.8~2 mm 的更大的网格，可优化膜的性能。尽管活性污泥中 COD 所占比例很大，但活性污泥中纤维素的生物降解研究却很少。通过细孔筛去除水中的悬浮固体，可以降低废水处理成本，同时降低处理过程（包括污泥处置和焚烧）的能耗。

3.2.3 经济评价

荷兰采取从初级污泥中回收纤维素和前端细筛分两项措施回收纤维素，否则纤维素最终会进入污泥并增加沼气的产生，而这两种措施都会降低沼气的产生。此外，这些措施还会减少污泥中鸟粪石的产生。由于纤维素的价值高于沼气，纤维素的回收措施对废水链的循环性和可持续性具有积极影响。磷的价值高于纤维素，而纤维素的产生也会略降低磷的回收率，这可能是不采取纤维素回收措施的原因。因此需要确定回收纤维素可以补偿多少沼气和鸟粪石生产的减少。当然，还应考虑其他论据，例如投资成本、销售收入、所需化学品等，但是污水处理厂资源化利用无疑是此选择的重要原因。

尽管动态适应性政策途径的发展过程涵盖了各种可能的替代方案和许多外部因素，但社会、政治、技术、经济和气候变化带来了一些不确定性，这些不确定性可能会影响战略制定的结果处理[13]。主要的不确定性是技术发展。例如，藻酸盐和生物塑料的生产技术发展速度可能会影响纤维素回收的吸引力。另一个不确定因素是分散式废水处理的趋势。在许多城市环境中，分散水系统被认为是有效的、有益的和有用的[14]。分散式较集中式污水处理系统不利于纤维素的回收，故而影响污水厂资源回收策略。立法和社会接受度也是不确定因素，可能会影响战略制定过程的结果。从废水中回收的产品可能被污染，并可能含有病原微生物。因此研究污水中回收物质的其他应用方向成为亟待解决的问题。

目前主要通过减少能源消耗和增加材料回收来降低污水处理成本和提高可持续性，然而，关于废水中纤维素的研究较少。根据 Blaricum 废水中试装置筛分的运行经验，对筛选出的废水的经济回收期进行了成本评价[2]。在 Waternet 当地条件下，每个污水处理厂分别进行脱水在经济上是不可行的。因此，10 座污水处理厂的污泥增稠至 2.5%～5% 的干固体，被集中运送到阿姆斯特丹污水处理厂脱水。在成本计算中，考虑平均除去 50% SS 和 35% 总 COD，假设筛分后产生的污泥与初沉池产生的污泥量相同，且营养物质的去除不受负面影响。过滤出水的 BOD 与 N 含量之比为 4，仍然很好，而纤维素占废水中惰性悬浮 COD 的大部分。污泥消化后，纤维素仍大量存在，经筛分后剩余污泥产量可能被高估。机械压力下筛分物可以浓缩到 40%～50% 的干固体，这意味着污泥运输成本将大大降低。筛分物的实际加工成本最高为每吨 35 欧元，可用于堆肥生产。目前，对于剩余污泥，脱水和焚烧的成本是每吨干固体 450 欧元。含筛分装置的 Blaricum 污水处理厂，进水流量 400～500$m^3 \cdot h^{-1}$（旱季流量），总投资含税 80 万欧元，电费 0.12 欧元·$(kW \cdot h)^{-1}$，成本计算的详细概述参见 Stowa 技术报告[15]。

当筛网用于现有低负荷的 Blaricum 污水处理厂时，包括所有投资（筛网、管道、自动化设备等）及运营成本，预计回收期为 7 年（最少降雨量）和 15 年（最大降雨流量），筛网的使用寿命为 15 年。由于筛分作用可以降低污水处理厂负荷，特别是降低污泥处理环节费用，预估每年节省 125000 欧元。此外，细孔筛的使用也可能带来操作上的益处，例如减少碎片的形成（头发和纤维的交织）。并且注意到，如果考虑污水处理厂的扩建，采用筛网装置时效益可能更大。纤维素是污泥的重要组成部分，去除这种惰性物质可以提高污泥的活性，从而提高污泥的处理能力。

欧洲大多数国家市政污水有机物浓度较高，可达 500～1000$mg \cdot L^{-1}$，满足生物脱氮除磷后碳源仍有富余，而我国市政污水有机物浓度普遍偏低，很多时候难以满足生物脱氮除磷对碳源的需要。因此，实施污水全部碳捕捉并不是一种普适性技术，特别是针对低碳源污水情况。纤维素作为难降解物质在污水处理前端被筛分，采用设备便捷、易操作，可实现污泥减量、抑制污泥膨胀、回收纤维素、降低总能耗、增加处理负荷。

3.2.4 能源评价

Blaricum 污水处理厂通过计算活性污泥消化、沼气生产、污泥运移、脱水、焚烧相结合的工艺对能量平衡的影响，并与无筛分装置进行了比较。假定筛网筛分回收的产品用于生物质工厂焚烧，结果它的能量平衡显示出良好的结果。同时，筛分回收的物料比污泥具有更优的脱水性能，从而缓解了污泥输送缓解，并且回收物热值更高。细孔筛分有可能成为解决与能源相关问题的替代方案，相比于未进行细孔筛分情况，净能源需求（包括废水处理、污泥处理和焚烧）至少降低40%[15]。

3.3 离子液体回收初沉污泥中纤维素

纤维素不溶于水和普通有机溶剂，具有刚性晶体超分子结构，分子间、分子内有很强的氢键、疏水相互作用[16,17]，这使得纤维素的回收变得困难。离子液体为熔点低于100℃的盐，其结构包含有机阳离子和有机或无机阴离子[18]，可破坏纤维素分子间的氢键，促进纤维素的溶解[19]。并且，离子液体具有非挥发性、良好的化学稳定性和热稳定性，故可作为挥发性有毒有机溶剂的绿色替代品[20]。

可溶解纤维素的离子液体主要有氯化1-丁基-3-甲基咪唑、氯化1-烯丙基-3-甲基咪唑、1-乙基-3-甲基咪唑醋酸盐和1-丁基-3-甲基氯化吡啶等，溶解后加入水、乙醇、甲醇、丙酮、乙腈等，可沉淀纤维素[21]。四羟甲基氯化磷（$[P(CH_2OH)_4]$Cl）离子液体因商业生产容易、成本低[22]，首次被用于回收污水处理厂初沉污泥中纤维素，具有巨大的应用潜力[1]。图3.4显示了离子液体回收初沉污泥中纤维素的流程图，经分离、纯化等多步操作后，纤维素最终保留于由离子液体、水及净化的污泥构成的液相中。研究结果显示，$[P(CH_2OH)_4]$Cl离子液体可回收初沉污泥中全部的纤维素，并且控制合适条件可尽可能减少蛋白质、灰分等杂质含量。

离子液体回收初沉污泥中纤维素亦存在一些瓶颈问题。其一，工业生产离子液体成本高，离子液体投加量大；且因初沉污泥的含固率低，离子液体被稀释，作用效果低。其二，离子液体连续回收工艺中难以将离子液体浓缩至浓度超过30%[23]；常压下离子液体的沸点为115℃，故可通过蒸馏法去除水而浓缩离子液体，回收工艺中加热所需的能量可通过剩余污泥厌氧消化后产生的沼气燃烧获得。其三，因蛋白质、灰分等杂质的存在，故需要设计具有选择性的离子液体[20]。此外，离子液体还可分离初沉污泥中油脂，以生产生物柴油，可使纤维素回收过程利益最大化[24]。

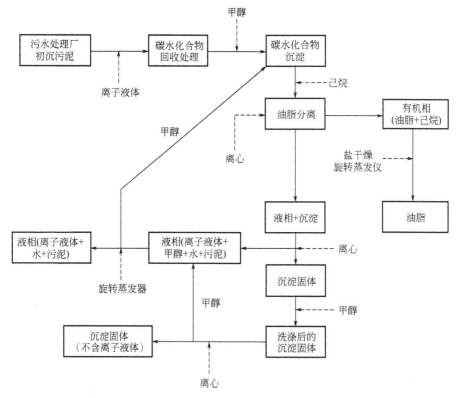

图 3.4 离子液体回收初沉污泥中纤维素的流程图[1]

3.4 典型案例

对于实际污水处理厂筛分纤维素，国外已有一些研究，尤其是荷兰和挪威的污水厂的中试，已初步取得一些成效。例如，Screencap 为一个基于发起用户（Water Authority Aa en Maas）、技术开发商（CirTec BV）和知识研究所（KWR 水循环研究所）之间的创新合作案例[25]，就细筛分技术对大型污水处理厂下游净化过程的影响进行了长期研究。它们使当前的污水处理过程发生了革命性的变化，带来了巨大的社会、经济和环境效益。细筛分的概念已应用于欧洲较多的小规模污水厂，并且在荷兰较大的 Aarle-Rixtel 污水处理厂获得了应用。Aarle-Rixtel 污水处理厂中污水水处理过程分为两个相同的净化通道，可以彼此独立地操作，从而准确比较筛分技术对污水处理下游工艺效果的影响。

Aarle-Rixtel 污水处理厂建造了一个大型筛分装置，处理了 272000 人当量（最大 14000m³/h）的污水。该厂设置两个相同的污水处理通道，其中一个通道上进行了精细筛分，通过监控和比较两个通道的处理特性，可以清晰评估细筛分对污水处理过程的影响。细筛分的回收物主要由纤维素和有机材料组成，可用作能源，筛分物的沼气产量是污泥的 2～3 倍。筛分物也可以用于制作纤维的原料，例如用于优化脱水设备，或者作为干净的卫生纤维素进一步用于 Geestmerambacht 污水处理厂。回收的纤维素亦可用作为铺设道路的材料，或者作为生物基建筑材料的原料。

细筛分装置为机械处理，设计主要用于从市政和工业废水中高效去除悬浮固体，其工作原理是基于滤饼过滤和筛分。细筛配备有滤布，根据用途，滤布的网孔大小为 30～840μm。基本安装包括八个细滤网，可以扩展到最终的十台机器。原污水在细筛上分配，通过重力流过细筛，进入下游现有的生物处理工艺。将收集的筛分物脱水并储存，而脱去的水返回到污水处理厂的净水线。

细筛装置的性能通过分析进出细筛的污水指标来确定，如 SS、COD、BOD、TP、TN 等参数。通过比较污水质量、能耗和污泥特性（包括脱水性能、沉降性能、固含量及组成），Aarle-Rixtel 污水处理厂的筛分设备每月可收获约 35t 干筛分固体物料。脱水筛分材料的干固体含量小于 30%，其中，包含大约 10% 的脂肪，10% 的蛋白质，10% 的无机物和 70% 的纤维（主要是纤维素）。

在筛分装置投入运行之前，两个污水处理通道是相同的。在筛分设备运行过程中，对活性污泥池（AT1）中的许多参数进行了测定，并与未设置筛分设备的通道中活性污泥池（AT2）的参数进行了比较。结果发现，AT1 中所需的曝气量较低，而两个污水净化通道中的运行参数［如污泥体积指数（SVI）、脱氮除磷］相似。AT1 产生的剩余污泥比 AT2 少，但脱水性相当。这是因为在 AT1 之前进行了筛分处理，需要处理的废物变少，从而降低了生物处理负荷，故而，曝气量降低了 15%，污泥产量降低了 10%。

由于是基于粒度去除悬浮固体，不仅可以用与初淀池相当的速率去除悬浮固体，而且筛分后的污泥具有与初沉池的沉淀污泥不同的特征，其中，含有更多的纤维素。其尽管亦含有 COD，但这部分 COD 在生物活性污泥系统中不易降解。一般，纤维素中未转化的部分将作为惰性物质在生物处理中积累，从而导致较低的生物承载力和较高的剩余污泥含量。曝气过程是污水处理厂中最大的能源消耗环节，而细筛除去的 COD 为不被好氧生物降解的部分，这可节省约 15% 的曝气能耗。同时，悬浮固体的去除亦减少了生物处理的负担，使污水处理厂的占地面积更小、能耗更低、剩余污泥产量更少。

从筛分装置中收集的污泥富含纤维素（大约占回收有机物质的 80%～90%），与传统一级澄清池收集的污泥相比，挥发性固体含量明显提高。传统的污水处理过程，常常受限于污泥层深度、水力条件（即短水力停留时间）与较高的表面载荷率。相反，筛分装置的性能不会因为污泥层内部的生物活性而恶化，但它受悬浮固体颗粒大小的限制，即用于过滤的网孔可能堵塞，导致分离效率低。对初级澄清的设计，筛分技术的选择由几个因素决定，包括装置容量、温室气体排放、一级出水水质、进水悬浮物浓度以及选择性的粒径分级。在污、废水处理应用中，网格尺寸为0.35mm的筛分被广泛使用，与传统沉淀处理相比，TSS的去除效率更高。此外，污水处理厂主流工艺中的碳转移量越高，厌氧消化的能量产出越高。因此，在保持能源和资源回收的同时，迫切需要更深入地研究污水处理厂中有机碳高效回收，以及其在整个工厂范围内的影响评估。

前端膜过滤筛分后的纤维素回收后有多种用途，可用于造纸及制作隔音材料、生物复合材料、沥青添加剂、土壤改良剂、生物质燃料等。其中，回收纤维素用作透水沥青添加剂在荷兰已有尝试。相对于掺杂聚酯纤维透水沥青而言，由纤维素透水沥青铺设的路面具有吸能降噪、弹性好、空隙率高等特点，有助于雨水下渗。回收的纤维素重金属含量极低，可掺杂有机固体废弃物，简单处理后作为土壤改良剂，能够消除直接采用剩余污泥回田对植物的某些抑制作用和对地下水的污染风险。因此，将纤维素在污水处理前端以大孔径膜分离方式筛分出来应该是为污水、污泥处理减负的重要举措；筛分后的纤维素可回收作为他用，纤维素筛分后可降低整体运行能耗，增加处理负荷。

参考文献

[1] Katarzyna Glińska, Frank Stüber, Azael Fabregat, et al. Moving municipal WWTP towards circular economy: Cellulose recovery from primary sludge with ionic liquid [J]. Resources, Conservation and Recycling, 2020, 154: 104626.

[2] Ruiken C, Breuer G, Klaversma E, et al. Sieving wastewater-cellulose recovery, economic and energy evaluation [J]. Water Research, 2013, 47 (1): 43-48.

[3] 郝晓地, 翟学棚, Mark van Loosdrecht, 等. 污水碳源分离新概念——筛分纤维素 [J]. 中国给水排水, 2017, 033 (14): 9-12.

[4] Vegt O de, Winters R. Verkenning naar mogelijkheden voor verwaarding van zeefgoed [R]. STOWA, 2012.

[5] Rusten B, Odegaard H. Evaluation and testing of fine mesh sieve technologies for primary treatment of municipal wastewater [J]. Water Science and Technology, 2006, 54 (10):

31-38.

[6] Odegaard H. Optimised particle separation in the primary step of wastewater treatment [J]. Water Science and Technology, 1998, 37 (10): 43-53.

[7] Frechen F B, Schier W. Mechanische abwasser vorbehandlung auf kommunalen membran-belebungsanlagen [J]. Korrespondenz Abwasser, 2008, 55 (1): 39-44.

[8] Schier W, Frechen F B. Efficiency of mechanical pre-treatment on European MBR plants [J]. Desalination, 2007, 236 (1): 85-93.

[9] Kujawa-Roeleveld K, Zeeman G. Anaerobic treatment in decentralised and source-separation-based sanitation concepts [J]. Reviews in Environmental Science and Bio/Technology, 2006, 5 (1): 115-139.

[10] 田双起, 王振宇, 左丽丽, 等. 木质纤维素预处理方法的最新研究进展 [J]. 资源开发与市场, 2010, 26 (10): 903-908.

[11] 郝晓地, 曹兴坤, 王吉敏, 等. 剩余污泥中木质纤维素稳定并转化能源可行性分析 [J]. 环境科学学报, 2013, 33 (5): 1215-1223.

[12] Honda S, Miyata N, Iwahori K. A survey of cellulose profiles in actual wastewater treatment plants [J]. Japanese Journal of Water Treatment Biology, 2000, 36: 9-14.

[13] van der Hoek J P, de Fooij H, Strucker A. Wastewater as a resource strategies to recover resources from Amsterdam's wastewater [J]. Resources Conservation and Recycling, 2016, 113: 53-64.

[14] Moglia M, Sharma A, Alexander K. Perceived performance of decentralised water systems: a survey approach [J]. Water Science Technology: Water Supply, 2011, 11 (5): 516-526.

[15] STOWA. Influent fijnzeven in rwzi's [EB/OL]. www.stowa.nl., 2010-19.

[16] Bodachivskyi L, Kuzhiumparambil U, Williams D B G. Acid-catalyzed conversion of carbohydrates into value-added small molecules in aqueous media and ionic liquids [J]. ChemSusChem, 2018, 11: 642-660.

[17] Gupta M, Ho D, Santoro D, et al. Experimental assessment and validation of quantification methods for cellulosecontent in municipal wastewater and sludge [J]. Environmental Science & Pollution Research, 2018, 17: 16743-16753.

[18] Wahlstrom R M, Suurnakki A. Enzymatic hydrolysis of lignocellulosic poly-saccharides in the presence of ionic liquids [J]. Green Chemistry, 2015, 17: 694-714.

[19] Uto T, Yamamoto K, Kadokawa J. Cellulose crystal dissolution in imidazolium-based ionic liquids: a theoretical study [J]. Journal of Physical Chemistry B, 2018, 122: 258-266.

[20] Plechkova N V, Seddon K R. Applications of ionic liquids in the chemical industry [J]. Chemical Society Reviews, 2008, 37: 123-150.

[21] Wang H, Gurau G, Rogers R D. Ionic liquid processing of cellulose [J]. Chemical Society

Reviews, 2012, 41: 1519-1537.
[22] Fraser K J, MacFarlane D R. Phosphonium-based ionic liquids: an overview [J]. Australian Journal of Chemistry, 2009, 62: 309-321.
[23] Haerens K, Van Deuren S, Matthijs E, et al. Challenges for recycling ionic liquids by using pressure driven membrane processes [J]. Green Chemistry, 2010, 12: 2182-2188.
[24] Olkiewicz M, Plechkova N V, Fabregat A, et al. Efficient extraction of lipids from primary sewage sludge using ionic liquids for biodiesel production [J]. Separation & Purification Technology, 2015, 153: 118-125.
[25] https://www.kwrwater.nl/en/projecten/screencap/.

第4章
蛋白质

作为剩余污泥的重要组成部分，污泥蛋白质，对于很多学者来说是难以割舍的"宝藏"。调查显示我国污水处理厂剩余污泥中蛋白质含量普遍在30%～50%[1,2]，具备较高活性，其制品更是具备较高商业价值。近年来，国内外研究者已开始回收污泥中蛋白质[3-5]，其具有优良的可再生性及可降解性能，不仅来源广泛而且有助于污泥减量，具有广阔的应用前景。通过生物合成作用取代以气态形式排入大气而将氮素回收制成蛋白质品以补充食品、工业等行业所需，从而实现废物资源再利用。在人口激增、资源匮乏的今天，回收污泥中蛋白质另辟蹊径，为城市污泥资源开发过程中氮素资源的回收利用提供了全新思路。

4.1 污泥中蛋白质来源、合成机理及特性

4.1.1 来源

生物物种的起源、新陈代谢和各种生命现象都是以蛋白质为媒介来实现的。蛋白质作为一类生物大分子，在生物体内分布广泛。污泥中蛋白质分为胞内蛋白和胞外蛋白。胞内蛋白是由污泥中微生物如氢氧化细菌、甲烷氧化细菌、各种藻类等新陈代谢作用合成[6]。污泥中胞内蛋白质含量约占污泥干重的30%[7,8]，并且，来源于微生物细胞的分泌物、细胞自溶或细胞表面脱落的部分物质等的胞外聚合物（EPS）中蛋白质亦占10%～20%[9]。

4.1.2 微生物合成机理

污泥中的蛋白质属于"单细胞蛋白"（single cell protein，SCP），1968年在

麻省理工学院的一次会议上被首次定义，是指来源于藻类、真菌和细菌等多种微生物的蛋白质的总称[10]。藻类大多属于光能自养型微生物，利用无机碳源和光作为能源，将硝酸盐和亚硝酸盐转化为氨，然后通过谷氨酰胺合成酶、谷氨酸合成酶或戊二酸脱氢同化为氨基酸[11]，通过自身细胞增长实现 SCP 的合成，其蛋白质含量占细胞的 60%～70%[12]。但某些细菌像紫色光合细菌也可以进行光合自养[13]。以氢氧化细菌为例的细菌属于化能自养型微生物，其以 H_2 作为电子供体、O_2 作为电子受体固定 CO_2 生产单细胞蛋白质，不同环境下，通过自身调控快速富集在异养和自养生长模式之间轻松转换[14,15]。在高含氮量的污水环境中，利用有机物、氢分子或二氧化碳为能源，高效地利用氨，生成氨基酸，从厌氧消化池中回收氨，将所有的简单组分转化为富含蛋白质的有价值的生物质[6,16]。而甲基营养菌不同于传统的自养或异养类别，它们将 CO_2 或 H_2 转化为甲烷，以甲烷或甲醇等甲基作为其碳和能源的唯一来源，通过不同途径（核酮糖二磷酸循环，核酮糖一磷酸循环或丝氨酸循环）固定碳实现细胞增长[13]。

4.1.3 特性

由微生物合成的蛋白质具有完整的氨基酸图谱，包括人体必需氨基酸以及多种维生素，某些重要氨基酸的浓度与酪蛋白相似[14]，并且粗蛋白含量有时占细胞总干重的 80%。其核酸含量同样很高，特别是 RNA 占干重 15%～16%，蛋氨酸约为 2.2%～3.0%，高于藻类蛋白（1.4%～2.6%）和真菌蛋白（1.8%～2.5%）[10]。几乎 93% 的细菌蛋白可被动物消化[14]。微生物作为单细胞蛋白的来源，其繁殖速率快，易于培养，比禽畜、植物的生长要快得多，所以与动植物蛋白相比，单细胞蛋白的生产效率更高。

4.2 剩余污泥中蛋白质提取技术

4.2.1 提取方法

破坏污泥絮凝体结构，并使细菌中细胞膜、细胞壁破裂，可充分释放蛋白质，以实现回收。表 4.1 总结了近五年文献中有关污泥蛋白质提取方法的研究进展。比较可知，联合法提取效果明显高于单一法。Neumann 等报道蛋白质增溶由大到小依次为超声-热处理联合、超声波处理和热处理[17]。同时表示预处理过程促进水解机制，但在热水解过程中观察到增溶现象大多数发生在样品加热预处理的第一个小时，Feng等的热-碳酸钠联合也得出了相同的结论[18]。Lu等应用碱-超声联合处理方法也证实了可提高污泥的增溶性，产生更多的低分子量物质，然而同时也释放出更多的不溶性物质，如腐殖质和复杂的高分子量蛋白[19]。Sahinkaya等联合预处理超声-酸法水解污泥，与中性条件下超声法的蛋白质浓度相比，增加了41.7%，且大大缩短了水解时间[20]。García等首次联合热水解与湿氧化法提取蛋白质效率也分别高于单一方法[21]。而通过超声辅酶提取的氨基酸含量较高，有利于动物饲料或液体肥料的制备[22]。实验室层面，碱热法为研究最为广泛的方法，但始终有未解决的瓶颈问题，即碱预处理易引起蛋白质化学键的断裂，破坏二硫键，增加无序结构的数量，改变蛋白质的第二结构[23]。甲醛＋氢氧化钠法对提取的EPS中蛋白质二级结构的影响最大[24]。

表 4.1 2015—2020 年间文献中污泥蛋白质提取方法

方法		工艺参数	提取效果	参考文献
物理法	超声法	声能密度 $1W \cdot mL^{-1}$、2min	蛋白质含量提高11倍，蛋白含量达到 $615.35mg \cdot L^{-1}$	[25]
	电解法	污泥含水率 90.56%、电离辐射吸附剂量 30.83kGy、$0.31mg \cdot mL^{-1}$ 氧化钙	蛋白质提取率可达 88.67%	[3]
	热水解	温度 80℃、时间 30min	蛋白质含量提高12倍（$681.47mg \cdot L^{-1}$）	[25]
		温度 160、时间 87min	提取液蛋白质含量 $7.2g \cdot L^{-1}$	[21]
化学法	酸法	$2.04mg \cdot L^{-1}$ HNO_2-N、时间 24h	污泥中 VSS 由 $4.3mg \cdot g^{-1}$ 增加到 $20mg \cdot g^{-1}$	[26]
		98% H_2SO_4、pH=0.5、130℃、$50r \cdot min^{-1}$、4h	污泥蛋白提取率达 84.9%	[5]
	碱法	pH=12、时间 30min	提取液蛋白质含量 $1109.00mg \cdot L^{-1}$	[25]
		pH=12、时间 30min	蛋白质（高分子量）含量从 60% 增加到 80%	[27]
生物法	单酶	碱性蛋白酶、pH=10.1、温度 57.3℃、酶投加量为 $6500U \cdot g^{-1}$ 下、时间 4h	蛋白质提取率为 34.1%	[28]
	复合酶	中性蛋白酶：碱性蛋白酶＝3:1、pH=9.16、温度 54.75℃、时间 4h	蛋白质提取率为 42.8%	[28]

续表

方法		工艺参数	提取效果	参考文献
联合法	超声-酸	pH=0.2、声能密度 1.5W·mL^{-1}、时间 10min	提取液蛋白质含量 1750.00mg·L^{-1}	[20]
	热-酸	0.5% NaCO$_3$、温度 80℃、时间 45min	提取液蛋白质含量 109.00mg·g^{-1} (VSS)	[18]
		污泥含水率为 92%、pH=0.5、水解温度约为 130℃、时间 4h	蛋白质回收率达 92.5%	[29]
		在 pH=1、温度保持在 110℃、时间 6h	蛋白质提取效率可达 61.59%	[30]
	热-碱	pH 值为 12、温度为 130℃、提取时间 2h	蛋白的提取率为 69%	[31]
		pH 为 13、反应温度为 30℃、反应时间为 10h	蛋白质浓度由 26.2mg·L^{-1} 增加到 962.96mg·L^{-1}	[32]
		pH=12、比能量输入为 24kJ·g^{-1} (TS)	蛋白质含量从 60% 增加到 80%	[27]

4.2.2 蛋白质的分离与纯化

经提纯过程初步得到含有高蛋白质浓度的污泥上清液，但是此时污泥溶胞液中仍含有多糖、脂肪、重金属等复杂成分，为制备二次生产原料还需要对蛋白液进行进一步的分离-浓缩-纯化。蛋白质的分离和纯化主要是通过污泥溶胞液的浓缩和浓缩液的结晶来实现。蛋白质分离与纯化方法较多[33]，如泡沫分离法[34]、层析法[35]、沉淀分离法[36,37] 等。

泡沫分离是一项基于界面吸附原理，以上升泡沫为分离介质，从而达到表面活性物质与多组分体系分离、浓缩的技术。它具有能耗低、条件温和、有机溶剂用量少、易于工业放大、可连续操作等优点，是一种具有广泛发展前景的分离技术[34]。层析法的种类繁多，应用较为广泛的有凝胶过滤层析、离子交换层析法。凝胶过滤层析以具有化学惰性的、多孔网状结构的物质（凝胶）为填料，通过洗脱液的连续洗脱，根据被测样品分子量的差异以及在固定相上受到阻滞程度不同而达到分离的目的。离子交换层析法利用离子交换介质与不同蛋白质分子间的作用力不同来进行分离，其主要依赖的是蛋白质分子表面静电荷的差异[35]。沉淀分离法包括盐析沉淀、有机沉淀剂分离法、等电点分离法，通过添加沉淀剂，降低水对蛋白质分子表面荷电基团或亲水基团的水化程度及溶液的介电常数，破坏蛋白质水化膜，蛋白质分子间静电引力增大，溶解度下降，从而凝聚沉淀[36]。

传统分离与纯化过程中，硫酸铵被认为是最有效的沉淀剂，Manuel通过投加硫酸铵将剩余污泥进行热水解（thermal hydrolysis，TH）和湿氧化（wet oxidation，WO）87mim后，蛋白质回收率最高，分别达到87%和86%，但是，析出的蛋白质中往往含有盐类未被去除的重金属[37]。Xu利用有机溶剂甲醇析出蛋白，残留的沉淀剂通过挥发即可除去，无需脱盐，实际工程中可以实现甲醇的多级利用，但是有机沉淀剂易造成蛋白质、酶类失活，因此往往需在低温下进行操作[36]。基于此，一种可能的分离与纯化方法，即过滤或膜集成技术引起众多研究者的关注[18,38,39]。例如，Feng等通过加热-Na_2CO_3法获得高的蛋白质和多糖浓度后，采用膜离心过滤装置代替传统化学析出式的浓缩和纯化方法[18]；田旭使用集成膜技术从黄浆水中分离乳清蛋白，以板框膜过滤作预处理除去可见性固形物，黄浆水经超滤浓缩7倍及等体积稀释过滤后，蛋白截留率为83.44%，总糖透过率为93.73%，可有效分离黄浆水中的大豆蛋白及低聚糖[40]。此外，蛋白提取液中常夹杂从污泥中转移出的重金属离子与抗生素等小分子物质，经超滤作用可滤出这些杂质，以纯化回收的蛋白质[22,41,42]。因此，通过膜分离纯化蛋白质不仅可以避免上述沉淀剂带来的蛋白质变性、溶剂残留等问题，还能有效去除从污泥中夹带的重金属离子、抗生素等有毒有害物质，为后续应用提供安全保障。同时，根据不同工况设计多级膜组合工艺，不仅能实现蛋白质的分级分离回收，还能实现多糖等其他高分子物质的有效分离回收。

4.3 蛋白质资源化应用

4.3.1 动物饲料添加剂

蛋白质饲料是支撑畜牧业不断向前发展的主要原料之一，但由于我国蛋白质饲料相对匮乏，严重影响我国畜牧业的快速发展。2018年欧洲畜禽养殖业也面临着蛋白质饲料缺乏的危机。《全球粮食危机报告》显示，特别是受新冠疫情影响2020年底全球面临严重粮食不安全状况的人数将由2019年的1.35亿增加至2.65亿[43]。

蛋白质饲料可以大致分为植物性蛋白质饲料、动物性蛋白质饲料、单细胞蛋白质饲料，而动物性饲料蛋白通常来源于植物性蛋白。作为植物性蛋白质的原料，大豆、花生、棉籽、菜籽、芝麻等经提取油脂后的粕（饼）类的副产品中的蛋白质含量在30%～50%，但是在其转化至动物性蛋白的过程中，不仅损耗大量的氮素至地表水源或大气，而且导致水体富营养化并形成温室气体。另一方面，在人为参与的氮的自然循环中，循环体系内的因子越多就越容易产生不必要的流失，直接从使用过的氮中生产动物可食用性蛋白质，即从污泥中回收蛋白质从本质上避免了作物甚至潜藏于牲畜生产中的固有损失，从人类活动的角度出发，这实现了短程高效氮循环。例如，赵顺顺等利用热酸水解法提取污泥蛋白并检测其营养成分、分析其安全性，从提取蛋白中可以检测到七种必需氨基酸和八种非必需氨基酸，包含了所有动物饲料所必需的氨基酸[44]。然而，显而易见的是从污泥中回收蛋白质作为动物饲料添加剂的关键在于产品的安全性。研究显示，通过生物酶法从剩余污泥中提取粗蛋白，并对其中的重金属含量进行检测，得出粗蛋白中重金属微量元素（Cu、Ni、Zn、Fe、Mn）及重金属（Pb、Cr、Cd、Hg、As）含量均低于《饲料卫生标准》（GB 13078—2001）[45]，这或许为剩余污泥中回收动物饲料提供了可能。

4.3.2 肥料

传统的污泥堆肥化经过发酵或制作复混肥可用于土地回用。堆肥过程产生的臭气存在二次污染现象，并且污泥中含有重金属等潜在污染物质，直接施用可能造成土壤污染，被植物摄取的重金属可能沿着食物链转移和累积，对动物和人类健康构成潜在威胁。史舟芳以广西桂林市某污水厂的剩余污泥（含固率26.08%）为原料，经热酸水解法处理，纯化的氨基酸与微量金属元素螯合生成氨基酸叶面肥[46]。汤秋云将污泥生化解析成为分子量在5000Da以内的蛋白肽，发现其对土壤微生物种群数量、土壤酶活性以及对所种植的十字花科植物红菜薹的生理指标影响效应都优于有机肥、复合肥和尿素，并且通过计算氮转化率，得出蛋白肽所种植红菜薹植株的氮转化率达到222.3%[47]，证实污泥蛋白肽可作为一种高效肥料。

4.3.3 发泡剂

传统生物蛋白质发泡剂主要来源于动物蹄角、毛发和动物血胶以及可食用的植物发泡剂麦麸、玉米麸质粉和糖糟等[48]。然而，动物性原料无法避免出产臭、品较差、来源珍贵等问题，植物性原料也会对自然界造成一定的影响。污泥中回收蛋白质作为发泡剂原材料无疑是一个很好的替代品。从污泥中回收提取的蛋白质为两性物质，既有亲水基又有疏水基，当通过机械搅拌使空气进入时，在表面张力的作用下形成许多气泡。在蛋白液中含有的少量糖类和无机物质以及蛋白质分子之间化学键的协同下,可有效提高泡沫稳定性、泡沫液膜强度和抗烧能力[49]。

建筑领域,使用降解后的啤酒污泥上清液制备复合蛋白发泡剂,将其应用于多孔混凝土中,其性能与使用动物蛋白发泡剂制成的混凝土相比,抗压强度、吸附性、孔结构均有较大提升[50]。消防领域,从2009到2016年在全国各个消防队中各种泡沫灭火剂的使用量从21.6万吨增加到了51.8万吨[51]。为加大灭火剂产量并克服传统化学灭火剂带来的化学污染和致癌风险,湖北大学、武汉市水务集团于2003首次提出运用污泥蛋白制备泡沫灭火剂并申请专利[52]。亦有研究将 CaO(25%,相对于干污泥的投加量)与 NaOH(5%,相对于干污泥的投加量)混合使用水解剩余污泥制备发泡剂原料蛋白质,并检测了发泡倍数等6项灭火指标,均满足国家标准(GA 219—1999)[53]。

4.3.4 木材胶黏剂

传统的合成木材胶黏剂,如脲醛、酚醛、三聚氰胺甲醛等石油衍生的胶黏剂,严重依赖于不可再生的化石燃料[54],其制备、储存、运输和使用都可能释放出致癌物质甲醛。Sarocha 和 Fapeng 分别利用棉籽粕和大豆蛋白与聚丙烯酸酯乳液共混制备木材胶黏剂,有效提高了木材的粘接性能、抗剪强度和热稳定性,可作为传统胶黏剂良好的替代品[55,56]。Muhammad 通过碱法预处理剩余污泥,离心沉淀得到污泥蛋白,制作木材胶黏剂,剪切试验证实其粘接性能类似于酚醛与大豆蛋白制胶黏剂[57]。

4.3.5 瓦楞原纸的增强剂

截至2017年,我国纸和纸板年产量已经达到10879万吨(中国造纸业白皮书),但我国林业资源有限,造纸原料中约70%为再生纤维。再生纤维的多次回用导致纸张强度下降,需要大量增强剂来弥补原料角质化带来的强度不足问题[58]。污泥提取蛋白部分替代化学物质如苯丙胶乳应用于造纸涂布,例如,生物污泥蛋白可作为增强剂应用于瓦楞原纸制备,以热-碱联合方式提取蛋白,将改性后的蛋白用于瓦楞原纸增强,纸张的耐破指数、环压指数、撕裂指数、弯曲挺度及抗张指数均有显著增强[59]。

4.4 氮循环的启示与意义

4.4.1 单细胞蛋白的利用史

微生物一直以来都参与着食品的加工，人类利用单细胞蛋白（SCP）的历史最早可以追溯到公元前 2600 年，以真菌固态发酵为主导的烘焙工艺早在公元前 12 世纪就已经得到发展[10]。酵母和真菌作为动物饲料成分已经有很长的历史，例如，我们所熟知的可以直接供人类消费的酿酒酵母和各种曲霉菌，其他菌种如念珠菌等，此外植物肉也吸引了人们对蛋白质替代品的兴趣[13]。藻类蛋白可用于动物饲料补充剂，蛋白质含量占 30% 以上的藻类，可以维持必需氨基酸的平衡[12]。以细菌为底物培养蛋白质最早可以追溯到 20 世纪 70 年代，利用甲基嗜氧菌开发一种含量高达 70% 的甲醇 SCP 应用于动物饲料[60]。以甲醇为基础的细菌蛋白质的生产在 20 世纪 70 年代已经实现了工业化规模，但由于当时大豆和鱼粉价格相对较低、发酵技术不成熟以及对氮循环的关注较少，导致这种蛋白生产方式当时没有得到认可[61]。

近年来，细菌蛋白质再度进入人们视野。例如，细菌（甲烷氧化细菌）的 SCP 在多种鱼类测试下表现出更高的生长速率和饲料效率比，并发现有助于改善鱼类的肠炎，以甲烷为基础的 SCP 产品可以替代 10%~50% 的传统鱼饲料补充水产养殖业[13]。细菌可以产生高含量粗蛋白（占细胞干重 80% 以上）和必需氨基酸，以及维生素、磷脂和其他功能化合物[13]。SCP 自 20 世纪，第二次打破人们思维，市政污泥作为微生物的混合物，有望成为传统蛋白质获取的来源[62]。

4.4.2 世界粮食危机

工业氮肥带来的富足粮食使得人口大幅增长，据《世界人口展望：2017 年修订版》报道，世界人口到 2030 年预计上升到 86 亿，2050 年将达到 98 亿。随着社会的发展，世界人口逐渐两级化发展，对于发达地区而言，人们对蛋白的需求不断提高，追求更优质蛋白；而经济落后地区，温饱仍然是问题，想要满足营养更是一种奢求。早在 2009 年因蛋白质短缺导致全世界营养不良的人口就已经高达数十亿[63]，特别是受 2020 年新型冠状病毒暴发的影响，全球粮食不安全状况人口已经从 2019 年的 1.35 亿增长至 2020 年的 2.65 亿。基于新型蛋白质来源，预计至 2050 年，全球平均卡路里摄入量将由 11.6MJ·(人·天)$^{-1}$ 上升至

12.8MJ·(人·天)$^{-1}$[6,64]。急剧增加的人口数量以及营养供应缺口对现有的粮食供应模式提出巨大的挑战。

目前，全球约有 50 亿公顷土地（占全球土地总面积的 38%）用于粮食生产，包括 12% 的农用土地与 26% 的牧场，前提还是这些土地足够肥沃适宜作物生长，或者有足够的牧草且不包含沙漠、戈壁[61]。此外，由于农业灌溉及生产需要，全球 70% 的淡水和 20% 的全球能源用于农业供给[65]。为保证未来人体的正常蛋白摄入，避免营养不良，到 2050 年农业产量至少需要增长 60%，且该资源投入占比还将被继续扩大[6]。

4.4.3 氮素的单向恶性转换

氮是大气中最多的元素，通过自然循环调节生态环境并维持生命。人类和动物以蛋白质作为氮和必需氨基酸的来源，以此构建新的结构和功能蛋白质（如酶和激素），延续生命[12]。然而，纵观当下氮素循环，潜在氮素流失巨大。图 4.1 表示了人为氮素循环的路径，将哈柏法（Haber-Bosch process）固定氮素视为 100%，其他路径按比例以相对数值分别表示流通氮输入通量。循环以黑色部分为起始，100% 来自人为固氮以及 35% 的生物固氮将氮素汇入农业，再分别由以标注圆点部分（▨）表示从农业到畜牧业的氮素内循环，浅灰色部分以植物蛋

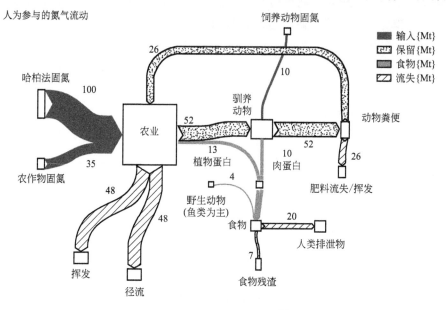

图 4.1 人为氮素循环路径[6]

白形式供给动物和人类,而根据农业氮素利用效率40%、饲料转化效率15%、粪肥利用率50%,仅有17%保留在蔬菜和肉类蛋白质中。而标斜线部分(▨)则表示在整个循环过程中因农业化肥的挥发、土壤流失、食物浪费、人为浪费造成的高达129%氮损失含量,额外的20%的损失汇总至污水处理厂。

如前所述,全球为农业生产已贡献巨大资源,不仅植物蛋白转化为肉蛋白的效率不高(1kg肉蛋白需要大约6kg植物蛋白)[66],其他蛋白质生产路线下的氮损失量也不容小觑。图4.2直观地展现了不同蛋白质生产中氮转换率在相对过程中的流失。浅灰色部分和黑色部分分别表示蛋白质供应链中活性氮的损失和保留量,在农业蛋白的生产体系中,仅有4%～14%的蛋白质最终成为可消耗的蛋白质[61]。这种途径减少了氮元素向人类社会的输入,依靠生物固氮以及大气沉积或作物残体提供的生物可利用氮只占农业需求的一半,氮素转化率在资源配比与实际收益上存在严重的不平衡[6]。相比之下,肉蛋白的体外生产(微生物培养产SCP)效率更高[67],氮转化率甚至可达100%[6]。

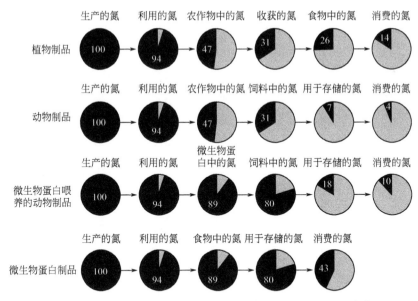

图4.2 各种蛋白生产过程中哈柏法制氮的需求量及其归宿[61]

除了极低的转换率之外,高耗能的肥料生产也造成了极大的浪费,化学合成生产氨肥、磷肥和钾肥的总能源消耗分别为78230kJ·kg^{-1}、17500kJ·kg^{-1}和13800kJ·kg^{-1}[68],且农业施肥过程会因径流、淋滤、氨挥发和反硝化损失到初始供氮量的50%～80%[69,70],该部分以氨和硝酸盐形式通过地表径流和渗透作用逐步进入地表水与地下水,成为导致水体富营养化的原因之一。同时,反硝化作用会导致大量的温室气体 N_2O 释放,由农业生产造成的 N_2O 排放约占全球总排放量的 43%[71]。由于上述人类活动的干扰,必然会造成全球变暖及水体富营养化。通过减少食物浪费、减少动物产品消费、改善牲畜饲养、更有效施肥和改进肥料使用等措施,可减少氮污染、缓解氮消耗。然而,模型估计显示,即使在结合所有上述措施下,氮的损失仍将达到每年约 9400 万吨,远远超过温室气体、空气污染和水污染的临界阈值[61]。因此,氮的自然循环逐渐变成了不可逆的单向恶性转换。

4.4.4 变脱氮为机遇

随着全球对蛋白质需求的不断增长,细菌 SCP 生产基质也逐渐扩展至各种固液废物。我们应该反思氮资源的需求,变污水处理脱氮为机遇。研究显示,马铃薯淀粉加工废料中使用地衣芽孢杆菌生产 SCP[72]。Kornochalert 通过橡胶片工厂的废料废水以沼泽红假单胞菌(*Rhodopseudomonas palustris*)生产 SCP,同时将废水中的化学需氧量、悬浮物和总硫化物含量降低到符合泰国灌溉用水标准[73]。光合细菌处理废水过程中,利用生物质生产 SCP[74]。Rasouli 在工业废水中,联合培养绿藻与甲烷氧化细菌,获得蛋白质的生物量组成与传统的蛋白质相似,表明藻类或细菌生物量可以替代它们作为不同动物的饲料成分[75]。Mahan 利用纯青霉红球菌株培养 SCP,蛋白质平均含量为细胞干重的 49%[76]。Hülsen 利用紫色光养菌以农业工业废水为培养基生产 SCP,蛋白质含量为细胞干重的 40%[77]。Khoshnevisan 以消化液培养甲烷氧化菌群合成 SCP,得到的 SCP 富含必需氨基酸可等同于与其他方式产生的蛋白质,但其含量较低[78]。Borja 在一种新型无气泡膜生物反应器中以提供更纯净且充足的碳源培养甲烷氧化细菌生产微生物蛋白,其含量从细胞干重的 15.4% 提高到 51%,同样包含了饲料所必需的蛋白组分[79]。由此可知,污水可作为生态中氮素的第二大富集地,通过微生物生长可重复利用废水中的氮。

微生物蛋白生产在生物反应器中进行,与传统蛋白质来源相比,不仅节约了大面积的土地用地,也节约了因灌溉需要的大量淡水资源(生产每吨微生物蛋白需要水 $5m^3$,而每吨大豆则需要水 $2364m^3$),如果用水循环使用或使用循环水,水量可进一步减少[61]。相比于真菌、藻类等,细菌蛋白的培养环境要求更低,其只需要一定的碳源作为成本,甚至能够从污水中回收碳和营养物质[79]。并且,用作饲料蛋白时,氮的转化效率可从 4% 提高到 10%,而用作食品时可提高到 43%[61]。

污水处理厂是氮素循环上的一个汇集节点,生活污水每年约含有 2000 万吨的活性氮,预计到 2050 年这个数值将增至 3500 万吨。传统的污水处理通过硝化、反硝化以提高生物增长量和污泥的总产量，并以此为代价完成污水脱氮、污水净化[80]。尽管现存的污水处理途径不失为一种高效处理模式，但在面临氮素传输过程中的损失、滞留导致局部氮负荷超标等一系列全球氮素分配不均的问题。因此，未来更期待的是一种生态型污水处理厂，在主流脱氮除磷之外进行侧流氮素富集，通过生物合成作用，提取回收直接利用"二次蛋白"，将单纯的污、废水处理转向可持续性的解决方案。

4.5 小结

在当下的世界粮食危机背景下，面对低效氮素的单向输送，作为氮素富集地的污水处理厂，自剩余污泥中回收蛋白质成为污泥资源化的前沿方向。污泥处理处置与资源回收同步考虑，可实现城市污水资源开发并重新分配氮资源。尽管实验结果显示从污水处理厂中回收蛋白以补充农业与工业是可行的，但仍然有诸多瓶颈需突破。例如，SCP合成方面，以微藻为主的蛋白质合成需设计适合的反应器，保证足够的光源以防止细胞生长受到抑制；甲烷氧化细菌的培养过程要保证足够的碳源，同时注意中间产物甲醛的产生；对于污泥蛋白质的提取，需在保证蛋白质不变性的前提下提高提取效率。同时，对于污水中回收的蛋白质的应用，其作为畜牧业、水产养殖业中饲料添加剂的安全性、营养性，动物食用后的变化，以及对环境造成负面影响需要更深入的调查与研究。

参考文献

[1] 蔡家璇，张盼月，张光明. 城市污泥中蛋白质资源化的研究进展 [J]. 环境工程，2019，37 (03)：17-22，103.

[2] 闫怡新，秦磊，高健磊. 剩余污泥提取蛋白质工艺研究进展 [J]. 环境工程，2019，37 (06)：146-149，154.

[3] Xiang Y L, Xiao K, Jiao Y R, et al. Extraction of sludge protein enhanced by electron beam irradiation and calcium oxide [J]. Journal of Environmental Chemical Engineering, 2018, 6 (5): 6290-6296.

[4] Xiao B Y, Liu Y, Luo M. Evaluation of the secondary structures of protein in the extracellular polymeric substances extracted from activated sludge by different methods [J]. Journal

of Environmental Science, 2019 (80): 128-136.

[5] Gao J L, Weng W, Yan Y X, et al. Comparison of protein extraction methods from excess activated sludge [J]. Chemosphere, 2020, 249: 126107.

[6] Matassa S, Batstone D J, Hulsen T, et al. Can direct conversion of used nitrogen to new feed and protein help feed the world [J]. Environmental Science Technology, 2015, 49: 5247-5254.

[7] Sears K J, Alleman J E, Gong W L. Feasibility of using ultrasonic irradiation to recover active biomass from waste activated sludge [J]. Journal of Biotechnology, 2005, 119 (4): 389-399.

[8] Gonze E, Pillot S, Valette E, et al. Ultrasonic treatment of an aerobic activated sludge in a batch reactor [J]. Chemical Engineering and Processing: Process Intensification, 2003, 42 (12): 965-975.

[9] Cao D Q, Yang W Y, Wang Z, et al. Role of extracellular polymeric substance in adsorption of quinolone antibiotics by microbial cells in excess sludge [J]. Chemical Engineering Journal, 2019, 370: 684-694.

[10] Anupama, Ravindra P. Value-added food: Single cell protein [J]. Biotechnology Advances, 2000, 18 (6): 459-479.

[11] Perez-Garcia O, Escalante-Froylan M E, de Bashan L, et al. Heterotrophic cultures of microalgae: metabolism and potential products [J]. Water Research, 2011, 45 (1): 11-36.

[12] Anneli R, HKkinen S T, Mervi T, et al. Single cell protein-state-of-the-art, industrial landscape and patents 2001-2016 [J]. Frontiers in Microbiology, 2017, 8: 2009-2027.

[13] Shawn W, Alon K, Sivan F, et al. Recent advances in single cell protein use as a feed ingredient in aquaculture [J]. Current Opinion in Biotechnology, 2020, 61 (2): 189-197.

[14] Yu J. Fixation of carbon dioxide by a hydrogen-oxidizing bacterium for value-added products [J]. World Journal of Microbiology & Biotechnology, 2018, 34 (7): 89-96.

[15] Verbeeck K, Buelens L C, Galvita V V, et al. Upgrading the value of anaerobic digestion via chemical production from grid injected biomethane [J]. Energy Environmental Science, 2018, 11: 1788-1802.

[16] Volova T G, Barashkov V A. Characteristics of proteins synthesized by hydrogen-oxidizing microorganisms [J]. Applied Bio chemistry and Microbiology, 2010, 46 (6): 574-579.

[17] Neumann P, Pesante S, Venegas M, et al. Developments in pre-treatment methods to improve anaerobic digestion of sewage sludge [J]. Reviews in Environmental Science & Bio/technology, 2016, 15 (2): 173-211.

[18] Feng C, Lotti T, Lin Y, et al. Extracellular polymeric substances extraction and recovery from anammox granules: evaluation of methods and protocol development [J]. Chemical Engineering Journal, 2019, 374: 112-122.

[19] Lu D, Xiao K K, Chen Y, et al. Transformation of dissolved organic matters produced from alkaline-ultrasonic sludge pretreatment in anaerobic digestion: From macro to micro

[J]. Water Research, 2018, 142: 138-146.

[20] Sahinkaya S. Disintegration of municipal waste activated sludge by simultaneous combination of acid and ultrasonic pretreatment [J]. Process Safety and EnvironmentalProtection, 2015, 93: 201-205.

[21] García, Manuel E, Urrea, et al. Protein recovery from solubilized sludge by hydrothermal treatments [J]. Waste Management, 2017, 67 (9): 278-287.

[22] Cao D Q, Wang X, Wang Q H. Removal of heavy metal ions by ultrafiltration with recovery of extracellular polymer substances from excess sludge [J]. Journal of Membrane Science, 2020, 606: 118103.

[23] Wang LF, Wang L L, Li W W, et al. Surfactant-mediated settleability and dewaterability of activated sludge [J]. Chemical Engineering Science, 2014, 116: 228-234.

[24] Xiao B Y, Liu Y, Luo M. Evaluation of the secondary structures of protein in the extracellular polymeric substances extracted from activated sludge by different methods [J]. Journal of Environmental Science, 2019, (80): 128-136.

[25] Xiao K K, Chen Y, Jiang X, et al. Comparison of different treatment methods for protein solubilisation from waste activated sludge [J]. Water Research, 2017, 122: 492-502.

[26] Ma B, Peng Y, Wei Y, et al. Free nitrous acid pretreatment of wasted activated sludge to exploit internal carbon source for enhanced denitrification [J]. Bioresource Technology, 2015, 179: 20-25.

[27] Lu D, Sun F, Zhou Y. Insights into anaerobic transformation of key dissolved organic matters produced by thermal hydrolysis sludge pretreatment [J]. Bioresource Technology, 2018, 266: 60-67.

[28] 李超. 酶催化污泥水解提取蛋白质研究 [D]. 郑州: 郑州大学, 2018.

[29] 李政. 化学水解法提取污泥蛋白质及其脱水性能研究 [D]. 郑州: 郑州大学, 2017.

[30] 邵金星, 吕斌, 王弘宇. 酸和热解耦合法提取剩余污泥蛋白质的研究 [J]. 武汉纺织大学学报, 2015, 28 (3): 76-79.

[31] Xiang Y L, Xiang Y K, Wang L P. Kinetics of activated sludge protein extraction by thermal alkaline treatment [J]. Journal of Environmental Chemical Engineering, 2017, 5 (6): 5352-5357.

[32] 赵虹焰, 周集体, 金若菲, 等. 热碱法破解污泥动态实验的条件优化 [J]. 环境工程, 2020 (7): 71-74.

[33] Xiao K K, Zhou Y. Protein recovery from sludge: A review [J]. Journal of Cleaner Production, 2020, 249: 119-373.

[34] Kamalanathan I D, Martin P J. Competitive adsorption of surfactant protein mixtures in a continuous stripping mode foam fraction ation column [J]. Chemical Engineering Science, 2016, 146: 291-301.

[35] Briskot T, Hahn T, Huuk T, et al. Adsorption of colloidal proteins in ion-exchange chromatography under consideration of charge regulation [J]. Journal of Chromatography A, 2019, 1611: 460608.

[36] Xu Q Y, Wang Q D, Zhang W J, et al. Highly effective enhancement of waste activated sludge dewaterability by altering proteins properties using methanol solution coupled with inorganic coagulants [J]. Water Research, 2018, 138: 181-191.

[37] Manuel G, José L, Sergio C, et al. Protein recovery from solubilized sludge by hydrothermal treatments [J]. Waste Management, 2017, 67: 278-287.

[38] Prochaska K, Antczak J, Regel-Rosocka M, et al. Removal of succinic acid from fermentation broth by multistage process (membrane separation and reactive extraction) [J]. Separation and Purification Technology, 2018, 192: 360-368.

[39] Sadegh A, Alireza Z, Arash M, et al. Feasibility of membrane processes for the recovery and purification of bio-based volatile fatty acids: A comprehensive review [J]. Journal of Industrial and Engineering Chemistry, 2020, 81: 24-40.

[40] 田旭, 刘丽莎, 彭义交, 等. 膜技术集成对黄浆水乳清蛋白的高效分离 [J]. 食品科技, 2018, 43 (01): 81-87.

[41] Cao D Q, Song X, Hao X D, et al. Ca^{2+}-aided separation of polysaccharides and proteins by microfiltration: Implications for sludge processing [J]. Separation and Purification Technology, 2018: 318-325.

[42] Cao D Q, Song X, Fang X M. Membrane filtration-based recovery of extracellular polymer substances from excess sludge and analysis of their heavy metal ion adsorptionproperties [J]. Chemical Engineering Journal, 2018, 354: 866-874.

[43] 李春顶, 谢慧敏. 新冠疫情与全球粮食安全 [J]. 世界知识, 2020 (14): 58-59.

[44] 赵顺顺, 孟范平. 剩余污泥蛋白质作为动物饲料添加剂的营养性和安全性分析 [J]. 中国饲料, 2008 (15): 35-38.

[45] 苏瑞景. 剩余污泥酶法水解制备蛋白质、氨基酸及其机理研究 [D]. 上海: 东华大学, 2013.

[46] 史舟芳, 刘祎, 刘晓娟, 等. 利用剩余活性污泥制备氨基酸叶面肥 [J]. 山东化工, 2015, 75 (10): 189-199.

[47] 汤秋云, 高琪, 李思彤, 等. 污泥蛋白肽对土壤微生态及植物生长调控 [J]. 环境工程学报工, 2015, 9 (11): 5611-5615.

[48] 王学川, 王琳, 任龙芳. 生物质蛋白类发泡剂的研究进展 [J]. 中国皮革, 2016, 45 (12): 45-49.

[49] 寿崇琦, 康杰分, 宋南京, 等. 一种动物蛋白质发泡剂的研制及其复合应用 [J]. 化学建材, 2007, 2 (23): 35-37.

[50] Li P, Deng F, Zhu H, et al. Study of a complex protein foaming agent from disintegrated

brewery sludge supernatant [J]. Desalination and Water Treatment, 2017, 95: 200-207.

[51] 徐胡珍. 浅析泡沫灭火剂在灭火应用中的问题分析 [J]. 科技创新导报, 2016, 11: 53-54.

[52] 李亚东, 韩国灿, 居超明. 利用活性污泥蛋白质制备蛋白泡沫灭火剂: CN1456372 [P]. 2003-11-19.

[53] 汪常青, 梁浩, 李亚东, 等. 利用剩余污泥制备泡沫灭火剂的试验研究 [J]. 中国给水排水, 2006, 22 (9): 38-42.

[54] Vnucec D, Gorsek A, Kutnar A, et al. Thermal modification of soy proteins in the vacuum chamber and wood adhesion [J]. Wood Science and Technology, 2015, 49: 225-239.

[55] Sarocha P, Jun L, Zhong Q H, et al. Blending cottonseed meal products with different protein contents for cost effective wood adhesive performances [J]. Industrial Crops & Products, 2018, 126: 31-37.

[56] Fapeng W, Jifu W, Fuxiang C, et al. Combinations of soy protein and polyacrylate emulsions as wood adhesives [J]. International Journal of Adhesion and Adhesives, 2018, 82: 160-165.

[57] Pervaiz, Muhammad, Sain, et al. Protein extraction from secondary sludge of paper mill wastewater and its utilization as a wood adhesive [J]. Bioresources, 2011, 6 (2): 961-970.

[58] 任静. 二次纤维回用角质化损伤研究 [D]. 大连: 大连工业大学, 2014.

[59] 李祥祥, 孟祥美, 万月亮, 等. 剩余污泥提取蛋白的改性及其对瓦楞原纸的增强效果 [J]. 天津科技大学学报, 2019, 34 (4): 35-41.

[60] Johnson E A. Biotechnology of non-Saccharomyces yeasts-the ascomycetes [J]. Applied Microbiology and Biotechnology, 2013, 97: 503-517.

[61] Pikaar I, Matassa S, Rabaey K, et al. Microbes and the next nitrogen revolution [J]. Environmental Science & Technology, 2017, 51 (13): 7297-7303.

[62] Matassa S, Verstraete W, Pikaar I, et al. Autotrophic nitrogen assimilation and carbon capture for microbial protein production by a novel enrichment of hydrogen-oxidizing bacteria [J]. Water Research, 2016, 101: 137-146.

[63] FAO. The state of food insecurity in the world: Economic crises-impacts and lessons learned [R]. Italy: Rome, 2009.

[64] Alexandratos N, Bruinsma J. World agriculture towards [J]. ESA Working Papers, 2012.

[65] Foley J A, Ramankutty N, Brauman K A, et al. Solutions for a cultivated planet [J]. Nature, 2011, 478: 337-342.

[66] WHO. Avaiable online at [EB/OL]. http://www.who.int/nutrition/topics/3_foodconsumption/en/index4.html, 2015.

[67] Kadim I T, Mahgoub O, Baqir S, et al. Cultured meat from muscle stem cells: a review of

challenges and prospects [J]. Journal of Integrative Agriculture, 2015, 14: 222-233.

[68] Nagarajan D, Lee D J, Chen C Y, et al. Resource recovery from wastewaters using microalgae-based approaches: A circular bioeconomy perspective [J]. Bioresource Technology, 2020, 302: 122817.

[69] Cordell D, Drangert J O, White S. The story of phosphorus: Global food security and food for thought [J]. Global Environmental Change, 2009, 19 (2): 292-305.

[70] Bodirsky B L, Popp A, Lotze-Campen H, et al. Reactive nitrogen requirements to feed the world in 2050 and potential to mitigate nitrogen pollution [J]. Nature Communications, 2014, 5: 3858.

[71] Tim H, Kent H, Yang L, et al. Simultaneous treatment and single cell protein production from agri-industrial wastewaters using purple phototrophic bacteria or microalgae - A comparison [J]. Bioresource Technology, 2018, 254: 214-223.

[72] Liu B, Li Y, Song J, et al. Production of single-cell protein with two-step fermentation for treatment of potato starch processing waste [J]. Cellulose, 2014, 21 (5): 3637-3645.

[73] Kornochalert N, Kantachote D, Sumate C. Use of *Rhodopseudomonas palustris* P1 stimulated growth by fermented pineapple extract to treat latex rubber sheet wastewater to obtain single cell protein [J]. Annals of Microbiology, 2014, 64 (3): 1021-1032.

[74] Chewapat S, Thani T. Biomass recovery during municipal wastewater treatment using photosynthetic bacteria and prospect of production of single cell protein for feedstuff [J]. Environmental Technology, 2016, 37 (23): 3055-3061.

[75] Rasouli Z, Valverde-Pérez B, Este D, et al. Nutrient recovery from industrial wastewater as single cell protein by a co-culture of green microalgae and methanotrophs [J]. Biochemical Engineering Journal, 2018, 134: 129-135.

[76] Mahan K M, Le R K, Wells T, et al. Production of single cell protein from agro-waste using Rhodococcus opacus [J]. Microbiol Biotechnology, 2018, 45 (9): 795-801.

[77] Hülsen T, Hsieh K, Lu Y, et al. Simultaneous treatment and single cell protein production from agri-industrial wastewaters using purple phototrophic bacteria or microalgae-a comparison [J]. Bioresource Technology, 2018, 254: 214-223.

[78] Khoshnevisan B, Tsapekos P, Alvarado M M, et al. Life cycle assessment of different strategies for energy and nutrient recovery from source sorted organic fraction of household waste [J]. Journal of Cleaner Production, 2018, 180: 360-374.

[79] Borja V P, Bwxa A, et al. Cultivation of methanotrophic bacteria in a novel bubble-free membrane bioreactor for microbial protein production [J]. Bioresource Technology, 2020, 310: 123388.

[80] Peccia J, Westerhoff P. We should expect more out of our sewage sludge [J]. Environmental Science & Technology, 2015, 49 (14): 8271-8276.

第5章

生物塑料

自1907年"塑料之父"贝克兰发明酚醛塑料以来至今已有百年，塑料引发了一次性商品消费的革命，在人类的日常生活中已经无处不在。但也由于其分子量高、物理化学性质稳定、疏水性强的特性，导致其自然降解要数百年。调查表明，已生产的塑料中12%焚化，9%回收利用，而79%累积在垃圾填埋场或自然环境中[1]。未能及时收集处理的塑料长时间存留于自然环境中，给土壤、淡水、海洋、生物带来了严重的生态污染，丢弃在环境中的塑料分解成微塑料颗粒，不仅随着摄食等行为进入生物体内，还可能经食物链最终影响到人类自身的健康[2]。

自2018年开始已有多个国家与地区出台"限塑令"，并且明确了起始执行时间，禁止白色污染成为全人类迫在眉睫的任务。2019年5月186个国家在联合国环境规划署（UNEP）会议上，将塑料垃圾列入了《巴塞尔公约》中，此国际"禁塑令"将极大限制有毒废物塑料在发达国家和发展中国家间的交易，避免大量塑料被倾倒、焚烧，或者是排入海洋之中，同时迫使发达国家促进国内可降解塑料的研究发展[3]。欧盟委员会于2019年5月发布《欧洲一次性塑料指令》，通过禁用、减量、回收、使用替代品等综合措施治理海洋中的塑料污染，要求各成员国在2021年内将立法转化为本国法律[4]。我国于2020年1月19日下发新版"限塑令"《关于进一步加强塑料污染治理的意见》，计划分2020年、2022年、2025年三个时间段，实现从"限塑"到"禁塑"的转变，各省份随之相继发布塑料污染治理工作方案，均明确将可降解塑料制品列为可推广应用的替代产品。随后，国家发展改革委、生态环境部、工业和信息化部等九部门于2020年7月10日进一步发布《关于扎实推进塑料污染治理工作的通知》，以平衡各地各领域工作进度，确保如期完成2020年底塑料污染治理的阶段性任务[5]。由此可见世界各国对塑料污染治理的决心，这将促使可降解塑料完全取代传统石化塑料。

具有可循环再生和良好生物降解性能的生物塑料得到了人们的关注和大力发

展，常见的生物塑料有淀粉基生物降解塑料（TPS）、聚乳酸（PLA）、聚丁二酸丁二醇酯（PBS）、聚羟基脂肪酸酯（PHAs）、聚己内酯（PCL）、二氧化碳共聚物脂肪族聚碳酸酯（APC）等[6]。目前利用纯种菌合成PHAs的技术与工艺已经很成熟，但由于培养条件苛刻，生产成本较高，限制了其在各领域的广泛应用及产业化的进程；尤其在生物塑料的主要应用领域，市场份额占比还不到行业需求的0.5%[7]。并且，纯种菌培养合成PHAs过程中亦会产生大量的工业废水。

污水处理厂的剩余污泥产量逐年递增，资源化成为可持续污泥处理处置的必然趋势。研究发现，利用剩余污泥混合菌群可生物合成PHAs，其工艺运行简单易于操控，不需要严格的消毒纯菌环境，工艺成本低，不仅一举两得地实现了污泥减量化与资源化的目标，也为PHAs的廉价生产提供了一条新的途径。本章主要阐述污水处理过程中PHAs的特性、应用、合成工艺、提取与纯化、产量及构成，旨在为污水中生物塑料回收提供技术支撑。

5.1 概述

5.1.1 PHAs简介

聚羟基脂肪酸酯（polyhydroxyalkanoates，PHAs）是一种天然来源的有机高分子物质，属于全生物降解高分子材料，分子通式如图5.1所示。其家族中单聚物、共聚物及共混物种类众多，大多数多样性都反映在侧链结构上，依据C-3位上不同的侧链基团R，可将PHAs进行细分，如表5.1所示。PHAs在胞内的积累不会引起细胞渗透压的增加，可作为胞内储存物；在原核生物细胞中以明显的颗粒聚集，电子显微镜图如图5.2。

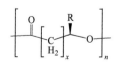

图5.1 PHAs分子通式

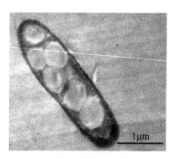

图5.2 透射电子显微镜下细菌细胞中的PHAs颗粒[8]

表 5.1　常见的 PHAs 种类

侧链基团 R	PHAs 种类	简称
甲基（—CH_3）	聚-3-羟基丁酸酯	PHB
乙基（—CH_2CH_3）	聚-3 羟基戊酸酯	PHV
丙基（—$CH_2CH_2CH_3$）	聚-3-羟基己酸酯	PHHx
—	羟基丁酸与羟基戊酸的共聚物	P(HB-co-HV)
—	羟基丁酸与羟基己酸的共聚物	P(HB-co-HHx)

5.1.2　PHAs 的材料特性

PHAs 的材料性能可以通过改变组成来调整。聚合物的物理化学性质如硬度、弹性、导热性和导电性、耐腐蚀性、透明度、颜色等，主要由单体类型、聚合度和键合模式/顺序决定[6]。利用市政污水或工业废水合成的 PHAs 单体结构或共聚物的单体比例各有不同，以纯 PHB 和不同比例的 P(HB-co-HV) 共聚物居多。共聚物中 HB 与 HV 的比例的微小差异，都会直接影响到最终产品的特性，如生物降解性、热塑性、压电性、光电性、生物相容性、非线性光学活性、气体阻隔性等。

PHB 是高度结晶的，具有较高的脆性、刚度，但延展性较差[9]。而 PHV 有较为优良的弹性和延展性，当 PHB 中掺入 PHV 时，PHAs 产品的晶体结构发生改变，产品的弹性和韧性都会提高，与 PHB 相比，P(HB-co-HV) 的物理和加工性能有很大的提高。表 5.2 显示了不同类型 PHAs 的物理特性，可以看出 P(HB-co-HV) 的熔点随着 HV 单体比例的增加而降低，而其分解温度却没有同步下降，随着温度的变化，材料的动态黏度也有所不同，这可能是由于共聚物的热特性在很大程度上取决于构成聚合物链的共聚单体单元的类型、含量、分布以及平均分子量和分子量分布[10]。

表 5.2　不同类型 PHAs 的物理特性

材料类型	熔点/℃	分解温度/℃	玻璃化转变温度/℃	拉伸强度/MPa	断裂伸长/%	动力黏度/(Pa·s)	平均分子量/kDa	参考文献
PHB	177	211	4	43	5	1450	550	[11,12]
P(HB-co-10%HV)	135	—	—	25	20	—	—	[12]
P(HB-co-12%HV)	—	256	—	—	—	690	370	[11]

续表

材料类型	熔点/℃	分解温度/℃	玻璃化转变温度/℃	拉伸强度/MPa	断裂伸长/%	动力黏度/(Pa·s)	平均分子量/kDa	参考文献
P(HB-co-20%HV)	145	—	−1	32	—	—	—	[13]
P(HB-co-30%HV)	—	291	—	—	—	1530	500	[11]
P(HB-co-47%HV)	205	220	—	—	—	—	—	[14]
P(HB-co-10%HHx)	127	—	−1	21	400	—	—	[12]
P(HB-co-17%HHx)	120	—	−2	20	850	—	—	[12]

此外，单体的碳链长度增加，柔韧性增加，而熔点与结晶度下降[15]，即提取过程中分子量和链长的损失也会影响最终的材料特性。通过共聚改性技术，在共聚物中加入其他材料，也可以提高PHAs的各类性能，如将卤胺抗菌剂添加至PHB中制备出了疏水作用强、耐紫外、稳定性好、高效抗菌的薄膜[16]。

5.1.3 PHAs的应用领域

利用污水合成PHAs新材料的潜力几乎是无限的，各种比例构成的PHAs材料特性各异，通过调整单体配比，PHAs产品有机会应用于环境工程、光学工业、环保包装材料、喷涂材料、衣料服装、器具类材料、电子通信、农业产品、自动化产品、化学介质等不同领域。目前PHAs除主要用作塑料制品外，由于其兼具良好的生物相容性和燃烧特性，还有望用作农药缓释剂、高性能生化滤膜、生物燃料等新兴材料。

Zhang等提出将PHAs作为一种新型的生物燃料，将中长链PHAs转化为羟基酸酯，将羟基酸酯添加至乙醇中可以有效地将燃烧热提高；而将羟基酸酯和柴油或汽油混合在一起的燃烧热尽管低于纯柴油或汽油，但混合燃料的燃烧热仍保持在较高水平；并且，从复杂碳源中积累的中长链PHAs混合物与普通生物柴油具有相似的燃烧特性[17]。

调整高分子构成，PHAs可有坚硬和柔软两种截然不同的特性，因此，在传统的一次性塑料制品领域有广泛的应用，可生产农业种植的地膜。因是全降解的生物薄膜，正常使用时不会分解，而作物收割后也不必人工回收，在土壤和堆肥条件下3~6个月内即可生物分解完全。此外，PHAs亦可制成堆肥垃圾袋，甚至电子产品、新能源汽车配件等高附加值产品，这些应用将极大地解决目前严重影响环境的"白色污染"问题。

利用剩余污泥生产的 PHAs 或许可以作为高分子滤膜的原材料。如图 5.3 所示，形成污水处理、污泥处理处置、PHAs 提取、滤膜制作并回用至水处理或污水处理，即"制造、使用、循环"的闭路循环[18]。

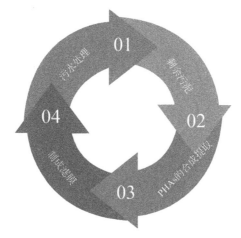

图 5.3　基于污泥中回收的 PHAs 制高分子滤膜的污水处理闭路循环系统

尽管 PHAs 具有上述潜在应用价值，但仍需考虑经济成本及环境污染所带来的成本，从生命周期评价（LCA）的角度，判断从生物塑料的生产、使用、回到自然界的过程中，所产生的温室气体与能源消耗是否在整个生态中是可持续的[19]。并注意到，从可再生资源中提取的生物塑料如果不经过工艺优化就生产出来，可能并不比石化聚合物更环保[6]。

5.2　污水合成 PHAs 机理

污水处理过程中混合菌群可在碳源相对过剩或者间歇过剩、氮磷等营养物相对缺乏电子供体和电子受体交替出现的条件下合成并储存 PHAs，以维持营养环境非均衡条件下菌体相对稳定的生存状态[20]。根据碳源、菌种来源的不同，目前利用剩余活性污泥生产 PHAs 的工艺分为三类。第Ⅰ类是利用水解酸化产生的挥发性脂肪酸（VFAs）作为主要碳源，接种外部纯种菌或混合菌合成 PHAs，在反应器中进行 PHAs 的生产，外部投加纯种菌常用罗氏真养菌 H16[21]、Halomonas i4786[10]、KNK-005[22]、CnTRCB[23] 等菌株。第Ⅱ类是利用剩余活性污泥中经驯化富集后的 PHAs 混合菌作为菌种来源，外部投加廉价碳源进行 PHAs 的生产，常用乙酸盐和丙酸盐混合物[24]、发酵干酪乳清[25]、市政污水和醋酸钠混合物[26]等外加碳源。第Ⅲ类是利用污泥水解液中 VFAs 作为碳源底物，剩余活性污泥中经驯化富集后的 PHAs 混合菌作为菌种来源，集中于反应器中进行 PHAs 的生产，即水解酸化、菌群富集和 PHAs 生产三个阶段，常被称为三段式工艺[27]。该工艺在碳源及生产阶段均使用可再生废料和活性污泥，是剩余污泥减量和 PHAs 生产的联合工艺，因此，相较于前两种工艺，三段式工艺更具有广阔的环境效益与经济效益。

水解酸化阶段的主要目的是使污泥通过碱性或酸性水解，将大分子有机物质转化为富含小分子的有机酸，作为筛选 PHAs 混合菌群的底物和产 PHAs 阶段的底物。由于有机物的厌氧降解包括水解、酸化、产乙酸、产甲烷 4 个过程，因此，本阶段主要目的就是通过促进水解酸化过程，抑制产甲烷菌的生长，最终使产酸率达到最大。菌群富集阶段通过改变混合菌的营养条件，尽可能地筛选出具有高合成 PHAs 水平的混菌。在周期性的"饱食饥饿模式"交替中富集和驯化，得到产 PHAs 功能菌为主导菌群的混菌系统。产 PHAs 菌富集阶段是尤其重要的一步，直接使用原活性污泥培养产生的最大 PHAs 含量效果不理想，必须将活性污泥经过适当的培养，富集混合菌来提高污泥的 PHAs 贮存能力，一般有厌氧-好氧交替运行、微氧-好氧富集、好氧富集、好氧瞬时供料富集、好氧动态排水工艺等运行模式。PHAs 生产阶段，即利用水解酸化产的 VFA 作为碳源和菌群富集阶段筛选得到的菌群进行 PHAs 合成。

5.3 PHAs 产量的影响因素

优化水解酸化、菌群富集、合成阶段以及提取与纯化阶段的运行条件，可实现最佳的 PHAs 产量与纯度，并控制生产成本。

5.3.1 水解酸化阶段

水解酸化的条件对水解酸化液的含量有很大的影响，VFAs 的浓度随 pH 值和温度的升高而逐渐升高。在碱性条件下，剩余污泥中的颗粒有机物可产生更多的可溶性基质，可以降低或阻止如产甲烷菌等细菌对 VFAs 的消耗，较高的温度更有效地产生可溶性有机物和 VFAs，并且可以提高厌氧污泥发酵过程中细菌群落的水解、酸化和甲烷生成活性[28]。表面活性剂可促进 VFAs 的积累，研究显示，添加 SDS 时 VFAs 产率提高 7 倍以上，这是由于 SDS 可促进污泥颗粒有机碳的增溶作用、可溶底物的水解作用和水解产物的酸化作用，并降低产甲烷菌的活性[29]。

5.3.2 菌群富集阶段

利用剩余污泥富集产 PHAs 混合菌，直接控制初始阶段的运行条件，获得可在好氧条件下的 PHAs 合成混合菌群，达到更好的 PHAs 的合成效果。聚 PHAs 菌可能比其他细菌更快地吸收碳源，聚 PHAs 菌贮存化合物的能量超过生长所需的能量，通过控制操作条件提高活性污泥的 PHAs 生成能力。短的污泥停留时间（SRT）会减少在反应器中存活的微生物的种类，减少其他微生物与产 PHAs 菌竞争底物，因此较短的 SRT 有利于 PHAs 的产量的提高[30]。研究显示短 SRT（3d）比长 SRT（10d）的污泥的 PHAs 产量高 10% 左右[20]。过高的碳氮比及长时间的营养不均衡不利于菌群的正常生产，使大量的丝状菌逐渐占据优势，发生膨胀。例如，研究显示 COD/N/P＝1200/9.6/30 更有利于 PHB 的合成，PHB 的最高含量达菌体干重的 64.2%[31]。

好氧瞬时供料工艺是菌群富集应用最广泛的一种工艺，又称丰盛-饥饿（ADF）模式，控制反应器中的底物浓度，使微生物处于底物时而丰富时而匮乏的状态，即不平衡的细胞生长。当底物充足时，产 PHAs 菌将部分底物以 PHAs 的形式在细胞内贮存；当底物匮乏时，微生物分解胞内的 PHAs 以维持细胞生长、代谢所需的能量，从而驯化出具有强大 PHAs 贮存能力的菌群。控制丰盛期与饥饿期的比率对于菌种的富集和 PHAs 的生产尤其重要，研究发现丰盛期与饥饿期的比率等于或小于 0.33，可以更好地驯化富集产 PHAs 菌[32]。此外，具有 PHAs 合成能力的菌群占优势时，其活性污泥沉降性会优于非 PHAs 合成菌群，因此在 ADF 生态选择压的基础上增加物理选择压如污泥沉降筛选的力度，使污泥在丰盛阶段底物吸收速率更快，且其丰盛和饥饿的持续时间之比更小[33]。

5.3.3 合成阶段

（1）碳源的影响

污泥中加入不同种类的碳源，生产 PHAs 的污泥贮存能力有很大差异。例如，厌氧条件下以蔗糖为碳源，PHAs 的平均合成速率和最大合成速率均最大，活性污泥合成 PHAs 的最大产率与进水 COD 浓度在一定范围内呈正相关，即随碳源的增加，PHAs 的含量增加[34]。

(2) 氮、磷的影响

PHAs 的合成是微生物在碳源过剩，而氮、磷等营养物缺乏时合成的。研究显示，PHB 含量随总氮浓度的减少而增加[35]。聚磷菌是污水生物合成 PHAs 的主要菌属，即磷的去除率与最大 PHAs 含量呈正相关[36]。因此，通过限制氮、磷的供给可达到促进 PHAs 积累的目的，但也需要避免限氮、限磷过量分别会引起的丝状菌膨胀和黏性水膨胀。

(3) pH 值的影响

在 PHAs 合成阶段，适当控制 pH 可以促进微生物的代谢积累[62]。pH 值对 PHAs 合成的影响主要是由于高浓度有机酸造成的腺苷三磷酸（ATP）泄漏，发酵底物乙酸等 VFA 在低 pH 值时大部分是未解离的，容易进入高 pH 值的胞内环境并解离，使胞内 pH 值降低。细胞在消耗 ATP 的情况下，泵出质子，来维持膜内外的质子浓度差和电势差，该过程消耗了 ATP 而不利于 PHAs 生产。因此，PHAs 适宜在中性偏碱的环境中积累[20]。

(4) DO 的影响

氧气供给是混合菌群利用活性污泥合成 PHAs 的关键因素。在厌氧-好氧模式下，对通氧量进行控制可以起到促进微生物积累 PHAs 的作用，例如，提高 DO 浓度有利于提高 PHB 的胞内含量，在不控制 pH 的条件下，DO 浓度为 70% 时获得最高的 PHB 含量为 64%[37]。

5.4 PHAs 的提取与纯化

PHAs 的提取与纯化影响 PHAs 产品的纯度、分子量、材料学性能以及其应用领域，亦是 PHAs 制造行业的技术障碍。开发低成本、低污染、高效率、高性能的 PHAs 提取技术和工艺尤为重要。除浓缩细胞外，为提高 PHAs 回收率，常采用预处理技术以破坏细胞壁和细胞膜，同时，提取后进一步纯化操作，可获得更高纯度的 PHAs。

5.4.1 PHAs 的提取

PHAs 是微生物胞内产物，根据分离顺序的不同，PHAs 提取方法主要分为两类：第一类是首先破碎细胞，利用相应溶剂将 PHAs 溶解，达到 PHAs 与非 PHAs 物质分离，最后再将 PHAs 从溶剂中析出；第二类是利用相应溶剂先将非

PHAs物质溶解，然后进行两相分离获得PHAs。例如，有机溶剂法、化学试剂法、酶法、机械破碎法等，以及两种方法耦合如氯仿-次氯酸钠法、SDS-超声波法等。

(1) 有机溶剂法

有机溶剂改变了细胞壁的通透性，使PHAs溶解在溶剂中，然后通过离心分离并加入非PHAs溶剂使PHAs沉淀出来。常用的有机溶剂有氯仿等氯代烃共沸物、环碳酸酯和四氯呋喃及其衍生物等[38]。有机溶剂法几乎不会造成PHAs的降解，因此提取效率高。缺点是随着PHAs溶解度的升高，溶液黏度大幅提高，干扰细胞碎片的去除，导致残余物的去除困难[8]。因此，有机溶剂使用量较大、易浪费，同时，氯仿等溶剂对环境存在危害。相较于氯仿，1,2-碳酸丙烯酯具有毒性低、低温下可重复使用、挥发性弱等优点，可作为氯仿的替代[39]；如，1,2-碳酸丙烯酯对PHB的提取率达到85.4%，但亦会造成环境污染，不适合进行大规模生产[40]。

(2) 化学试剂法

次氯酸钠、氢氧化钠、过氧化氢-螯合物和表面活性剂等化学物质可以只溶解破坏细胞壁等非PHAs部分，从而将PHAs释放出来。除表面活性剂外，其他方法成本都较低，适合大规模提取，但是PHAs会有部分被降解，分子量降低。

相较于表面活性剂或次氯酸钠单独使用，次氯酸钠耦合表面活性剂可达到较好的提取效果。例如，氯仿-次氯酸钠法中，次氯酸钠可高效地破除细胞壁，PHAs从细胞中释放，迅速溶解至有机溶剂氯仿中，避免被降解。李博等采用该方法，得出萃取温度为50℃、萃取时间为120min、CHCl$_3$为10mL、干细胞重100mg时，PHB的提取效果最佳[41]。许锡凯等也认为该方法操作简便、提取条件易控制、PHB提取率高，并在该方法基础上加入十二烷基硫酸钠（SDS）处理后，提取的PHB纯度与标准品基本一致[42]。相较于氯仿与次氯酸钠耦合，董兆麟采用1% SDS溶液与30%（体积分数）次氯酸钠耦合提取，得到PHAs纯度达98%[43]。盛欣英等对比次氯酸钠-氯仿法、SDS-EDTA法、SDS-次氯酸钠法、碱法与酸法，得出SDS-次氯酸钠法的提取效率与产品纯度均较高，且提取温度低、对设备的要求低、能耗少及成本消耗小，在产品加工成型与应用上有优势[21]。

(3) 酶法

某些蛋白酶、核酸酶、脂肪酶、溶菌酶等可以水解蛋白质等细胞组分，而对PHAs影响小。由于细胞成分多，酶的作用条件苛刻，且提取纯度要求高，使酶解法操作更复杂。合理地选择酶的种类可直接提高工艺效率和降低酶的成本，例如，Kapritchkoff 等提取罗氏菌中的 PHB，当采用菠萝蛋白酶进行提取时，PHB 纯度达 88.8%，而采用成本比菠萝蛋白酶低 3 倍的胰酶时，获得 90% 纯度的 PHB[44]。然而，使用昂贵的酶和复杂的工艺在经济上不具吸引力，因此酶解法提取 PHAs 仍然受到限制。

(4) 机械破碎法

利用高压匀浆法、珠磨法、超声波等物理方法，破碎微生物的细胞壁，进而提取细胞内 PHAs。机械破碎不涉及任何化学物质，因此它能最大限度地减少对所提取 PHAs 的污染。高压匀浆法的性能取决于生物质浓度，而珠磨法具有破坏与生物质浓度无关、破坏性能一致且可预测的优点，易于扩大规模生产。超声波法提取 PHAs 时，常采用与表面活性剂耦合，以增加提取量与纯度，如 Arikawa 等采用 SDS 溶液结合超声处理，回收的 PHAs 占细胞干重的 75%，提取纯度高达 96%[9]。相对于化学试剂法，机械破碎法非常高效，例如，研究显示 SDS-次氯酸钠法至少需消耗 24h 以上才能达到 95% 的细胞裂解程度，而在珠磨机中几分钟内就达到了相同的破坏水平[45]。

(5) 其他方法

除上述四种常见的提取方法外，还有很多新颖的方法，如超临界流体 (SCF) 法[46]、浮选法[47]等。同时，耦合各种方法以利用各自优点，对高效地从细胞中分离 PHAs，亦是合适的选择。

5.4.2 PHAs 的纯化

常见的 PHAs 纯化方法包括螯合过氧化氢处理法、酶解法[38]、臭氧纯化法。Liddell 等利用螯合过氧化氢处理法，对 PHAs 进行了纯化，最后通过离心法得到纯度为 99.5% 的 PHAs[48]。然而，过氧化氢处理 PHAs 所需温度较高（80~100℃）、耗能大，且在细胞生物量高的情况下过氧化物不稳定，聚合物分子量降低[49]。Horowitz 和 Brennan 在 2001 年提出了一种利用臭氧进行净化的方法，在含有 2% 和 5% 臭氧的氧气流中对生物量或溶液施加臭氧，臭氧处理对杂质的漂白、除臭和增溶有好处，因此有助于从含水聚合物悬浮液或乳液中去除杂质[49]。

5.5 PHAs 组成的影响因素

混合菌具有大量 PHAs 合成的相关基因，具有获得许多新型 PHAs 的潜力，受进水水质、合成工艺和提取技术的影响，故分离出来的 PHAs 种类都是相对复杂的，以共聚物居多。PHAs 的单体结构变化与共聚物中单体比例的不同，造成 PHAs 结构的多元化，进而性能的多样化；对 PHAs 的组成调节，使最终产品有着广泛的潜在应用领域。PHAs 构成的控制阶段主要是水解酸化阶段和提取纯化阶段，在水解酸化阶段中碳源作为前体物初步决定了聚合物的分子量和构成，PHAs 合成酶进一步决定了 PHAs 的多样化，而 PHAs 的提取与纯化影响 PHAs 产品的纯度、分子量、材料性能以及其应用领域。

5.5.1 水解酸化阶段

不同种类的碳源从结构上决定了其能否最终合成为 PHAs。葡萄糖没有类似于 PHAs 的结构，故为无关碳源；而乙酸、丙酸、丁酸、戊酸、脂肪酸等在其结构上类似于 PHAs，为合成 PHAs 的前体物[50]。VFA 中奇偶碳的平衡在很大程度上决定了生产的 PHAs 共聚物的成分，乙酸和丁酸等偶数碳原子 VFA 主要合成 PHB，丙酸、戊酸等奇数碳原子 VFA 以及乳酸、长链脂肪酸等主要合成 PHV，混合葡萄糖和丙酸可用来制备 PHB 和 PHV 的共聚物[51]。如表 5.3 所示，显示了不同碳源与 PHAs 构成的关系。

表 5.3 不同碳源与 PHAs 构成的关系

生产工艺	碳源种类	组分	参考文献
I	豆类加工水(LPW)中的蔗糖和水苏糖的混合物 水果加工水(FPW)中的葡萄糖和果糖的混合物	PHB	[10]
	棕榈仁油	P(HB-co-HHx)	[9]
	乙酸盐	P(HB-co-4%HV)	[14]
II	月桂酸钠	P(HB-co-6.34%HHx)	[52]
	乙酸盐、丙酸盐和混合碳(乙酸盐和丙酸盐)	PHB、PHV 和 P(HB-co-HV)	[24]
	乙酸盐	P(HB-co-7.2%HV)	[53]
	乙酸和丙酸(3∶1)	P(HB-co-47%HV)	[14]
	两种发酵干酪乳清(FCW)，FCW1 由乳酸、乙酸和丁酸组成，FCW2 由乙酸、丙酸、丁酸、乳酸和戊酸组成	FCW1 产出 PHB FCW2 产出 P(HB-co-40%HV)	[25]

续表

生产工艺	碳源种类	组分	参考文献
Ⅲ	啤酒废水 （发酵后VFA主要为乙酸、丙酸和丁酸）	P(HB-co-32.5%HV)	[53]
	市政污水剩余污泥发酵液 乙酸(28%~38%)、丁酸(15%~26%)、丙酸(13%~23%)、异戊酸(12%~18%)和戊酸(4%~11%)，少量异丁酸(6%~9%)和微量己酸(<1%)	P(HB-co-HV) HV含量在26%~34%之间	[11]
	食物残渣废水	P(HB-co-HV) HV含量在10%~40%之间	[54]
	橄榄油加工废水	P(HB-co-HV) HV含量在(7±1)%~(13±1)%之间	[55]
	糖果厂废水	P(HB-co-16%HV)	[56]
	发酵棕榈油厂废液	P(HB-co-23%HV)	[57]

另一方面，PHAs合成过程中改变水解酸化阶段的运行条件可控制小分子碳源的组成和含量，从而影响PHAs的构成，主要包括有机负荷率（OLR）、运行时间、pH等[58]。OLR影响VFAs的种类，例如，利用啤酒工业废水的污泥进行产酸发酵，OLR的增加将主要的VFAs类型从乙酸变为正丁酸，总VFAs浓度随OLR的增加而增加[59]。运行时间影响共聚物的构成，例如，以污水处理厂活性污泥进行水解酸化，随着运行时间的延长，VFAs产量虽有所增加，但乙酸占比明显下降，而丙酸、丁酸和戊酸的比例保持相对稳定[60]。这是由于HB的初始生成速率要大于和HV的生成速率，随着运行时间变长，作为基础前体物的乙酸盐在反应初期被快速消耗，随着乙酸盐浓度的降低，其他酸的吸收开始增加，导致HV占比增加，这使PHB/PHVs比率呈现出先大后小的趋势[54]。调节pH值也可以影响小分子碳源的种类，进而控制PHAs的构成；例如，以甘蔗糖蜜为原料合成PHAs时较高的pH值下，乙酸和丙酸是主要产物，而较低的pH值有利于丁酸和戊酸的生产[61,62]。这种差异可能是由于污泥中存在不同类型的PHAs积累生物，它们对pH的变化反应不同[57]。

此外，抑制剂的浓度也可改变PHAs的构成。研究显示，以NaCl为抑制剂，发现0、7g·L^{-1}和13g·L^{-1}时，对应HV占比分别为27%、24%、18%，20g·L^{-1}时抑制作用极强，HV的生产率几乎忽略不计，即HB/HV比随着抑制剂浓度的增加而增加[63]。

5.5.2 提取纯化阶段

严格的回收工艺虽然可获得高纯度的PHAs，但这也会导致提取到更多低分子量的PHAs。研究显示，以橄榄油厂废水生产PHAs，以次氯酸钠为提取剂，最终检测出的HV百分比都高于累积反应器。这是由于次氯酸钠会降解PHAs的结构，且对HB单体的降解要高于HV单体[55]。因此，提取纯化过程不仅应保持原始分子量不变，还应不影响其提取的纯度，同时，尽量降低提取的经济成本和环境污染，这是需要合理平衡的瓶颈。其次，同种方法对不同构成的PHAs，其提取效果也存在差异，例如，用NaClO预处理耦合月桂酸萃取的方法，对乙酸作为底物生产的PHB及乙酸和丙酸的混合物生产的PHB和PHV的共聚物进行提取，前者PHB的提取达到了100%纯度和77%回收率，而后者PHB和PHV的共聚物纯度为93%、回收率为73%[14]。此外，由于污水处理厂的水质来源较为复杂，提取过程中使用的化学试剂难以做到完全去除，因此，金属残留物与化学残留试剂难免混入PHAs产品内，这不仅影响PHAs的材料特性，而且有可能影响生物降解性并污染周围环境。

5.6 结语

环境问题日益突出，解决废弃塑料污染问题成为当务之急，可降解塑料的研发成为人类迫切需要。传统的生物降解塑料生产成本高，综合性能不如普通塑料，故应用领域少；纯种菌培养合成的PHAs仅用于高附加值产品，生物塑料的市场占有率偏低，消费需求多半集中在对环境要求较高的西欧地区。污水混合菌群合成产PHAs有望成为可选方案，以工业废水、市政污水和有机废料为碳源产PHAs，不仅实现废物的资源化利用，而且减少白色污染，具有极为光明的发展前景。然而，在污水处理过程中回收可降解生物塑料亦面临诸多难题，如产PHAs菌的富集驯化、合成PHAs碳源的选择、高效无污染的提取与纯化技术等。

参考文献

[1] Geyer R, Jambeck J R, Law K L. Production, use, and fate of all plastics ever made [J].

Science Advances, 2017, 3: e1700782.

[2] 李祖义. 生物塑料引领塑料产业新方向 [J]. 工业微生物, 2019, 49 (4): 56-63.

[3] 中国环境全国生态环境信息平台. 巴塞尔公约——确定全球塑料垃圾污染防治框架 [EB/OL]. (2019-05-21) [2020-07-21]. https://www.cenews.com.cn/public/201905/t20190520_899085.html.

[4] European Commission. Circular Economy: Commission welcomes Council final adoption of new rules on single-use plastics to reduce marine plastic litter [EB/OL]. (2019-05-21) [2020-08-21]. https://ec.europa.eu/commission/presscorner/detail/en/IP_19_2631.

[5] 中华人民共和国国家发展和改革委员会. 关于扎实推进塑料污染治理工作的通知 [EB/OL]. (2020-07-17) [2020-07-22]. https://www.ndrc.gov.cn/xxgk/zcfb/tz/202007/t20200717_1233956.html.

[6] Kabir E, Kaur R, Lee J, et al. Prospects of biopolymer technology as an alternative option for non-degradable plastics and sustainable management of plastic wastes [J]. Journal of Cleaner Production, 2020, 258: 120536.

[7] 前瞻产业研究院. 2020—2025年中国生物降解塑料行业深度调研与投资战略规划分析报告 [EB/OL]. [2019-10-25]. https://bg.qianzhan.com/report/detail/9ad11cc22b154b5d.html.

[8] Kunasundari B, Sudesh K. Isolation and recovery of microbial polyhydroxyalkanoates [J]. Budapest University of Technology, 2011, 5 (7): 620-634.

[9] Arikawa H, Sato S, Fujiki T, et al. Simple and rapid method for isolation and quantitation of polyhydroxyalkanoate by SDS-sonication treatment [J]. Journal of Bioscience and Bioengineering, 2017, 124 (2): 250-254.

[10] Elain A, Grand A L, Corre Y M, et al. Valorisation of local agro-industrial processing waters as growth media for polyhydroxyalkanoates (PHA) production [J]. Industrial Crops and Products, 2016, 80: 1-5.

[11] Morgan-Sagastume F, Hjort M, Cirne D, et al. Integrated production of polyhydroxyalkanoates (PHAs) with municipal wastewater and sludge treatment at pilot scale [J]. Bioresource Technology, 2015, 181: 78-89.

[12] Lee S Y. Bacterial Polyhydroxyalkanoates [J]. Biotechnology and Bioengineering, 1996, 49 (1): 1-14.

[13] Poirier Y, Nawrath C, Somerville C. Production of polyhydroxyalkanoates, a family of biodegradable plastics and elastomers, in bacteria and plants [J]. Bio/Technology (Nature Publishing Company), 1995, 13 (2): 142-150.

[14] Mannina G, Presti D, Montile-Jarillo G, et al. Bioplastic recovery from wastewater: A new protocol for polyhydroxyalkanoates (PHA) extraction from mixed microbial cultures [J]. Bioresource Technology, 2019, 282: 361-369.

[15] 于慧敏, 沈忠耀. 可生物降解塑料聚 β-羟基丁酸酯 (PHB) 的研究与发展 [J]. 精细与

专用化学品，2001（8）：11-14.

[16] 范晓燕，李晓琳，姜潜远，等. 聚羟基丁酸酯（PHB）抗菌薄膜的制备与性能研究［J］. 功能材料，2015，46（24）：24063-24068，24073.

[17] Zhang X J, Luo R C, Wang Z, et al. Application of (R) -3-hydroxyalkanoate methyl esters derived from microbial polyhydroxyalkanoates as novel biofuels [J]. Biomacromolecules, 2009, 10 (4): 707-711.

[18] Hong M, Chen E. Future directions for sustainable polymers [J]. Cell Press, 2019, 1 (2): 148-151.

[19] Harding K G, Dennis J S, Blottnitz H V, et al. Environmental analysis of plastic production processes: Comparing petroleum-based polypropylene and polyethylene with biologically-based poly-β-hydroxybutyric acid using life cycle analysis [J]. Journal of Biotechnology, 2007, 130 (1): 57-66.

[20] Chua A, Takabatake H, Satoh H, et al. Production of polyhydroxyalkanoates (PHA) by activated sludge treating municipal wastewater: effect of pH, sludge retention time (SRT) and acetate concentration in influent [J]. Water Research, 2003, 37 (15): 3602-3611.

[21] 盛欣英，熊惠磊，孙润，等. 利用剩余污泥水解酸化液合成聚羟基脂肪酸酯的研究［J］. 中国环境科学，2012，32（11）：2047-2052.

[22] Sato S, Maruyama H, Fujiki T, et al. Regulation of 3-hydroxyhexanoate composition in PHBH synthesized by recombinant Cupriavidus necator H16 from plant oil by using butyrate as a co-substrate [J]. Journal of Bioscience & Bioengineering, 2015, 120 (3): 246-251.

[23] Arikawa H, Matsumoto K. Evaluation of gene expression cassettes and production of poly (3-hydroxybutyrate-co-3-hydroxyhexanoate) with a fine modulated monomer composition by using it in Cupriavidus necator [J]. Microbial Cell Factories, 2016, 15 (1): 184.

[24] Li H, Zhang J F, Shen L, et al. Production of polyhydroxyalkanoates by activated sludge: correlation with extracellular polymeric substances and characteristics of activated sludge [J]. Chemical Engineering Journal, 2019, 361: 219-226.

[25] Colombo B, Sciarria T P, Reis M, et al. Polyhydroxyalkanoates (PHAs) production from fermented cheese whey by using a mixed microbial culture [J]. Bioresource Technology, 2016, 218: 692-699.

[26] Cha S H, Son J H, Jamal Y, et al. Characterization of polyhydroxyalkanoates extracted from wastewater sludge under different environmental conditions [J]. Biochemical Engineering Journal, 2016, 112: 1-12.

[27] 刘英杰，贾晓强，闻建平，等. 混合菌群合成聚羟基脂肪酸酯研究进展［J］. 化工进展，2014，33（10）：2729-2734.

[28] Cai M M, Chua H, Zhao Q L, et al. Optimal production of polyhydroxyalkanoates (PHA)

in activated sludge fed by volatile fatty acids (VFAs) generated from alkaline excess sludge fermentation [J]. Bioresource Technology, 2008, 100 (3): 1399-1405.

[29] Jiang S, Chen Y, Zhou Q, et al. Biological short-chain fatty acids (SCFAs) production from waste-activated sludge affected by surfactant [J]. Water Research, 2007, 41 (14): 3112-3120.

[30] Coats E R, Loge F J, Smith W A, et al. Thompson, Michael P. Wolcott. Functional stability of a mixed microbial consortium producing PHA from waste carbon sources [J]. Applied Biochemistry and Biotechnology, 2007, 137: 909-925.

[31] 邢文慧. 剩余污泥合成 PHB 营养条件及菌种组成分析 [D]. 东北林业大学, 2013.

[32] Valentino F, Beccari M, Fraraccio S, et al. Feed frequency in a sequencing batch reactor strongly affects the production of polyhydroxyalkanoates (PHAs) from volatile fatty acids [J]. Pubmed, 2014, 31 (4): 264-275.

[33] 郭子瑞, 黄龙, 陈志强, 等. 活性污泥合成聚羟基脂肪酸酯工艺过程研究进展 [J]. 哈尔滨工业大学学报, 2016, 48 (02): 1-8.

[34] 王杰, 彭永臻, 杨雄, 等. 不同碳源种类对好氧颗粒污泥合成 PHA 的影响 [J]. 中国环境科学, 2015, 35 (08): 2360-2366.

[35] 康瑞琴, 苏文辉, 胡梦锦. 某市污水处理工艺单元中 PHB 合成与营养相关性研究 [J]. 山东化工, 2018, 47 (01): 157-158.

[36] Takabatake H, Satoh H, Mino T, et al. PHA (polyhydroxyalkanoate) production potential of activated sludge treating wastewater [J]. Water Science and Technology: a Journal of The International Association on Water Pollution Research, 2002, 45 (12): 119-126.

[37] 曲波, 刘俊新. 活性污泥合成可生物降解塑料 PHB 的工艺优化研究 [J]. 科学通报, 2008, 13: 1598-1604.

[38] Jacquel N, Lo C W, Wei Y H, et al. Isolation and purification of bacterial poly (3-hydroxyalkanoates) [J]. Biochemical Engineering Journal, 2007, 39 (1): 15-27.

[39] Mcchalicher C W J, Srienc F, Rouse D P. Solubility and degradation of polyhydroxyalkanoate biopolymers in propylene carbonate [J]. AIChE Journal, 2010, 56 (6): 1616-1625.

[40] 王婧. 利用剩余污泥生物合成 PHB 的工艺条件探讨 [D]. 厦门大学, 2007.

[41] 李博. A/O SBR 中聚磷菌合成 PHB 及影响因子研究 [D]. 东北林业大学, 2009.

[42] 许锡凯, 辛嘉英, 盆璐, 等. 聚 β-羟基丁酸酯提取方法研究进展 [J]. 发酵科技通讯, 2019, 48 (02): 79-84.

[43] 董兆麟. 可完全降解性生物塑料——聚羟基烷酸的开发研究 [J]. 材料导报, 2001, 15 (2): 52.

[44] Kapritchkoff F M, Viotti A P, Alli R C P, et al. Enzymatic recovery and purification of polyhydroxybutyrate produced by Ralstonia eutropha [J]. Journal of Biotechnology, 2006, 122 (4): 453-462.

[45] Tamer I M, Moo-young M, Chisti Y. Disruption of alcaligenes latus for recovery of poly (β-hydroxybutyric acid): comparison of high-pressure homogenization, bead milling, and chemically induced lysis [J]. American Chemical Society, 1998, 37 (5): 1807-1814.

[46] Hejazi P, Vasheghani-farahani E, Yamini Y. Supercritical fluid disruption of Ralstonia eutropha for poly (beta-hydroxybutyrate) recovery [J]. Biotechnology Progress, 2003, 19 (5): 1519-1523.

[47] van Hee P, Elumbaring A, van der Lans R G, et al. Selective recovery of polyhydroxyalkanoate inclusion bodies from fermentation broth by dissolved-air flotation. [J]. Journal of Colloid and Interface Science, 2006, 297 (2): 595-606.

[48] Liddell, John, Macdonald L, et al. Production of plastics materials from microorganisms. US 5691174. 1995-10-10.

[49] Horowitz D M, Brennan E M. Methods for separation and purification of biopolymers [J]. US 20010006802. 2001-07-05.

[50] Chen G Q, Hajnal I, Wu H, et al. Engineering biosynthesis mechanisms for diversifying polyhydroxyalkanoates [J]. Trends in Biotechnology, 2015, 33 (10): 565-574.

[51] Bengtsson S, Pisco A R, Reis M, et al. Production of polyhydroxyalkanoates from fermented sugar cane molasses by a mixed culture enriched in glycogen accumulating organisms [J]. Journal of Biotechnology, 2010, 145 (3): 253-263.

[52] Shen L, Hu H, Ji H, et al. Production of poly (3-hydroxybutyrate-*co*-3-hydroxyhexanoate) from excess activated sludge as a promising substitute of pure culture [J]. Bioresource Technology, 2015, 189: 236-242.

[53] Tamang P, Banerjee R, Kster S, et al. Comparative study of polyhydroxyalkanoates production from acidified and anaerobically treated brewery wastewater using enriched mixed microbial culture [J]. Journal of Environmental Ences, 2019, 78 (04): 139-148.

[54] Amulya K, Jukuri S, Venkata Mohan S. Sustainable multistage process for enhanced productivity of bioplastics from waste remediation through aerobic dynamic feeding strategy: Process integration for up-scaling [J]. Bioresource Technology, 2015, 188: 231-239.

[55] Campanari S, Silva F, Bertin L, et al. Effect of the organic loading rate on the production of polyhydroxyalkanoates in a multi-stage process aimed at the valorization of olive oil mill wastewater [J]. International Journal of Biological Macromolecules, 2014, 71: 34-41.

[56] Tamis J, Lužkov K, Jiang Y, et al. Enrichment of Plasticicumulans acidivorans at pilot-scale for PHA production on industrial wastewater [J]. Journal of Biotechnology, 2014, 192: 161-169.

[57] Lee W S, Chua S, Yeoh H K, et al. Strategy for the biotransformation of fermented palm oil mill effluent into biodegradable polyhydroxyalkanoates by activated sludge [J]. Chemical Engineering Journal, 2015, 269 (1): 288-297.

[58] Kumar P, Ray S, Kalia V C. Production of *co*-polymers of polyhydroxyalkanoates by regulating the hydrolysis of biowastes [J]. Bioresource Technology, 2016, 200: 413-419.

[59] Wijekoon K C, Visvanathan C, Abeynayaka A. Effect of organic loading rate on VFA production, organic matter removal and microbial activity of a two-stage thermophilic anaerobic membrane bioreactor [J]. Bioresource Technology, 2011, 102 (9): 5353-5360.

[60] Yuan Q, Sparling R, Oleszkiewicz J A. Waste activated sludge fermentation: effect of solids retention time and biomass concentration [J]. Water Research, 2009, 43 (20): 5180-5186.

[61] Albuquerque M, Eiroa M, Torres C, et al. Strategies for the development of a side stream process for polyhydroxyalkanoate (PHA) production from sugar cane molasses [J]. Journal of Biotechnology, 2007, 130 (4): 411-421.

[62] Villano M, Beccari M, Dionisi D, et al. Effect of pH polyhydroxyalkanoates by mixed cultures enriched under periodic feeding [J]. Elsevier Ltd, 2010, 45 (5): 714-723.

[63] Palmeiro-Sánchez T, Fra-Vázquez A, Rey-Martínez N, et al. Transient concentrations of NaCl affect the PHA accumulation in mixed microbial culture [J]. Journal of Hazardous Materials, 2016, 306: 332-339.

第6章
胞外聚合物

第2章所述的回收的藻酸盐必须依托特定的污水处理工艺——好氧颗粒污泥工艺,才能实现藻酸盐的污水微生物定向合成;然而,序批式反应器(SBR)、厌氧或缺氧/好氧(A/O)和厌氧/缺氧/好氧(A^2/O)等常规污水处理工艺等仍然是主要的污水生物处理法,剩余污泥产出量巨大。传统的焚烧、堆肥、农用、建材利用、热能利用等污泥资源化方法,耗能大、存在潜在风险且资源利用附加值低,有悖于可持续发展理念。因此,以普通剩余污泥为载体的胞外聚合物(EPS)回收有望成为污泥资源化的前沿研究方向[1-3]。

剩余污泥主要由细胞体和胞外聚合物构成,其中胞外聚合物占污泥干重的10%~40%,回收一部分胞外聚合物不仅可以增强污泥脱水性能,还能实现污泥的减量。图6.1显示了活性污泥絮体中EPS的组成和潜在应用。EPS主要包含微生物细胞的分泌物、细胞自溶或细胞表面脱落的部分物质,包括多糖、蛋白

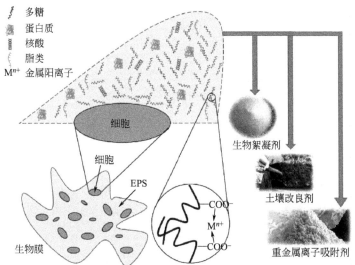

图6.1 活性污泥絮体中EPS的组成和潜在应用

质、核酸、磷脂、腐殖质等，其中多糖和蛋白质为主要成分（75%～90%）[4-6]。EPS 可作为生物絮凝剂、土壤改良剂和 Pb^{2+}、Cu^{2+}、Cd^{2+} 等重金属离子（heavy metal ions，HMIs）吸附剂[2,3]。藻酸盐是自好氧颗粒污泥回收的特定 EPS，因其优良的性能，还可广泛用于食品工业、纺织印染、造纸和药品生产等领域[7-9]。

6.1　EPS 的提取方法

由于 EPS 中含有疏水性化合物、提取率、提取 EPS 的特异性、提取后 EPS 中的化学残留物、细胞溶解、胞外多糖等成分或结构破坏等问题，至今，没有统一的提取方法能准确地从不同微生物悬浮液中定量提取 EPS，各种文献结果也难以进行横向比较。EPS 提取方法包括如离心、阳离子交换树脂（CER）、加热和超声波处理等物理方法，如碱法（NaOH）、酸法（H_2SO_4）、乙二胺四乙酸（EDTA）等化学方法，以及碱热法、离子交换搅拌法、甲醛加热法、CER 超声波处理等物理和化学结合的方法。与物理法相比，化学法一般提取率较高，但存在化学药品对 EPS 污染的问题，并且一些化学药品与 EPS 反应可能引起 EPS 组成的变化；而物理法可提取相对更多高分子量的 EPS[10]。

此外，有研究人员根据污泥中 EPS 与细胞体结合的强弱，将 EPS 分为松散结合型 EPS（LB-EPS）和紧密结合型 EPS（TB-EPS）[11]。LB-EPS 与细胞的结合较松散，故选择高速剪切、低温加热、高速离心等温和的方法进行提取，以避免包含 TB-EPS；再采用高温加热、超声、化学等方法提取 TB-EPS。

6.2　EPS 的 HMIs 吸附性

HMIs 是水环境中的关键污染物，会抑制微生物的生长或使其中毒，直接或间接影响人类健康。污水中 HMIs 的去除方法包括化学沉淀、电化学处理、离子交换、膜分离、吸附等。吸附是 HMIs 最主要的去除方法之一[12]，同时，目前最前沿的吸附材料为生物吸附剂，如腐殖质、大分子物质和生物材料等[13,14]。然而，吸附剂需要大量的生产原材料，且生产成本高[15]。

EPS 具有吸附性、生物降解性、疏水性、亲水性等特点，由多糖、蛋白质、核酸、腐殖质等含量决定[6]，可作为生物絮凝剂、土壤改良剂和 Pb^{2+}、Cu^{2+}、

Cd^{2+} 等 HMIs 吸附剂[2,3]。尤其，因 EPS 具有较高的吸附能力，极有可能成为商用 HMIs 吸附剂的替代[16-18]。EPS 提取工艺影响与金属离子结合的官能团，例如，羧基（—COOH）和羟基（—OH）[19]，从而显著影响 EPS 的吸附性能[8,20-22]。EPS 的 pK_a 和结合位点密度也受污泥来源的影响[23]。此外，高浓度金属离子引起 EPSs 的聚集，不同摩尔质量分数的 EPS 与 HMIs 的相互作用存在差异，例如 Ca^{2+} 和 Cd^{2+} 与低摩尔质量分数 EPS 优先结合，而 Pb^{2+} 主要与高摩尔质量分数 EPS 结合[24]。离子交换、络合、表面沉淀等相互作用机理可以表征金属离子与 EPS 的结合，主要影响因素为 EPS 组成、金属种类、溶液化学性质和操作条件[25]。

EPS 对金属和有机物有许多吸附位点，如蛋白质中的芳烃、脂肪族和碳水化合物中的疏水区[26]。由于 EPS 中存在许多功能性阴离子基团，如羧基、磷酰基、巯基、酚基和羟基，它们具有与重金属络合的阳离子交换潜力[19,27,28]。EPS 与二价阳离子（如 Ca^{2+} 和 Mg^{2+}）的结合是维持微生物聚集结构的主要分子间相互作用之一[29]。Ni、Cu、Pb、Cd、Zn 与 EPS 的络合物的稳定常数在 $10^5 \sim 10^9$ 之间[30]，同时，由于 H$^+$ 与金属离子的竞争，稳定常数与 pH 值密切相关。EPS 对金属离子的吸附量可达 EPS 浓度的 25%。由于 EPS 中疏水官能团作用，EPS 还可以吸附有机污染物，如菲、苯、腐殖酸和染料[26]。Spath 等发现，超过 60% 的苯、甲苯和间二甲苯被 EPS 吸收，而只有一小部分被细胞吸收[31]。EPS 带负电，可与带正电荷的有机污染物结合[32]。蛋白质较腐殖质具有更高的金属离子结合强度与能力，因可溶性或松散结合型 EPS 较紧密结合型 EPS 具有更高的蛋白质含量，故它们有更高的金属离子结合能力[33]。

6.3 EPS 的膜浓缩与重金属吸附

从活性污泥中回收的 EPS 溶液，其含水率极高，接近 100%[1-3,8,9,34]。对比喷雾干燥、冷冻干燥等传统的直接干燥法，膜分离法能耗低，有望成为浓缩脱水的可选方案[2,3]。然而，膜污染问题是膜分离浓缩的瓶颈，如第 2 章所述，高价金属离子可降低模拟 EPS 溶液的膜过滤阻力。本节重点讨论高价金属离子作用下膜浓缩回收实际 EPS 的膜污染缓解情况，以及金属离子种类、浓度、污泥来源及提取方法等对 EPS 回收率和回收材料性能的影响，并特别关注 EPS 与高价金属离子相互作用形成的回收产物对 HMIs 吸附去除的应用潜力。

6.3.1 Ca^{2+} 作用下 EPS 的过滤行为

图 6.2(a) 显示了不同浓度 Ca^{2+} 作用下 EPS 溶液的超滤（MWCO=10kDa）行为。横轴为单位有效过滤面积下累积的滤液体积（v），纵轴为过滤速度的倒数（$d\theta/dv$），θ 为过滤时间。如图所示，$C_{0Ca^{2+}} \leqslant 2\text{mmol} \cdot L^{-1}$ 时随 Ca^{2+} 浓度的增加，过滤速度下降显著减小；而 $C_{0Ca^{2+}} > 2\text{mmol} \cdot L^{-1}$ 时随着 Ca^{2+} 浓度的增加，过滤速度下降变缓。图 6.2(b) 显示了不同浓度 Ca^{2+} 作用下 EPS 溶液的微滤（$d_m=0.5\mu m$）行为。与超滤类似，随 Ca^{2+} 浓度的增加，过滤阻力降低，即无论超滤还是微滤，Ca^{2+} 均可减缓膜污染。这些结果表明，实际 EPS 与模拟 EPS（SA）在 Ca^{2+} 作用下表现出了相似的膜污染减轻特性[1-3,8,9]。同时，图 6.2(a) 和（b）也表明，由于超滤膜自身较大的膜阻抗，故采用微滤膜能够获得更大的过滤速度（$d\theta/dv$ 值更小）。图 6.3 显示了不同过滤压力时 4mmol·L^{-1} Ca^{2+} 作用下 0.5 g·L^{-1} EPS 的过滤行为。如图所示，当过滤压力超过 20 kPa 时未观察到过滤速度明显的改善，故接下来在 20kPa 条件下进行讨论。

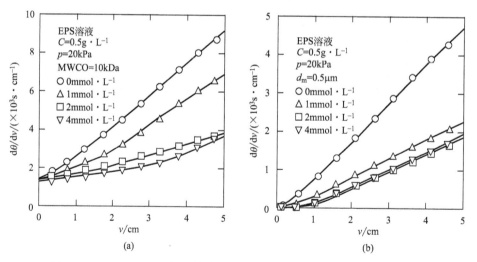

图 6.2　0~4mmol·L^{-1} Ca^{2+} 作用下 EPS 的超滤（a）和微滤（b）行为

根据 Ruth 过滤速率方程 [式 (2.1)]，($d\theta/dv$) 与 v 为线性关系[35]。然而，如图 6.2 和图 6.3 所示，EPS 的过滤行为为下凸型，这可能源于在 EPS 悬浮液中胶体或聚合物的沉淀[35,36] 和膜孔阻塞[37,38]。前者反映了有或无 Ca^{2+} 情况下 EPS 与 Ca^{2+} 反应生成物或 EPS 的沉淀。如图 6.4 所示，沉淀 $t=10\text{min}$ 后，无、有 Ca^{2+} 时 0.5g·L^{-1} EPS 溶液的直观图。显然，有 Ca^{2+} 时沉降效果明显，表明

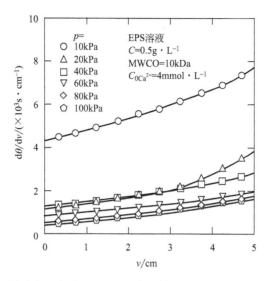

图 6.3　不同过滤压力时 $4\mathrm{mmol\cdot L^{-1}}$ Ca^{2+} 作用下 EPS 溶液的超滤行为

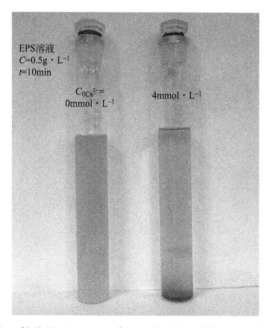

图 6.4　无、有 Ca^{2+} 情况下 $0.5\mathrm{g\cdot L^{-1}}$ EPS 溶液的沉淀情况（沉降时间 $t=10\mathrm{min}$）

EPS 与 Ca^{2+} 相互作用的形成物（记为 EPS-Ca）发生了沉降。另一方面，膜过滤的滤液中检测到 EPS 或 EPS-Ca，表明小于或接近膜孔大小的胶体或聚合物确实可能引起膜孔堵塞。因 EPS 由多糖、蛋白质、核酸、磷脂和腐殖质等多种物质构成，故无法获得这些物质定量的数据。

6.3.2 EPS 的回收率

通过测量相应滤液中 EPS 浓度，评估两种膜的过滤效率。图 6.5 显示了两种膜过滤中 EPS 的回收率 R 和 Ca^{2+} 浓度的关系。模拟 EPS（SA）时超滤和微滤的 SA 回收率均高于 90%[8]，与此不同，如图 6.5 所示，微滤（0.5μm）时 EPS 回收率随 Ca^{2+} 浓度的增加而增加，最高为 67.0%，这是因为随 Ca^{2+} 浓度的增加，未与 Ca^{2+} 反应的物质（随过滤进行滤出微滤膜）不断减少[1]。然而，超滤（10kDa）时 EPS 的回收率几乎与 Ca^{2+} 浓度无关，EPS 的平均回收率为 90.2%，可能是因为 Ca^{2+} 不与分子量小于 10kDa 的 EPS 相互作用。因超滤可高效回收 EPS，故接下来主要讨论超滤膜时的 EPS 浓缩。

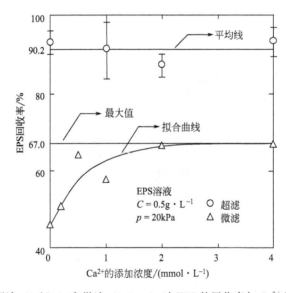

图 6.5　超滤（10kDa）和微滤（0.5μm）时 EPS 的回收率与 Ca^{2+} 浓度的关系

6.3.3 膜污染减轻策略与机制

图 6.5 中的微滤数据也表明，随 Ca^{2+} 浓度的增加，EPS-Ca 悬浮液中胶体或粒径小于 0.5μm 的聚合物的浓度不断降低，这是超滤过程中膜污染减少的原因。图 6.6 显示了使用 0.5μm 微滤膜对 EPS-Ca 悬浮液进行过滤，滤液中胶体和聚合物的尺寸分布。由图可知，随 Ca^{2+} 浓度增加，粒径显著减小，即 Ca^{2+} 可以与小于 0.5μm 的 EPS 胶体颗粒相互作用，生成尺寸大于 0.5μm 的 EPS-Ca 聚集体，

并截留在膜上，从而微滤时 EPS 回收率升高。因此，EPS-Ca 悬浮液的超滤过程中过滤阻力减小，是由于其中胶体或聚集体尺寸增大。

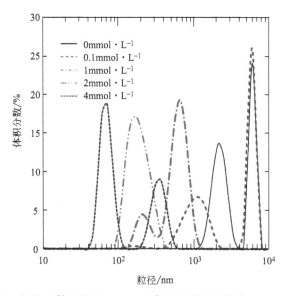

图 6.6　各种 Ca^{2+} 浓度下 $0.5g \cdot L^{-1}$ EPS 溶液的微滤（$0.5\mu m$）时滤液中胶体和聚合物的尺寸分布

图 6.7 显示了 EPS 和 EPS-Ca 的傅里叶变换红外光谱（FTIR）。如图所示，两种情况下均存在 COO^- 的特征性的反对称峰（$\nu_{as\,COO^-}=1546cm^{-1}$）和对称的

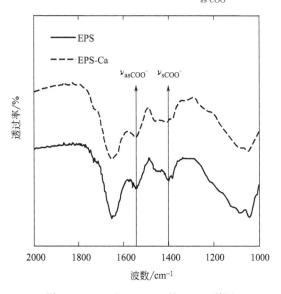

图 6.7　EPS 和 EPS-Ca 的 FTIR 谱图

拉伸振动峰（$\nu_{s\,COO^-} = 1402\,cm^{-1}$）。基于 $\Delta\nu = \nu_{as\,COO^-} - \nu_{s\,COO^-} = 144\,cm^{-1}$，表明 EPS 和 EPS-Ca 均为桥式配位化合物[39]。由于 EPS-Ca 的两个吸收峰都比 EPS 弱，表明 Ca^{2+} 与 EPS 中含羧酸根的多糖发生了相互作用，并且膜污染的降低确实是因为聚集体 EPS-Ca 的形成。

6.3.4 剩余污泥来源与 EPS 提取方法的影响

图 6.8 显示了 $0\sim 4\,mmol\cdot L^{-1}\,Ca^{2+}$ 时，通过阳离子交换树脂法（CER，记为 M1），从高碑店污水处理厂（A^2/O 工艺）和东坝污水处理厂（CAST 工艺）的剩余污泥（分别为 W1 和 W2）中提取的 EPS 溶液的超滤行为。横、纵坐标含义见第 2.4.2 节。如图 6.8(a) 所示，不依赖于 Ca^{2+} 浓度，自两个厂的剩余污泥中提取的 EPS 溶液的超滤通量下降情况相差不大，表明污水处理工艺可能对 EPS 溶液的超滤影响不明显。

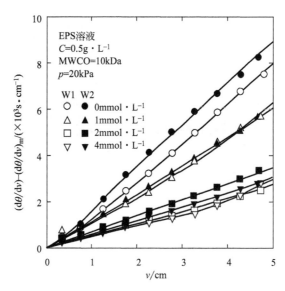

图 6.8 $0\sim 4\,mmol\cdot L^{-1}\,Ca^{2+}$ 时两种剩余污泥中提取的 EPS 溶液的超滤行为
EPS 为自 W1 和 W2 中经 M1 法提取
W1—高碑店污水处理厂（A^2/O 工艺）剩余污泥；W2—东坝污水处理厂
（CAST 工艺）剩余污泥；M1—阳离子交换树脂法

图 6.9 显示了有、无 Ca^{2+} 情况下 $0.5\,g\cdot L^{-1}$ EPS 溶液的超滤现象，采用了东坝污水处理厂剩余污泥 W2，EPS 提取方法有阳离子交换树脂法（M1）、甲醛-NaOH 法（M2）和高温碳酸钠法（M3）。由图可知，提取方法影响 EPS 的过滤

阻力，无 Ca^{2+} 作用时按 M1>M3>M2 的顺序排列。Ca^{2+} 存在时，每种 EPS 的过滤速率下降均降低，即过滤阻力为 M3>M2>M1，并且，M1 时 Ca^{2+} 作用下过滤阻抗下降最显著。图 6.10 显示了 $1mmol \cdot L^{-1}$、$2mmol \cdot L^{-1}$、$4mmol \cdot L^{-1}$ Ca^{2+} 与三种方法提取的 EPS 溶液作用后游离 Ca^{2+} 的浓度。由图可知，不依赖于 Ca^{2+} 浓度，M1 时 EPS 悬浮液中游离 Ca^{2+} 的浓度均低于另两种方法，表明 M1 法提取的 EPS 可结合更多的 Ca^{2+}，并且膜污染减小效果最显著。

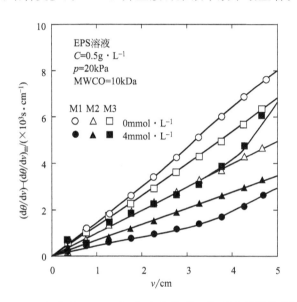

图 6.9　$0mmol \cdot L^{-1}$、$4mmol \cdot L^{-1}$ Ca^{2+} 时 3 种 EPS 溶液的超滤行为
EPS 为采用 M1、M2 和 M3 法自 W2 中提取
M1—阳离子交换树脂法；M2—甲醛-NaOH 法；M3—高温碳酸钠法；
W2—东坝污水处理厂剩余污泥

6.3.5　回收物对 HMIs 的吸附

如前文所示，Ca^{2+} 可显著降低 EPS 的过滤阻力，下面讨论金属离子与 EPS 作用后膜浓缩的回收产物即滤饼，对 HMIs 的吸附性能。图 6.11 显示了 EPS 和 EPS-Ca 对 Cu^{2+}、Cd^{2+} 和 Pb^{2+} 的去除效果，其中 EPS 为采用 M1 法自 W2 中提取。结果表明，与金属离子类型无关，两者的去除效果基本相同，去除率均超过 80%；对 Cu^{2+} 和 Cd^{2+} 的去除率相当，大于对 Pb^{2+} 的去除率。由此可知，Ca^{2+} 作用 EPS 后，膜浓缩的回收产物 EPS-Ca 对 HMIs 的吸附性能基本没发生改变。上述现象原因为：HMIs 对 EPS 的亲和力高于 Ca^{2+}[40]，且主要是通过与 EPS 中

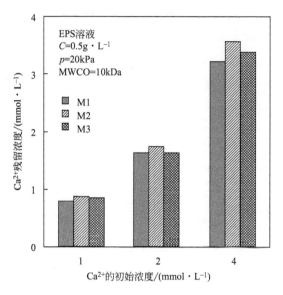

图 6.10　3 种浓度 Ca^{2+} 与 3 种 EPS 溶液作用后游离 Ca^{2+} 的浓度

EPS 为采用 M1、M2 和 M3 法自 W2 中提取

M1—阳离子交换树脂法；M2—甲醛-NaOH 法；M3—高温碳酸钠法；

W2—东坝污水处理厂剩余污泥

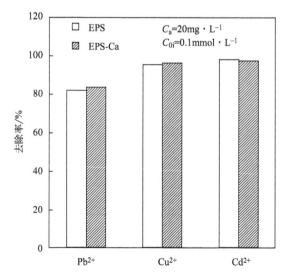

图 6.11　EPS 和 EPS-Ca 对 3 种 HMIs 的去除效果

的羧基（—COOH）和羟基（—OH）相互作用而束缚[19,41]，因此，HMIs 通过离子交换与 EPS-Ca 反应，形成 EPS 重金属络合物和游离的 Ca^{2+} [25,42]。图 6.12 显示了 EPS、EPS-Ca 和 EPS-Fe 对 Pb^{2+} 的去除率，EPS 为采用 M1、M2 和 M3 法自 W2 中提取。如图所示，Pb^{2+} 的去除率随 EPS 浓度的增加而显著提高，$0.1g·L^{-1}$ EPS 时去除率接近 100%；对于 EPS 和 EPS-Ca 而言，提取方法对 Pb^{2+} 的去除率的影响较小。与图 6.10 结果类似，3 种提取方法时 EPS 和 EPS-Ca 均显示出相同的吸附性能，即 Ca^{2+} 不影响 EPS 吸收 HMIs 的效果。然而，注意到，尽管 Fe^{3+} 也可以减轻 EPS 膜污染，但 EPS 和 Fe^{3+} 相互作用的产物（EPS-Fe）对 HMIs 的吸附能力远低于 EPS。因此，在 EPS 膜浓缩回收过程中，不建议采用 Fe^{3+} 降低过滤阻抗。

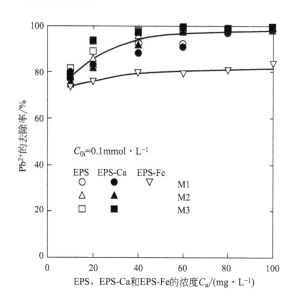

图 6.12　EPS、EPS-Ca 和 EPS-Fe 对 Pb^{2+} 的去除率

EPS 为采用 M1、M2 和 M3 法自 W2 中提取

M1—阳离子交换树脂法；M2—甲醛-NaOH 法；

M3—高温碳酸钠法；W2—东坝污水处理厂剩余污泥

采用 Langmuir 模型来表征吸附材料对 Pb^{2+} 的吸附[1,3,43]，如下式：

$$\frac{C_e}{Q_e} = \frac{1}{Q_{max}K} + \frac{C_e}{Q_{max}} \tag{6.1}$$

式中，C_e 是平衡时溶液中 Pb^{2+} 的浓度，$mg·L^{-1}$；Q_e 是平衡时单位吸附剂对 Pb^{2+} 的吸附量，$mg·g^{-1}$；Q_{max} 是单层吸附时 Pb^{2+} 的最大理论量，$mg·g^{-1}$；K 是 Langmuir 吸附平衡常数，$L·mg^{-1}$。EPS、EPS-Ca 和商用吸附剂的 C_e/Q_e 与

C_e 的关系,如图 6.13 所示。拟合的结果,见表 6.1。如表所示,各种 EPS 及其与金属离子作用后的产物的 Q_{max} 值均接近商用吸附剂的 666.67 mg·g^{-1},故从剩余污泥中回收的 EPS 对 Pb^{2+} 的吸附性能可与商用吸附剂媲美,具有极大的应用前景。

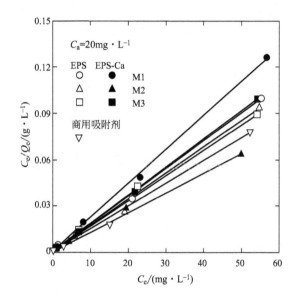

图 6.13 EPS、EPS-Ca 和商用吸附剂的吸附等温线

表 6.1 EPS、EPS-Ca 和商用吸附剂的 Pb^{2+} 吸附特性

吸附剂[①]	吸附剂浓度/(mg·L^{-1})	Pb^{2+} 浓度/(mg·L^{-1})	去除率/%	Q_{max}/(mg·g^{-1})
EPS(M1)[②]	20	8.2~65.6	16~82	555.56
EPS-Ca(M1)	20	8.2~65.6	13~83	454.55
EPS(M2)	20	8.2~65.6	17~86	588.24
EPS-Ca(M2)	20	8.2~65.6	23~82	833.33
EPS(M3)	20	8.2~65.6	18~89	625.00
EPS-Ca(M3)	20	8.2~65.6	16~93	555.56
商用吸附剂	20	8.2~65.6	20~95	666.67

① EPS 提取自东坝污水处理厂剩余污泥 W2。
② 括号内符号表示 EPS 提取方法,M1 为阳离子交换树脂法,M2 为甲醛-NaOH 法,M3 为高温碳酸钠法。

6.3.6 小结

本小节讨论了 EPS 的膜分离特性、回收率、膜污染减轻策略与机制、污泥来源、提取方法及回收产物对 HMIs 的吸附性能。微滤（0.5μm）和超滤（10kDa）时 EPS 溶液的过滤阻抗随 Ca^{2+} 浓度的增加而降低。超滤优于微滤作为 EPS 的浓缩方法，不依赖于 Ca^{2+} 浓度，EPS 回收率大于 90%。Ca^{2+} 作用下超滤膜污染的降低归因于体系中胶体和聚合物的浓度降低和尺寸增加。EPS 和 EPS-Ca 中存在羧酸官能团，可与 HMIs 桥式配位结合，Ca^{2+} 作用下形成的滤饼 EPS-Ca 具有更低的过滤阻抗，膜污染减小。不依赖于 Ca^{2+} 浓度，从高碑店污水厂和东坝污水厂的剩余污泥中提取的 EPS 具有相似的过滤阻抗。较甲醛-NaOH 法和高温碳酸钠法，阳离子交换树脂法提取的 EPS 的超滤过程中，Ca^{2+} 作用时膜污染降低最显著，主要由于 EPS 可结合最多的 Ca^{2+}。与 Ca^{2+} 浓度无关，Ca^{2+} 不影响膜浓缩回收产物 EPS-Ca 对 HMIs 的吸附性能。EPS 与 EPS-Ca 对 Pb^{2+} 的吸附行为可用 Langmuir 等温吸附模型进行评价，并且吸附性能可与商用吸附剂媲美。综上，Ca^{2+} 作用使 EPS 膜浓缩回收过程中过滤阻抗减小，并且不影响回收的产物 EPS-Ca 对 HMIs 的吸附性能。

6.4　EPS 回收与 HMIs 去除耦合的超滤

尽管 EPS 对 HMIs 具有很高的吸附性能，但是吸附了 HMIs 的 EPS 再从水溶液中分离很困难[44,45]。传统的分离过程产生高昂的运行成本，且可能带来二次污染。高分子物质（例如，多糖、蛋白质和溶解的有机物）可以通过超滤进行分离[46]，但是，HMIs 尺寸小而无法通过超滤截留。根据 HMIs 在高分子物质上的吸附，胶束或聚合物增强型超滤工艺（吸附型超滤工艺）已用于从污水中去除 HMIs[47,48]。与传统的吸附过程不同，吸附型超滤无需额外的后处理过程，即可实现吸附完成后吸附剂分离[47-49]。如上节所示，超滤对 EPS 的回收率超过 90%。基于此，笔者提出一种 EPS 回收和 HMIs 吸附耦合的死端超滤新技术（记为 EPS-UF）[50]，即首先超滤浓缩回收 EPS，然后，待浓缩完成后原位利用，去除污、废水中的 HMIs，如图 6.14 所示。

本节围绕利用 EPS-UF 技术实现 EPS 浓缩回收并 HMIs 去除，讨论 EPS 对 HMIs 的吸附性能，EPS 滤饼与 HMIs 的相互作用，EPS 浓度、HMIs 浓度、过滤压力的影响，膜污染的缓解策略以及 EPS-UF 对三种典型 HMIs 的去除效果。

6.4.1　EPS 对 Pb^{2+} 的吸附性能

类似于 6.3.5 节，采用 Langmuir 模型评价吸附行为，图 6.15 显示了 EPS、

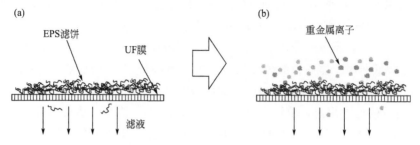

图 6.14　EPS 浓缩回收 (a) 和 HMIs 吸附 (b) 耦合的死端超滤示意图

干燥的剩余污泥、商用吸附剂和壳聚糖对 Pb^{2+} 的吸附等温线。如图 6.15 所示，EPS 显然比干燥的剩余污泥和壳聚糖能更有效地吸附 Pb^{2+}。同时，对比 EPS 与商用吸附剂，如 6.3.5 节结果，亦发现两者具有相似吸附能力，进一步表明从剩余污泥中回收的 EPS 可作为 Pb^{2+} 的替代吸附剂。

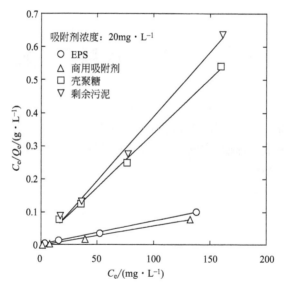

图 6.15　四种吸附材料对 Pb^{2+} 的 Langmuir 吸附等温线

吸附剂浓度是 $20mg \cdot L^{-1}$，Pb^{2+} 初始浓度为 $0.1 \sim 0.8 mmol \cdot L^{-1}$，实验温度为 25℃

6.4.2　EPS 滤饼和 HMIs 的相互作用

(1) EPS 滤饼的扫描电子显微 (SEM) 图

图 6.16 显示了 EPS 溶液超滤浓缩形成的滤饼 (记为 EPS-cake) 和其吸附 Pb^{2+} 后的产物 (EPS-cake-Pb) 的纵断面 SEM 图像，其厚度分别约为 $11.6\mu m$

和 9.2μm。显然，较薄的 EPS-cake-Pb 滤饼更均匀地形成在膜表面，这是因为 EPS-cake 滤饼与 HMIs 相互作用导致滤饼的结构变化或重新排列。

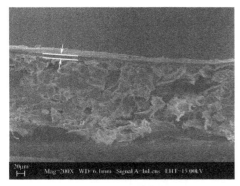
(a) 低倍下的EPS-cake

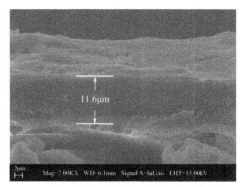
(b) 高倍下的EPS-cake

(c) 低倍下的EPS-cake-Pb

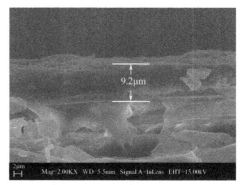
(d) 高倍下的EPS-cake-Pb

图 6.16　滤饼纵断面的 SEM 图

(2) FTIR 分析

图 6.17 显示了 EPS-cake 和 EPS-cake-Pb 的 FTIR 光谱。如图所示，两者都显示了多糖、蛋白质、脂质和核酸中的典型官能团，表明 Pb^{2+} 没有改变 EPS 中的分子结构。然而，对于 EPS-cake-Pb，COO^- 的反对称伸缩振动峰（$\nu_{as\,COO^-}$）与对称拉伸振动峰（$\nu_{s\,COO^-}$）之间的距离变大，表明 EPS 中羧酸根以架桥形式与金属离子作用[39,51]。

(3) X 射线光电子能谱（XPS）分析

用 XPS 分析吸附 Pb^{2+} 前、后的 EPS 滤饼的基本组成，如图 6.18 所示，并参考经典手册[52] 识别和解释 XPS 数据。表 6.2 列出了 EPS 形成滤饼（EPS-cake）和吸附 Pb^{2+} 后的滤饼（EPS-cake-Pb）中主要元素的原子含量相对百分比。O 1s (510eV)、N 1s (400eV)、C 1s (285eV)、P 2p (134eV)、Mg 1s

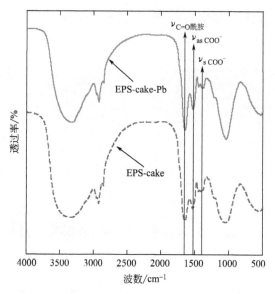

图 6.17 EPS-cake 与 EPS-cake-Pb 的 FTIR 谱图

(1300eV)、Ca 2p (347eV) 与 Al 2p (74eV) 出现在 EPS-cake 的全谱图中。通过比较 EPS-cake 和 EPS-cake-Pb 的 XPS 光谱可知，EPS-cake 吸附 Pb^{2+} 后，由于离子交换作用[51]，Ca 和 Al 含量降低，而 Mg 不能检出。该结果表明 Pb^{2+} 对 EPS 的亲和力比 Ca^{2+}、Mg^{2+} 和 Al^{3+} 高。如图 6.18(b) 所示，Pb 4f 峰分为特定的双峰，即 Pb $4f_{7/2}$ (139.2eV) 和 Pb $4f_{5/2}$ (143.95eV)，并且 Pb 4d 峰也分为特定的双峰，即 Pb $4d_{5/2}$ (414eV) 和 Pb $4d_{3/2}$ (435eV)。分析可知，EPS 滤饼吸附 Pb^{2+} 的机理，主要包括静电作用、络合作用、离子交换作用、表面沉淀等[43,53,54]。

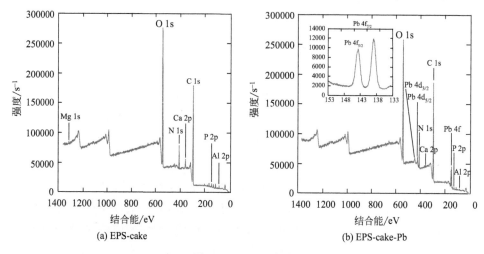

图 6.18 XPS 谱图

表 6.2 由 XPS 光谱分析获得的 EPS-cake 和 EPS-cake-Pb 中元素组成的含量百分比

元素	EPS-cake/%	EPS-cake-Pb/%
O	28.62	26.47
C	59.20	63.41
N	6.44	6.78
P	1.72	1.70
Mg	0.21	—
Ca	1.18	0.03
Al	2.63	1.10
Pb	—	0.51

XPS 光谱中每个峰对应于特定元素的特征结合能。图 6.19 显示了 EPS-cake 和 EPS-cake-Pb 的高分辨率 XPS 扫描光谱图（C 1s、O 1s 和 N 1s），相应的主要官能团含量的详细信息，如表 6.3 所示。C 1s 峰解析为四个组分峰，284.8eV 处

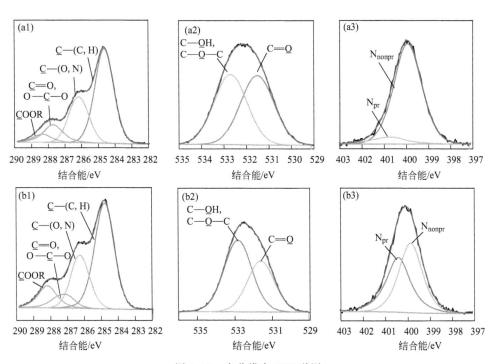

图 6.19 高分辨率 XPS 谱图

（a1）～（a3）分别为 EPS-cake 中 C 1s、O 1s 与 N 1s 的谱图；
（b1）～（b3）分别为 EPS-cake-Pb 中 C 1s、O 1s 与 N 1s 的谱图

的峰主要归因于 C—(C/H)，主要来自烃类化合物，包括多糖或氨基酸和脂质的侧链；286.3eV 处的峰与蛋白质和多糖中酰胺、醇或胺基的 C—(O/N) 有关；288eV 处的峰为 C=O 或 O—C—O，通常存在于羧酸根、羰基、酰胺、乙缩醛或半缩醛基团中。另一个在 289.0eV 处的弱峰归因于 O=C—OH 或 O=C—OR，可能来自羧酸盐和糖醛酸的羧基或酯类。

表 6.3 由高分辨率 XPS 谱图获得的 EPS-cake 和 EPS-cake-Pb 中特征官能团的含量百分比

部位	位置/eV	特征官能团	EPS-cake/%	EPS-cake-Pb/%
C 1s	284.8	C—(C,H)	55.70	54.43
	286.3	C—(O,N)	28.08	25.99
	288.0	C=O, O—C—O	11.47	8.18
	289.0	O=C—OH, O=C—OR	4.75	11.41
N 1s	400.1	N_{nonpr}	91.67	46.34
	401.6	N_{pr}	8.33	53.66
O 1s	531.4	O=C	50.03	40.75
	532.7	C—O—C, C—O—H	49.07	59.25

O 1s 为两个峰，一个为 531.4eV 处的 O=C，源于羰基、羧酸根、酰胺或酯基；另一个为 532.7eV 处的 C—O—C 或 C—O—H，可能存在于醇、半缩醛或缩醛基中。EPS-cake 吸附 Pb^{2+} 后，O=C—OH 或 O=C—OR 的百分比从 4.75% 增至 11.41%，而 C—O—C 或 C—O—H 的百分比从 49.07% 增至 59.25%，表明羧酸盐和糖醛酸中羧基或酯基可能通过离子交换或络合作用与 HMIs 结合[1]。

N 1s 为两个峰，酰胺和胺中非质子化氮（N_{nonpr}）引起的峰，对应结合能为 400.1eV；而质子化胺（N_{pr}）引起的峰，对应结合能为 401.6eV，其存在于氨基酸或氨基糖中，如赖氨酸和精氨酸。结果显示，EPS 吸附 Pb^{2+} 后，N_{nonpr} 与总碳的摩尔比降低，即相较 EPS-cake，EPS-cake-Pb 中蛋白质减少，表明 Pb^{2+} 可能使 EPS 中的蛋白质变性。此外，N_{nonpr} 和 N_{pr} 与总碳的摩尔比在 EPS-cake-Pb 中分别为 46.34% 和 53.66%，而 EPS-cake-Pb 中分别为 91.67% 和 8.33%，表明生成了更复杂的蛋白质。因此，EPS 中蛋白质的酰胺和胺基团通过络合作用与 Pb^{2+} 结合。

总体上，图 6.19 和表 6.3 清楚地表明，由于 XPS 中大部分的特征峰未发生变化，故 EPS 中多糖、腐殖质、核酸和 DNA 的主要特征基团没有变化。

6.4.3 Pb^{2+} 和 EPS 浓度的影响

对 100mL 0.1g·L^{-1} EPS 溶液,在一定压力(p_1=100kPa)下进行超滤(10kDa)浓缩,完全形成 EPS 滤饼后,再原位过滤(p_2=100kPa)不同初始浓度的 Pb^{2+} 溶液,即所述的 EPS-UF 过程。随着过滤进行,Pb^{2+} 的去除率如图 6.20 所示。横轴 v 为过滤时间 θ 时,单位过滤面积上滤过的液体体积,纵轴 η_i 为 Pb^{2+} 的去除率。由图可知,Pb^{2+} 的去除率是 HMIs 初始浓度 C_{i0} 的函数,随 Pb^{2+} 浓度的增加和过滤的进行,Pb^{2+} 的去除率降低。然而,当 Pb^{2+} 浓度为 10μmol·L^{-1} 时,随过滤的进行,Pb^{2+} 的去除率仍保持在 90% 以上。图 6.21 显示了 EPS-UF 过程中 Pb^{2+} 的初始浓度和平均去除率的关系。如图 6.21 所示,随 Pb^{2+} 初始浓度的增加,Pb^{2+} 的平均去除率降低,但 10μmol·L^{-1} 时高达 94.8%。表 6.4 列出了 EPS 超滤(p_1=100kPa)浓缩过程中 EPS 的回收率和 EPS-UF(p_2=100kPa)中 Pb^{2+} 的平均去除率,这里使用了 10kDa 超滤膜、100mL 0.1~0.5g·L^{-1} EPS 溶液和 180mL 10μmol·L^{-1} Pb^{2+} 溶液。由表可知,当 EPS 浓度大于 0.1g·L^{-1} 时 EPS 的回收率高于 84.0%,Pb^{2+} 的平均去除率高于 94.8%。

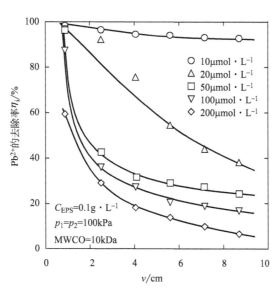

图 6.20 EPS-UF 过程中随过滤进行 Pb^{2+} 的去除率

EPS 滤饼由 100mL 0.1g·L^{-1} EPS 溶液超滤(p_1=100kPa)浓缩形成,然后,原位利用 EPS 滤饼,通过 EPS-UF 过滤(p_2=100kPa)180mL 不同初始浓度(10~200μmol·L^{-1})的 Pb^{2+} 溶液

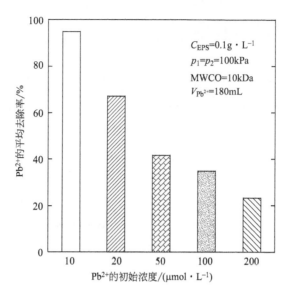

图 6.21　EPS-UF 中不同初始 Pb^{2+} 浓度时 Pb^{2+} 的平均去除率

表 6.4　超滤（$p_1=100$kPa）浓缩过程中 EPS 的回收率和 EPS-UF（$p_2=100$kPa）中 Pb^{2+} 的平均去除率

初始 EPS 浓度 C_0/(g·L^{-1})	EPS 的回收率 η/%	Pb^{2+} 的除去率 η_i/%[①]
0.1	85.5±0.93	94.8
0.2	84.0±0.53	100.0
0.3	86.7±0.16	100.0
0.5	88.7±0.33	100.0
0.1[②]	81.8±0.17	98.2
0.1[③]	76.9±0.75	91.1

① $\eta_i=100.0\%$ 表示滤液中 Pb^{2+} 浓度低于等离子体发射光谱（ICP）分析法的检出限，即滤液中浓度为 0，则去除率为 100%。
② EPS 超滤浓缩过程中加入 Ca^{2+}（4mmol·L^{-1}）。
③ EPS 超滤浓缩过程中加入硅藻土（0.1g·L^{-1}）。

Pb^{2+} 初始浓度一定时 Pb^{2+} 的平均去除率随 EPS 浓度的增加而增加（表 6.4），EPS 浓度一定时 Pb^{2+} 的平均去除率随 Pb^{2+} 初始浓度的降低而增加（图 6.21）。由此可知，实际应用过程中必定存在待浓缩回收的最佳 EPS 浓度和待分离去除的最佳 Pb^{2+} 浓度。因此，对于特定的含 HMIs 的废水，超滤 EPS 浓缩过程中回收的 EPS 量至关重要。EPS 浓度增加，则回收的滤饼中 EPS 的量（吸附剂的量）增加，并显著提高 HMIs 的去除率。这进一步表明，将 EPS 的回收与 HMIs 的去除进行耦合的超滤，具有方法的可行性和实际意义。同时，在后

文中均以 $10\mu mol \cdot L^{-1}$ Pb^{2+} 溶液和 $0.1g \cdot L^{-1}$ EPS 溶液为对象进行讨论。

进一步，图 6.22 显示了不同初始浓度 Pb^{2+} 时在 EPS-UF 过程中随过滤进行 Pb^{2+} 的吸附量。纵轴表示过滤时间为 θ 时滤饼中吸附的 HMIs 的质量 M_θ，由下式计算：

$$M_\theta = 207.2 A v_\theta (C_{i0} - C_{i\theta}) \tag{6.2}$$

式中，M_θ 为过滤时间为 θ 时超滤膜表面截留 EPS 滤饼吸附的金属离子的质量；A 为过滤面积；v_θ 是过滤时间为 θ 时单位膜过滤面积上滤过的液体体积；C_{i0} 与 $C_{i\theta}$ 分别为金属离子的初始浓度与 θ 时滤液中金属离子的摩尔质量浓度。由图 6.22 可知，EPS 滤饼层中吸附的 HMIs 的容量随过滤进行而不断增加，直至达到吸附饱和。但表现为上凸的关系曲线，即增加速率下降。因 EPS 滤饼中的吸附位点数量是一定的，故 Pb^{2+} 初始浓度较高时则相应的绝对去除率较低。一般地，HMIs 的去除应归因于 EPS 的吸附作用以及 EPS-UF 中 EPS 滤饼或超滤膜的截留阻塞。然而，因超滤膜孔径远大于金属离子大小，故超滤膜本身并不能有效截留 HMIs，即超滤膜对 HMIs 的截留作用忽略不计。同时，值得注意的是，EPS 滤饼对 HMI 的截留去除率，已包括在 EPS-UF 对 HMIs 的去除率中。EPS-UF 中 HMIs 的详细截留机制待揭示，例如，考虑 EPS 滤饼的空隙影响，滤饼阻塞对 HMIs 去除率的影响。

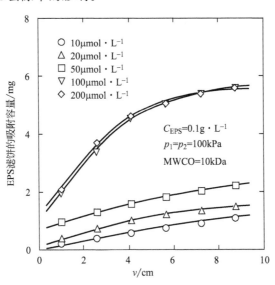

图 6.22 EPS-UF 中 EPS 滤饼中 Pb^{2+} 吸附容量

EPS 滤饼由 100mL $0.1g \cdot L^{-1}$ EPS 溶液超滤（$p_1=100$kPa）浓缩形成，然后，原位利用 EPS 滤饼，通过 EPS-UF 过滤（$p_2=100$kPa）180mL 不同初始浓度（$10\sim 200\mu mol \cdot L^{-1}$）的 Pb^{2+} 溶液

6.4.4 过滤压力的影响

一般地，增加过滤压力可提高过滤速度。因此，讨论各种过滤压力下 EPS 超滤浓缩回收和 EPS-UF 对 HMIs 的去除。由达西定律[37,55]，过滤速率 J 由下式计算：

$$J = \frac{p}{\mu R_t} \tag{6.3}$$

式中，p 是施加的过滤压力；μ 是滤液的黏度；R_t 是总的过滤阻抗。由式 (6.3) 可知，因滤液黏度一定，当压力恒定时过滤速率 J 的大小其实表征了总过滤阻抗 R_t 的高低，即利用 J 值，由式 (6.3) 计算得出 R_t 值。相关数据如表 6.5 所示，条件为 10kDa 超滤膜、100mL 0.1g·L^{-1} EPS 溶液及 180mL 10μmol·L^{-1} Pb^{2+} 溶液。当 EPS 超滤浓缩回收（第一阶段）时，虽然低过滤压力为 p_1 时初始过滤速率较慢，但第一阶段的过滤阻抗（R_{t1}）亦低；由于 EPS 滤饼的高可压缩性，随着过滤进行而 R_{t1} 值升高[1,8]。EPS-UF 对 HMIs 的去除过程（第二阶段），因 EPS 滤饼的可压缩性高，增加过滤压力 p_2 至 200kPa 并不能提高过滤速度，并且，Pb^{2+} 的去除率显著下降（仅 78.9%）。这可能是因为 EPS 和 Pb^{2+} 之间的相互作用改变了 EPS 滤饼的结构和成分（见图 6.16）。值得注意的是，由于过滤过程中 HMIs 与 EPS 滤饼中金属离子的离子交换作用，造成 EPS 滤饼结构的变化，即出现随过滤的进行，第二阶段的过滤阻抗（R_{t2}）反而降低。

表 6.5 EPS 浓缩回收和 HMIs 去除耦合的超滤过程中各参数值①

第一阶段(EPS 超滤浓缩回收)				第二阶段(EPS-UF 对 Pb^{2+} 的去除)				
p_1 /kPa	J_{01} /(10^{-5}m·s^{-1})	R_{t1}② /(10^{12}m^{-1})	R_{t1}③ /(10^{12}m^{-1})	p_2 /kPa	J_{02}② /(10^{-5}m·s^{-1})	R_{t2}② /(10^{12}m^{-1})	R_{t2}③ /(10^{12}m^{-1})	η_i/%
100	1.66	6.29	10.05	20	0.30	7.97	8.01	97.7
100	1.65	6.49	10.21	100	1.32	7.92	6.46	94.8
100	1.62	6.96	8.58	200	1.64	14.57	14.29	78.9
20	0.43	4.44	5.90	100	1.50	6.82	5.79	95.0
200	3.47	6.97	8.95	100	1.79	6.54	5.96	93.1

① p 为过滤压力，J_0 为初始过滤速度，R_t 为总过滤阻力，η_i 为 Pb^{2+} 的平均去除率，下角标 1、2 分别为第 1、2 阶段的值。

② $v=0$cm 时的值。

③ $v=5$cm 时的值。

6.4.5 膜污染缓解策略

严重的膜污染导致过滤速度显著下降是膜过滤的瓶颈，图 6.23 显示了在超滤膜面上堆积的 EPS 滤饼。如前文所述，Ca^{2+} 作用可改变滤饼的结构，以降低过滤阻抗。此外，助滤剂作用也可使膜表面形成的滤饼较疏松，故可用来控制膜结垢，降低过滤阻抗[56,57]。

图 6.24 显示了在无添加剂、4mmol·L^{-1} Ca^{2+} 和 0.1g·L^{-1} 硅藻土助滤剂作用下 EPS 超滤浓缩（第一阶段）的过滤行为。

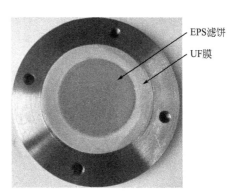

图 6.23　超滤形成的 EPS 滤饼

如图所示，Ca^{2+} 作用下过滤阻抗减小，而硅藻土助滤剂作用时过滤阻抗进一步降低。图 6.25 显示了相应于图 6.24 条件下去除 EPS-UF 过程（第二阶段）中 Pb^{2+} 溶液的过滤行为。如图 6.24 所示，无添加剂时的过滤速度低于 Ca^{2+} 和硅藻土助滤剂时，表明 Ca^{2+} 或硅藻土的作用不仅可降低第一阶段的过滤阻抗，也可以降低第二阶段的过滤阻抗。与第 6.4.4 节中结果相似，随过滤

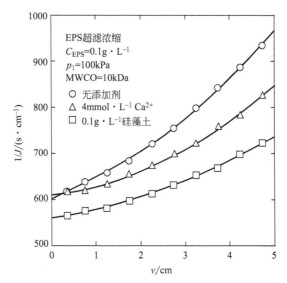

图 6.24　无添加剂、4mmol·L^{-1} Ca^{2+} 和 0.1g·L^{-1} 硅藻土助滤剂作用下 EPS 溶液浓缩的超滤行为

的进行，所有情况下第二阶段的过滤阻抗 R_{t2} 均不断降低（$1/J$ 值不断减小），这可能源于滤饼结构的变化（见图 6.16）。表 6.5 中亦显示了 Ca^{2+} 或硅藻土作用下相关的参数值。由表可知，Ca^{2+} 或硅藻土作用不仅可以减小过滤阻抗，并且对第一阶段的 EPS 回收率与第二阶段的 Pb^{2+} 去除率的影响很小。因此，硅藻土助滤剂和 Ca^{2+} 可用于超滤浓缩 EPS 时改变膜表面形成的滤饼结构，以控制膜结垢，降低过滤阻抗。

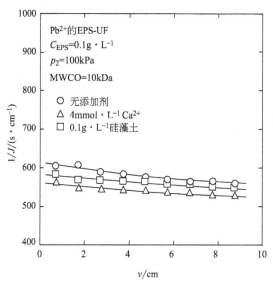

图 6.25 无添加剂、$4\mathrm{mmol} \cdot L^{-1}$ Ca^{2+} 和 $0.1\mathrm{g} \cdot L^{-1}$ 硅藻土助滤剂作用下 EPS-UF 中 $10\mu\mathrm{mol} \cdot L^{-1}$ Pb^{2+} 溶液的超滤行为

进一步，我们讨论 Ca^{2+} 作用下 EPS 溶液的超滤浓缩形成的滤饼（记为 EPS-Ca-cake）和相应的 EPS-UF 过程中 Pb^{2+} 溶液过滤形成的滤饼（记为 EPS-Ca-cake-Pb）的相关特性。图 6.26～图 6.29 分别显示了两者的 FTIR 光谱、XPS 光谱、高分辨率 XPS 光谱（C 1s，O 1s 和 N 1s）以及纵断面 SEM 图。与 6.4.2 节中的结果相似，Ca^{2+} 主要与 EPS 中多糖的羧酸根相互作用，因此，膜污染减轻归因于滤饼结构的改变，即聚集体 EPS-Ca 的形成。EPS 滤饼均匀地附着在膜表面。对比图 6.29（a2）与图 6.16（a2）可知，Ca^{2+} 作用后滤饼的结构发生了显著变化，故过滤阻抗降低。EPS-Ca-cake 吸附 Pb^{2+} 后，EPS-Ca-cake-Pb 中 Ca^{2+} 含量显著下降（见表 6.6 和图 6.27），表明 Pb^{2+} 对 EPS 的亲和力高于 Ca^{2+}，第二阶段时 EPS-Ca-cake 中 Ca^{2+} 被 Pb^{2+} 置换出来[1]。这些结果，表明 HMIs 可以通过离子交换作用与 EPS-Ca-cake 反应，形成 EPS 重金属络合物和游离的 Ca^{2+} [25,42]。此外，EPS-Ca-cake 上吸附 Pb^{2+} 后，EPS 中的主要特征基团保

持不变（见图 6.26～图 6.28 和表 6.7），因此，Ca^{2+} 可以减轻膜污染，但不会改变 EPS 的特性。综上，在 EPS 超滤浓缩回收及原位利用对 HMIs 去除的耦合超滤过程中，由于 Ca^{2+} 在 Pb^{2+} 吸附去除后不仅可从 EPS-Ca-cake 中完全释放出来，而且对 EPS 中的特征基团影响很小，故推荐采用 Ca^{2+} 控制膜污染。

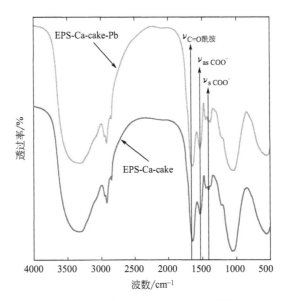

图 6.26　EPS-Ca-cake 和 EPS-Ca-cake-Pb 滤饼的 FTIR 光谱

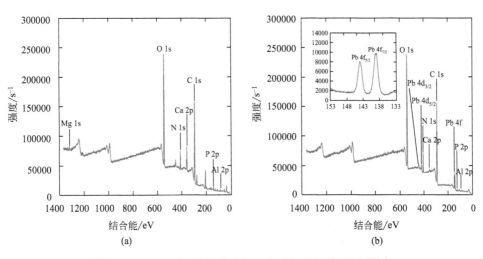

图 6.27　EPS-cake（a）和 EPS-cake-Pb（b）的 XPS 谱图

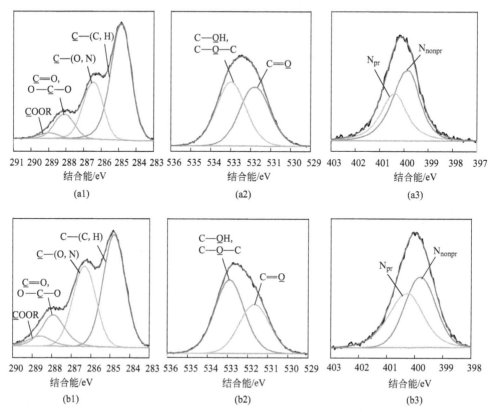

图 6.28 EPS-cake [(a1)~(a3)] 和 EPS-cake-Pb [(b1)~(b3)] 中 C 1s [(a1)、(b1)]、O 1s [(a2)、(b2)] 及 N 1s [(a3)、(b3)] 的高分辨率 XPS 谱图

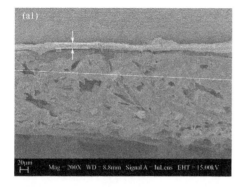
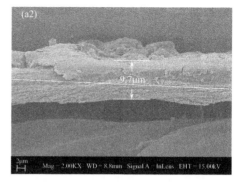

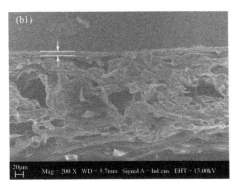
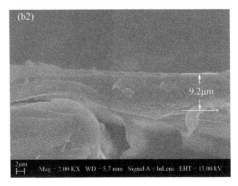

图 6.29 EPS-Ca-cake 和 EPS-Ca-cake-Pb 的纵断面的 SEM 图

(a1)、(a2) 分别为低、高倍下的 EPS-Ca-cake；(b1)、(b2) 分别为低、高倍下的 EPS-Ca-cake-Pb

表 6.6 由 XPS 光谱分析获得的 EPS-Ca-cake 和 EPS-Ca-cake-Pb 中元素组成的含量百分比

元素	EPS-Ca-cake/%	EPS-Ca-cake-Pb/%
O	26.84	26.94
C	59.77	63.27
N	6.45	6.63
P	1.27	1.34
Mg	0.41	—
Ca	2.96	0.11
Al	2.31	1.05
Pb	—	0.66

表 6.7 由高分辨率 XPS 谱图获得的 EPS-Ca-cake 和
EPS-Ca-cake-Pb 中特征官能团的含量百分比

部位	位置/eV	特征官能团	EPS-cake/%	EPS-cake-Pb/%
C 1s	284.8	C—(C,H)	58.35	47.15
	286.3	C—(C,N)	27.22	34.84
	288.0	C=O, O—C—O	11.82	14.02
	289.0	O=C—OH, O=C—OR	2.61	4.46
N 1s	400.1	N_{nonpr}	59.13	52.24
	401.6	N_{pr}	40.87	47.76
O 1s	531.4	O=C	48.32	59.68
	532.7	C—O—C, C—O—H	51.68	40.32

6.4.6 EPS-UF 去除各种 HMIs

实际的工业废水中通常会含有各种 HMIs。EPS 超滤浓缩回收后，经 EPS-UF 过程，讨论 Cu^{2+}、Cd^{2+} 的单一金属离子溶液以及由 Pb^{2+} 和 Cu^{2+} 构成的二元金属离子溶液的去除效果。如表 6.8 所示，条件为 10kDa 超滤膜，100mL 0.1g·L^{-1} EPS 溶液，金属离子溶液体积为 180mL。EPS-UF 过程可有效去除废水中各种 HMIs，去除率均高于 88.8%。然而，由于 EPS 中含有多糖、蛋白质、腐殖质、核酸和 DNA 等多种物质，造成 EPS 滤饼与 HMIs 之间的相互作用机理极为复杂，EPS-UF 中各种 HMIs 的去除机制亟待揭示。

表 6.8 EPS-UF 对各种 HMIs 的去除率

HMIs 的初始浓度 C_{i0}/(mmol·L^{-1})			HMIs 的去除率 η_i/%		
Pb^{2+}	Cu^{2+}	Cd^{2+}	Pb^{2+}	Cu^{2+}	Cd^{2+}
10	0	0	94.79	—	—
0	10	0	—	88.89	—
0	0	10	—	—	89.19
5	5	0	94.88	95.99	

6.4.7 小结

提出了一种新颖的 EPS 浓缩回收与 HMIs 去除耦合的超滤技术（EPS-UF）。从剩余污泥中回收的 EPS 的吸附性能可与商用吸附剂媲美，作为 HMIs 吸附剂具有极大的回收价值。较 Ca^{2+}、Mg^{2+} 和 Al^{3+}，Pb^{2+} 对 EPS 具有更高的亲和力；EPS-UF 对 Pb^{2+} 的去除，主要源于 EPS 滤饼对 Pb^{2+} 的吸附。EPS 中羧酸盐和糖醛酸的羧基或酯，通过离子交换或络合作用与 HMIs 结合。EPS 滤饼吸附 Pb^{2+} 后，EPS 中多糖、腐殖质、核酸和 DNA 等的主要特征基团保持不变，然而，因蛋白质中的酰胺和胺通过络合作用与 Pb^{2+} 结合，生成了更多的复杂蛋白质。EPS 超滤浓缩形成滤饼后，EPS-UF 可以有效去除 HMIs；0.1g·L^{-1} EPS 溶液浓缩回收、10μmol·L^{-1} Pb^{2+} 溶液去除时，Pb^{2+} 的去除率达 90% 以上。EPS 超滤浓缩阶段（第一阶段），尽管低压时初始过滤速度较慢，但高压时过滤阻抗增加。EPS-UF 去除 HMIs 过程（第二阶段）中，由于 EPS 滤饼的高可压缩性，较高的过滤压力（如 200kPa）下并不能提高过滤速度，而且 Pb^{2+} 的去除率显著下降（仅 78.9%）。这可能是由于 EPS 和 Pb^{2+} 的相互作用导致 EPS 滤饼的结构和成分发生了变化。有趣的是，随过滤的进行，因滤饼结构与成分不断变化，造成过滤阻抗不断降低。Ca^{2+} 和硅藻土助滤剂均可以减轻过滤阻抗，而 Ca^{2+} 控制膜污染更有效。Pb^{2+} 吸附后，Ca^{2+} 可从 EPS-Ca-cake 中完全释放出来，且对 EPS 中特征官能团影响小。EPS-UF 过程可有效去除废水中 Pb^{2+}、Cu^{2+} 和 Cd^{2+}，去除率均高于 88.8%。

6.5 微滤分离 EPS 中多糖与蛋白质

EPS 中多糖和蛋白质占大部分[2]，两者均有广泛的用途。例如，细菌藻酸盐的多糖，可应用于纺织印染、生物技术及水处理等领域[8,58]；而蛋白质可用作为动物饲料，如鱼粉、豆粕等[59]。如果能将两者彼此分离，将更能提高自市政污泥中回收 EPS 的高附加值。

目前，多糖和蛋白质的分离主要通过有机溶剂萃取[60]、双水相萃取[61]、离子交换[62] 等方法实现。采用上述方法蛋白质在有机溶剂作用下可有效地沉淀，但技术复杂、耗时，并且使用多种有毒的有机溶剂，同时，产生的大量污水亦需要进行处理。此外，最近报道的单柱[63] 和共聚物[64] 萃取法因效率低、试剂消耗量大、系统复杂，而仅适用于小规模生产。

研究发现，多糖聚电解质可与二价阳离子特异性结合，形成牢固的链间结构[65]，并增加胶体粒径，诱导蛋壳结构的形成[66]；但是，蛋白质则没有这种结构特性[2]。因此，二价阳离子作用下的膜分离法可能解决上述方法的缺陷，有望成为一种蛋白质与多糖分离的替代方案。本节以模拟多糖藻酸钠（SA）、模拟蛋白质牛血清白蛋白（BSA）以及实际 EPS 为对象，讨论 Ca^{2+} 作用下它们的微滤膜分离与回收特性。

6.5.1 微滤膜孔径的影响

图 6.30 显示了 SA 和 BSA 混合液总浓度为 $2.0g \cdot L^{-1}$，浓度比 C_{SA}/C_{BSA} 为 1，过滤压力为 20kPa，8mmol $\cdot L^{-1}$ Ca^{2+} 作用时，3 种微滤膜过滤时滤液中 BSA 和 SA 浓度随单位过滤面积上累计滤液体积 v 的变化。由图 6.30 可知，随着过滤的进行，滤液中 BSA 浓度保持为 $1.0g \cdot L^{-1}$，SA 接近于 0，表明 Ca^{2+} 作用下，微滤膜能够实现 SA 与 BSA 完全分离，且不依赖于膜孔径。对应的过滤行为

如图 6.31 所示，横坐标为单位过滤面积上累计滤液体积 v，纵坐标为过滤速度的倒数（$\mathrm{d}\theta/\mathrm{d}v$），$\theta$ 为过滤时间。由图 6.31 可知，随着膜孔径的增大，过滤速度下降的趋势显著减小。$1\mu m$ 膜时，可能因微小颗粒或胶体使膜孔堵塞，过滤速度急剧下降；而 $4\mu m$ 和 $7\mu m$ 膜时，过滤速度下降缓慢，表明过滤阻抗变化较小，且 $7\mu m$ 膜比 $4\mu m$ 膜具有更小的过滤阻抗。因此，后续讨论 $7\mu m$ 的微滤膜分离情况。

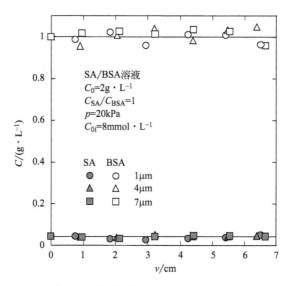

图 6.30　不同孔径膜过滤时滤液中 SA 与 BSA 的浓度变化

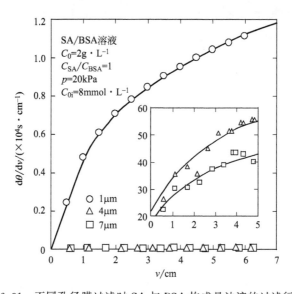

图 6.31　不同孔径膜过滤时 SA 与 BSA 构成悬浊液的过滤行为

值得说明的是,在相同条件下无 Ca^{2+} 作用时 SA 和 BSA 混合液经 3 种微滤膜过滤,结果均显示 SA 和 BSA 没有相互分离,即滤液中成分与过滤之前相同。

由图 6.32 可知,Ca^{2+} 作用($8mmol \cdot L^{-1}$)时,SA 与 BSA 混合液微滤($7\mu m$ 微滤膜)的滤液中胶体的粒径分布呈现为一个窄单峰,且接近于 BSA 的纳米粒径分布,该结果进一步表明滤液中主要为 BSA。图 6.33(a) 的红外光

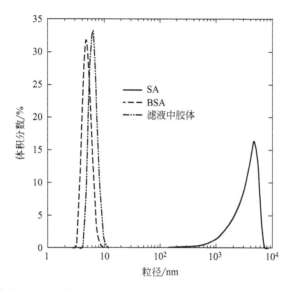

图 6.32 Ca^{2+} 作用下 SA 与 BSA 混合液微滤的滤液中胶体及 SA 与 BSA 的粒径分布

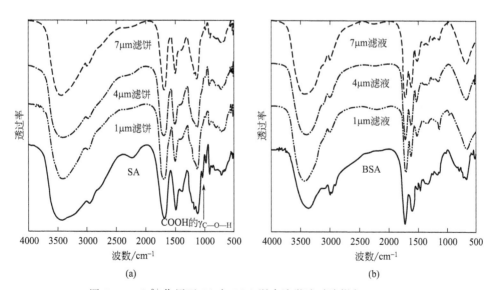

图 6.33 Ca^{2+} 作用下 SA 与 BSA 混合液微滤时滤饼与 SA(a)、滤液与 BSA(b) 的红外光谱图

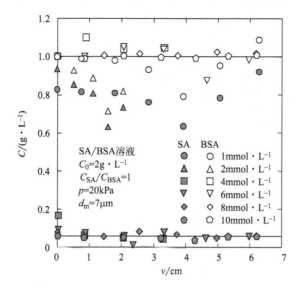

图 6.34 不同浓度 Ca^{2+} 作用下 SA 和 BSA 混合溶液过滤时滤液中 BSA 和 SA 的浓度变化

谱图结果亦显示构成滤饼的干物质缺少 SA 中羧酸基团的外弯曲振动带（—COOH），证实了滤饼中羧酸根被 Ca^{2+} 所掩蔽，即滤饼中物质确为藻酸钙；而滤液的干粉末与 BSA 具有同样的光谱图，即滤液中主要含有 BSA，证实 BSA 与 Ca^{2+} 没有相互作用。有研究表明，BSA 最初会与 SA 结合形成络合物，但可以很容易地用 Ca^{2+} 取代 BSA 的带正电荷的官能团，从而与 SA 中羧基形成更紧密的连接[67]。此外，截留在微滤膜表面的藻酸钙聚集体可在碱如 NaOH、Na_2CO_3 的作用下还原成其钠盐形式，即 SA[8,68]。因此，结果进一步证明了在 Ca^{2+} 作用下微滤可以有效地将 BSA 从 BSA 与 SA 混合溶液中分离出来。

6.5.2 Ca^{2+} 浓度的影响

图 6.34 和图 6.35 分别显示了 1～10mmol·L^{-1} Ca^{2+} 浓度下 SA 与 BSA 混合液微滤时滤液中藻酸盐（包括 SA 与藻酸钙）与 BSA 的浓度，以及过滤行为。由图 6.34 可知，1mmol·L^{-1} Ca^{2+} 时，类似于 8mmol·L^{-1}、10mmol·L^{-1} Ca^{2+} 时的过滤特性，即过滤速度减小较缓；并且检测发现滤液中藻酸盐与 BSA 浓度均同过滤之前原液，可能由于形成的藻酸钙颗粒太小，随 SA 和 BSA 均透过 7μm 膜，即此时 SA 和 BSA 不能相互分离。2～10mmol·L^{-1} Ca^{2+} 时，可能由于形成的藻酸钙颗粒较大[8]，而被滤膜截留，过滤阻抗随着 Ca^{2+} 浓度的增加

而减小。对于分离效率，2mmol·L^{-1}时，因Ca^{2+}不足，滤液中仍然残留有大量的SA；Ca^{2+}大于等于4mmol·L^{-1}时，滤液中BSA浓度约为1g·L^{-1}，SA浓度较低，且随过滤进行两者浓度保持恒定，表明SA与BSA分离效果较好。因此，可认为Ca^{2+}浓度为4mmol·L^{-1}是使SA与BSA有效分离的最小浓度。

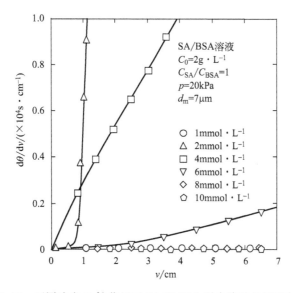

图6.35 不同浓度Ca^{2+}作用下SA和BSA混合溶液的过滤行为

另一方面，溶液中剩余离子如Ca^{2+}、Na$^+$等可以改变悬浮液的离子强度，即在特定的Ca^{2+}浓度范围内，残留的盐离子将导致过滤阻力增加[8]。然而，考虑到过滤阻抗随着Ca^{2+}浓度的增加而降低，因此可以确定SA和Ca^{2+}间的相互作用是过滤阻抗降低的原因，而与离子强度效应无关。

6.5.3 多糖与蛋白质浓度比的影响

一般而言，EPS中多糖与蛋白质的含量并不是恒定的[69]，故下面讨论不同浓度比（$C_{SA}/C_{BSA}=3:1$、$1:1$、$1:3$）的SA与BSA混合溶液（2g·L^{-1}）的微滤分离情况。由图6.36可知，各浓度比下滤液中BSA浓度均等于原液中浓度，且随过滤进行保持恒定，而SA浓度几乎为0，表明SA与BSA的分离效率与浓度比无关。图6.37显示了各浓度比的SA与BSA混合液的微滤行为，由图可知，8mmol·L^{-1}浓度Ca^{2+}作用下过滤速度的下降均较慢，且SA含量较低（低C_{0SA}/C_{0BSA}）时膜污染减轻效果更为明显。

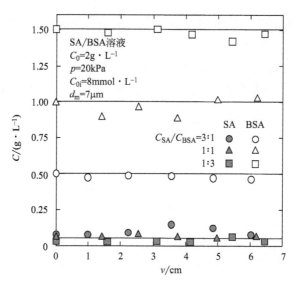

图 6.36　不同浓度比的 SA 与 BSA 混合溶液微滤时滤液中 SA 与 BSA 的浓度变化

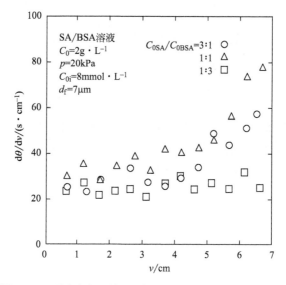

图 6.37　不同浓度比的 SA 与 BSA 混合溶液的微滤行为

6.5.4　微滤膜面剪切的影响

为调查过滤膜面剪切作用对 SA 和 BSA 混合液的分离效率与过滤阻抗的影响，在 SA 和 BSA 混合液总浓度为 $2.0\text{g}\cdot\text{L}^{-1}$，浓度比 C_{SA}/C_{BSA} 为 1，过滤压力为 20kPa，Ca^{2+} 浓度为 $8\text{mmol}\cdot\text{L}^{-1}$，膜孔径分别为 $1\mu m$、$4\mu m$、$7\mu m$，膜面料液

的搅拌转速 N 为 $150\text{r}\cdot\text{min}^{-1}$、$200\text{r}\cdot\text{min}^{-1}$、$250\text{r}\cdot\text{min}^{-1}$ 条件下，讨论剪切式死端过滤的情况。$1\mu\text{m}$ 微滤膜时，尽管膜面剪切作用（$N=200\text{r}\cdot\text{min}^{-1}$）下过滤速度下降缓慢 [图 6.38(a)]，但是，可能由于生成的藻酸钙颗粒阻塞膜孔更严重，滤液中 BSA 的浓度随过滤进行不断减小，分离效果变差，即 SA 不能从混合液中分离 [图 6.39(a)]。$4\mu\text{m}$ 微滤膜时，由于膜孔堵塞严重，三种搅拌转速下过滤速度下降趋势均较无搅拌时更显著 [图 6.38(b)]，即膜面剪切作用并不能加快过滤速度；然而，不依赖于搅拌转速，滤液中 BSA 和 SA 的浓度分别接近于

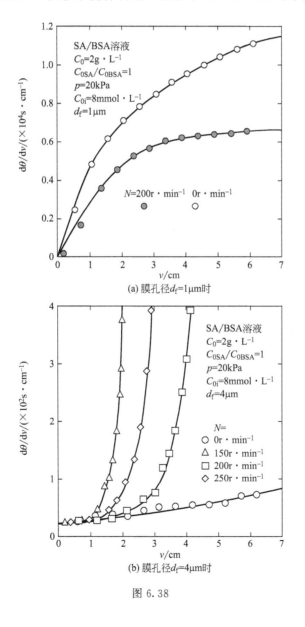

图 6.38

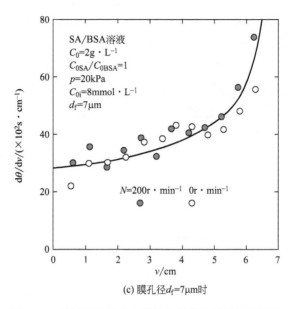

(c) 膜孔径 $d_f=7\mu m$ 时

图 6.38　不同膜孔径时未搅拌和搅拌的死端过滤行为

$1.0g \cdot L^{-1}$ 和 $0.0g \cdot L^{-1}$，表明无论搅拌与否，BSA 和 SA 的分离效率相差较小。$7\mu m$ 膜时，扫流与未扫流时死端过滤行为相似［图 6.38(c)］，并且 SA 与 BSA 的分离效果近似于 $4\mu m$ 膜时的结果。综上可知，Ca^{2+} 作用下实现 SA 与 BSA 的微滤膜分离（$4\mu m$、$7\mu m$ 膜）时，膜面剪切作用不能减缓膜污染，而且因生成的藻酸钙膜孔阻塞作用，使 SA 与 BSA 的分离效率降低。

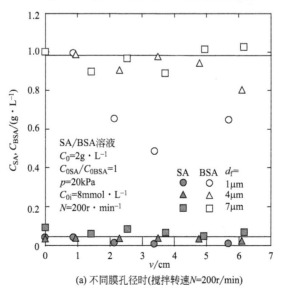

(a) 不同膜孔径时(搅拌转速N=200r/min)

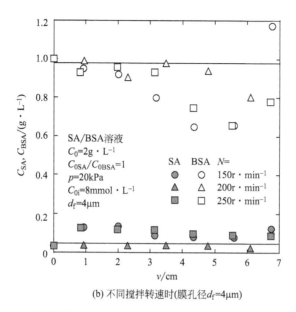

(b) 不同搅拌转速时(膜孔径d_f=4μm)

图 6.39　不同膜孔径和搅拌转速时 SA 和 BSA 混合溶液过滤时滤液中 BSA 和 SA 的浓度变化

6.5.5　EPS 中多糖的微滤回收

图 6.40 显示了 8mmol·L^{-1} Ca^{2+} 时 7μm 微滤膜过滤 EPS 溶液过程中多糖的回收率，由图可知，回收率接近 80% 且保持在恒定值，结果表明 Ca^{2+} 作用下

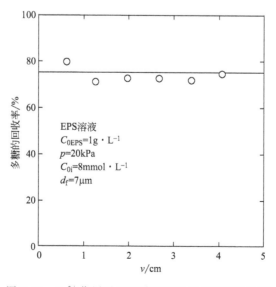

图 6.40　Ca^{2+} 作用下 EPS 溶液微滤时多糖的回收率

微滤可有效分离实际污水处理厂剩余污泥中回收的 EPS 中的多糖。应该说明的是，由于实际 EPS 中因所含物质复杂，如腐殖酸等物质干扰蛋白质的测定，目前还未能精确地测定滤液中蛋白质的含量，更加深入详细的研究亟待开展。

6.5.6 多糖与蛋白质混合物的微滤分离机制

如第 2 章所述，SA 是由 β-D-甘露糖醛酸钠盐残基（M）与其同分异构体 α-L-古罗糖醛酸钠盐残基（G），通过 α（1→4）糖苷键连接而成，包括 MM 区、GG 区和 MG 区的线型嵌段共聚物[68]。SA 最突出的特点是能够结合 Ca^{2+} 等高价金属离子[69,70]，从而使生成的絮体或凝胶具有一定程度的力学强度[68]。絮体的大小随 Ca^{2+} 浓度的增加而增加，这可以解释 Ca^{2+} 作用后微滤或超滤的过滤阻抗降低[2,8]。由于 BSA 是一种球状蛋白质，含有多种不能与 Ca^{2+} 结合的氨基酸，Ca^{2+} 作用时生成的聚集体如藻酸钙胶体的尺寸大于 BSA 分子的大小；故当 Ca^{2+} 浓度足够大（如图 6.34，浓度应大于等于 $4mmol \cdot L^{-1}$）时，微滤可有效分离 BSA 与 SA。图 6.41 显示了 Ca^{2+} 作用下 SA 和 BSA 的混合溶液微滤时膜面未剪

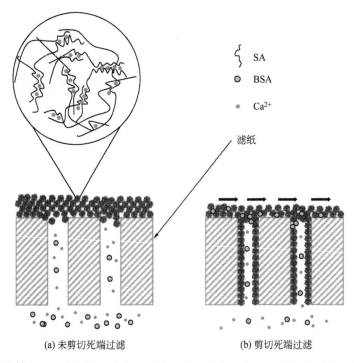

(a) 未剪切死端过滤　　　　(b) 剪切死端过滤

图 6.41　Ca^{2+} 作用下 SA 和 BSA 的混合溶液微滤时膜面未剪切与剪切的过滤机理示意图

切与剪切作用的过滤机理示意图。如图 6.41(a) 所示，SA 与 Ca^{2+} 作用生成的藻酸钙聚集体截留在膜面上，而 BSA 随滤液滤出以达到有效的分离。图 6.41(b) 可以解释 6.5.3 节和 6.5.4 节中膜面剪切方式为何不能减缓膜污染和提高分离效率。过滤阻抗由滤饼与膜堵塞贡献[38]，其中，滤饼膜污染一般可通过水力剪切作用例如搅拌作用，使滤饼变薄 [图 6.41(b)]，而阻抗下降。然而，当剪切作用时反而过滤阻抗更大。这是因为随着过滤的进行，藻酸钙聚集体堵塞膜孔，膜孔径减小、膜污染变得更加严重，从而导致 SA 与 BSA 的分离效率减小 [图 6.39(a)]，尽管藻酸钙滤饼松散、较薄、阻抗小，但膜孔堵塞带来的阻抗更大。

6.5.7 小结

适宜浓度的 Ca^{2+} 作用下模拟多糖 SA 与模拟蛋白质 BSA 的混合溶液微滤时，滤液中 BSA 的浓度几乎等于过滤前混合溶液中 BSA 的浓度而 SA 浓度接近于 0，即微滤膜可实现 SA 与 BSA 的彼此分离。滤液中胶体采用纳米粒度分析仪与傅里叶变换红外光谱仪检测，结果显示粒径分布与红外光谱图均与 BSA 一致，进一步证实 BSA 被微滤膜分离，且纯度较高。Ca^{2+} 与 SA 相互作用形成较大的颗粒或絮凝体是微滤膜分离 SA 与 BSA 的主要原因，红外光谱图证实膜面上形成的滤饼为藻酸钙。Ca^{2+} 作用下 $1\mu m$、$4\mu m$、$7\mu m$ 微滤膜均能分离 SA 与 BSA，随膜孔径增大过滤阻抗减小。一定 Ca^{2+} 浓度范围下分离效率同 SA 与 BSA 的浓度比无关，但过滤阻抗随 SA 含量的降低而降低。膜面扫流剪切作用不能减缓膜污染，且降低 SA 与 BSA 的分离效率。最后，Ca^{2+} 作用下微滤可有效地从实际污水处理厂剩余污泥中回收的 EPS 中分离多糖。

6.6 表面活性剂强化超声波提取高分子物质与特性

剩余污泥中微生物种类繁多，因此，从中提取的物质必然是各种高分子物质的混合物，如多糖、蛋白质、腐殖质、核酸、DNA、磷脂、糖醛酸和矿物质等[1-3,5,71]。然而，无论是胞内还是胞外高分子物质，它们均具有典型的活性基团，如羧基、羟基、磷酸基等官能团，这些基团的存在可使提取的高分子物质作为重金属离子吸附剂加以应用[51,72]。因此，笔者首次提出从剩余污泥中同步回收 EPS 和胞内聚合物 (IPS)，即混合的高分子物质 (PSs)。剩余污泥主要由微生物构成，因此可采用微生物方法提取 PSs。EPSs 的提取方法包括超声波、加热法、高温碳酸钠法、甲醛-NaOH 法、甲酰胺-NaOH 法、乙二胺四乙酸法、阳离子交换树脂法和硫酸法等[1,3,73,74]。IPSs 的提取方法包括有机溶剂法、酶法、化学试剂法、机械破碎法、超临界流体萃取法和生物萃取法等[75,76]。

超声波作用过程中不需要添加化学药剂，不会带来二次污染，因此，超声波作为一项清洁的处理技术，被广泛地使用[77-79]。超声波可使絮体在水相中分散开来，且空化效应可将大颗粒物质破碎成小尺寸颗粒物[80,81]。超声波所产生的剪切力和空穴冲击压力，破碎污泥中生物絮体结构，使细胞壁破裂，从而促进细胞内物质的释放[82]；同时，还可促进悬浮物溶解，使不溶性有机高分子物质转化为可溶性有机物；此外，超声波还能改变污泥的粒度、脱水性和生物降解性等[78,79,83]。

虽然超声波法能够有效地破碎细胞，具有效率高、设备简单、操作方便的优点，但是它是一种能源密集型的处理方法，最大的缺点就是运行能耗高，从而限制了实际应用的可能性[84,85]。表面活性剂具有增溶作用[85-87]，可以洗脱掉细胞膜上的蛋白质[88]，通过影响渗透压从而增加细胞膜的通透性[89]，加剧对污泥絮体的破坏[85]。此外，表面活性剂作用可促进从剩余污泥中提取 EPS，改变细胞结构并影响污泥特性[90]。

表面活性剂强化超声波法可用于提取天然高分子材料。例如，对于从杜仲叶中提取总多酚，十二烷基硫酸钠（SDS）强化超声波法比未添加表面活性剂的提取率高 13.02%[91]；在 SDS 强化超声波法对于水生植物的处理中，添加 0.5% SDS 后，还原糖的产量、纤维素转化率和去木质素分别提高了 72.23%、58.74% 和 21.01%[92]。

表面活性剂强化超声波处理也可作为一种预处理方法，用于降低能耗和提高厌氧消化效率[85]。例如，在 SDS 强化超声波法处理水果和蔬菜残渣以生产甲烷的过程中，与未添加 SDS 的超声波方法相比，SDS 的加入显著增加了可溶性有机物的含量，降低了能耗[93]；此外，表面活性剂强化超声波的预处理可以显著提高甘蔗茎尖的还原糖产量，并显著减少提取时长[81]。因此，通过表面活性剂强化超声法从剩余污泥中提取 PSs 可为未来污水处理技术以及污水资源化提供思路，从而最大限度地提高剩余污泥的利用率[72,94]。

本节从回收具有典型官能团的混合 PSs 的角度出发，提出采用表面活性剂强化超声波法同步提取剩余污泥中的 EPSs 和 IPSs，优化得出最佳工艺条件，并讨论 PSs 的材料性能、重金属离子的吸附性能以及提取前后污泥的过滤脱水性能。

6.6.1 提取效率的影响因素

首先通过对比不同条件如超声功率、离心速度、脉冲超声时间（t_p）、表面活性剂的浓度和种类等的提取效率，以获得最佳实验条件。超声波功率反映了超声波能量的强度，超声能量越强，水力剪切力越大，破碎细胞的效果越好。超声波功率对 PSs 提取效果的影响如图 6.42 所示，在离心速度 10000r·min^{-1}，离心时间 20min 的条件下，以干污泥计，150W 时提取量比 100W 时高 29.41%，200W 时提取量比 150W 时高 16.67%。尽管 PSs 的提取量与超声功率呈正相关，但能耗增加率大于提取量增加率，故选择 100W 的超声功率作为最优条件。离心速度也会导致 PSs 提取量的变化，如图 6.43 所示，显示了离心速度（离心时间为 20min）对提取量的影响。由图 6.43 可知，PSs 的提取量随离心速度的增加而减少，这可能是由于 PSs 中胶体组分的沉淀，选取离心速度为 5145r·min^{-1} 以获得较高的提取率。

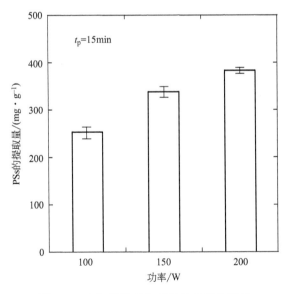

图 6.42 PSs 提取量与超声波功率的关系

图 6.44 为在不同的脉冲超声时间（有效超声时间，t_p）下 PSs 的提取量与表面活性剂浓度之间的关系。由图 6.44 可知，三种有效超声时间下 PSs 的提取量均随十六烷基三甲基溴化铵（CTAB）浓度的增加而呈先增加后降低的趋势，在 0.1g·L^{-1} 时达到最大值；PSs 的提取量在 10min 时最高，CTAB 浓度为

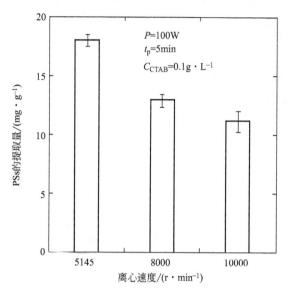

图 6.43　PSs 提取量与离心速度的关系（离心时间 20min）

$0.1g·L^{-1}$ 时达 $176.02mg·g^{-1}$；但 PSs 的提取量增加率随有效超声时间的增加而减小，考虑到能耗，选用 5min 为有效超声时间。

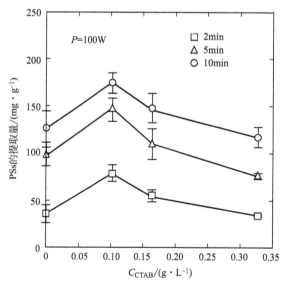

图 6.44　不同的脉冲超声时间下 PSs 的提取量与 CTAB 浓度之间的关系

为有效地比较实验结果之间的差异，使用表面活性剂强化比来评估提取效率，由下式计算：

$$R = \frac{m_{su} - m_u}{m_u} \times 100\% \tag{6.4}$$

式中，R 为表面活性剂强化比，%；m_{su} 为表面活性剂强化超声波法提取 PSs 的质量，mg；m_u 为未添加表面活性剂时超声波法提取 PSs 的质量，mg。

图 6.45 显示了 CTAB 和 SDS 的添加浓度与表面活性剂强化比之间的关系。由图可知，两种表面活性剂对剩余污泥中 PSs 的提取效果相似，但当表面活性剂浓度为 $0.1\text{g} \cdot \text{L}^{-1}$ 时，CTAB（76.5%，$147.9\text{mg} \cdot \text{g}^{-1}$）大于 SDS（53.1%，$126.9\text{mg} \cdot \text{g}^{-1}$）的强化比，故选用 $0.1\text{g} \cdot \text{L}^{-1}$ 的 CTAB 为最佳表面活性剂。值得注意的是，由于 CTAB 无毒性且可生物降解[95,96]，故可减轻提取 PSs 后产生残留物的处理负担。

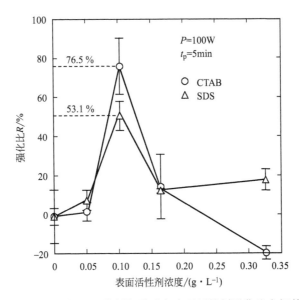

图 6.45 CTAB 和 SDS 的添加浓度与表面活性剂强化比之间的关系

将添加、未添加表面活性剂的超声波作用与对细胞损伤小的阳离子交换树脂（CER）法进行比较，离心速度为 $10000\text{r} \cdot \text{min}^{-1}$，离心时间为 20min，如图 6.46 所示。由图可知，含有 IPSs 和 EPSs 的 PSs（$t_p = 5\text{min}$，$C_{CTAB} = 0.1\text{g} \cdot \text{L}^{-1}$）的提取效率远高于 CER 法，这可能是因为超声波破裂了更多的细胞。综上，表面活性剂强化超声法是从剩余污泥中回收 PSs 的一种具有独特优势的提取方法。

表面活性剂强化超声作用下剩余污泥中 PSs 提取量的增加是由于絮体解体和细胞溶解导致有机物释放。分析表面活性剂强化超声波法从剩余污泥中提取 PSs 的机理，可以概括为四个方面，如图 6.47 所示，PSs 的释放可能是由这些

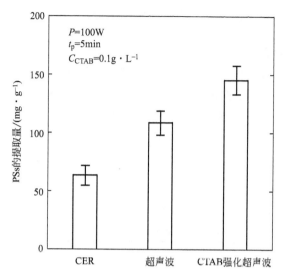

图 6.46　三种方法下剩余污泥中高分子物质的提取量

机理中的一个或多个协同作用引起。机理 1：表面活性剂降低溶液的表面张力，加剧超声波作用时的空化效应，促进胞内外高分子的脱附，从而降低超声波过程的能量消耗[85,95]［图 6.47（a）］。机理 2：表面活性剂破坏了胞外高分子物质（EPSs）与微生物细胞体间的非共价键，从而导致 EPSs 从细胞膜表面脱附[97]

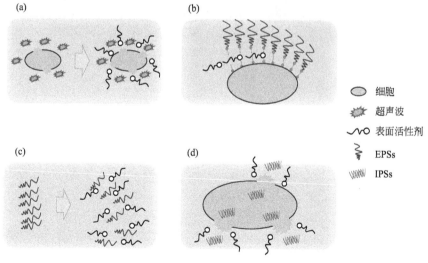

图 6.47　表面活性剂强化超声波法提取的四种机理

(a) 降低表面张力；(b) 破坏 EPSs 与细胞体间的非共价键；
(c) 相似相溶作用；(d) 破坏细胞壁或细胞膜结构

［图 6.47(b)］。机理 3：由于相似相溶原理，表面活性剂增加了如多糖、蛋白质等高分子的溶解度[98,99]［图 6.47(c)］。机理 4：表面活性剂中极性官能团破坏细胞膜或细胞壁结构如磷脂双分子层，导致细胞裂解，胞内高分子物质（IPSs）释放[96]［图 6.47(d)］。

当胶束形成时表面活性剂所对应的浓度称为临界胶束浓度（CMC），随着表面活性剂浓度的增加，表面活性剂强化超声波法提取效率在 CMC 附近达到最大值，约为 $0.1 \text{g} \cdot \text{L}^{-1}$。当表面活性剂的浓度大于 CMC 时，表面活性剂吸附到细胞上，中和细胞壁和 EPSs 中带负电荷的官能团，烷基长链会连接细胞和 PSs 并使其聚集[100]，这导致提取效率降低，不利于从剩余污泥中提取 PSs，相应解释如图 6.44 和图 6.45 所示，随表面活性剂浓度升高，提取量与强化比呈现先升高后降低的走势。

6.6.2 高分子物质的特性

（1）PSs 的组成

图 6.48 显示了 PSs 中多糖、蛋白质和 DNA 的质量百分比。PSs 中蛋白质的百分比高于多糖，多糖、蛋白质和 DNA 的百分比合计约占 PSs 总量的 50%。由图可知，表面活性剂浓度的变化对其百分比的影响较小，这可能是因为 EPS 和

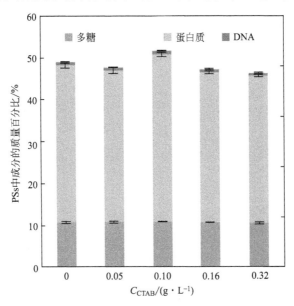

图 6.48 不同浓度的 CTAB 强化超声波提取的 PSs 中多糖、蛋白质和 DNA 的质量百分比

IPS中各组分的构成是相似的。DNA的百分比保持恒定，表明相应条件下CTAB浓度的增加并没有促进剩余污泥中细胞的裂解。

(2) PSs的粒度分布

PSs的粒度分布如图6.49所示，在未添加表面活性剂的超声处理下从剩余污泥中提取的PSs（记为PS_u）出现三个峰，平均粒径分别为80.75nm、520.1nm和5092nm，相应的体积分数分别为27.3％、28.0％和44.7％。添加0.1g·L^{-1} CTAB强化超声波处理法从剩余污泥中提取的PSs（记为PS_{us}）也显示三个峰，平均粒径分别为54.92nm、483.6nm和5256nm，体积分数分别为38.2％、32.3％和29.5％。因此，表面活性剂强化超声提取的PS_{us}的粒径小于未添加表面活性剂提取的PS_u，表明剩余污泥中粒径较小的EPS可以经表面活性剂强化超声波提取。这可能是由于表面活性剂的相似相溶性导致小粒径的IPSs释放，以及小粒径的PSs溶解度增加。

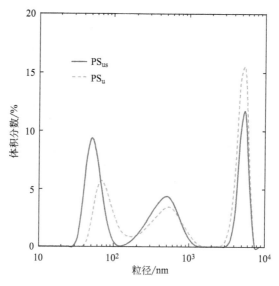

图6.49 PS_{us}和PS_u的典型粒度分布

(3) FTIR分析

PS_{us}和PS_u的FTIR光谱如图6.50所示。两种提取方法在3350cm^{-1}、3110cm^{-1}、1658cm^{-1}、1544cm^{-1}、1420cm^{-1}和1060cm^{-1}处有相同的特征峰，表明两者均存在多种特征官能团，如O—H、—NH_2、C＝O、C—N、N—H、COO—、C—O—C、C—OH和P—O。换言之，两种PSs中都含有蛋白质、多糖、脂质、DNA和芳香化合物。因此，表面活性剂的添加对超声法从剩余污泥中提取PSs的性能影响较小。

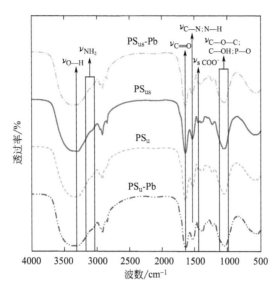

图 6.50 各种 PSs 的 FTIR 光谱

(4) XPS 分析

用 X 射线光电子能谱（XPS）详细分析 PS_{us} 和 PS_u 的化学元素基本组成，如图 6.51 所示，两个全谱图中都出现了 O 1s（531eV）、N 1s（399eV）、C 1s（284.8eV）、P 2p（132eV）、Ca 2p（348eV）和 Si 2p（103eV）等元素谱峰，表明提取的 PSs 主要由有机物和某些无机物组成。

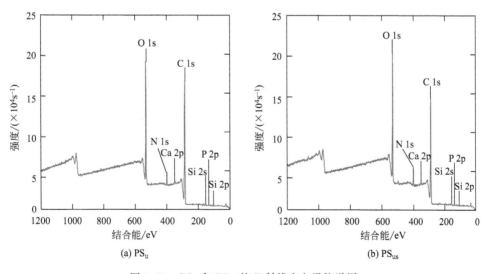

图 6.51 PS_u 和 PS_{us} 的 X 射线光电子能谱图

表 6.9 显示了两种 PSs 中各元素原子含量百分比，C、O、N 和 P 的含量差异很小。PS_{us} 中金属含量显著降低（Al：0.18%→0；Na：0.15%→0；Ca：0.24%→0.11%），可能是由于 CTAB 与剩余污泥中的金属离子发生作用[101]。CTAB 作为污泥细胞表面化学修饰剂，它代替细胞表面疏水阴离子基团，结合细胞表面的阳离子（Al^{3+}、Ca^{2+}、Na^{+}）。值得说明的是，EPS 中含有的无机物如金属盐类常常被研究者所忽视，无机物的存在将影响 PSs 的物理化学性质[23]，故 PS_{us} 可能比 PS_{u} 具有更优越的性能。

表 6.9 PS_{us} 和 PS_{u} 的各元素原子含量百分比

元素	PS_{u}/%	PS_{us}/%
C	67.52±0.34	71.41±0.33
N	5.37±0.29	3.72±0.27
O	24.32±0.24	22.30±0.22
P	0.57±0.09	0.57±0.10
S	0.43±0.10	0.39±0.11
Si	1.22±0.12	1.50±0.15
Ca	0.24±0.07	0.11±0.06
Al	0.18±0.08	0①
Na	0.15±0.08	0

①含量低于方法检测限，记为 0%。

XPS 的高分辨率扫描（C 1s、O 1s 和 N 1s）如图 6.52 所示。由图可知，PS_{us} 和 PS_{u} 中含有类似的官能团；C 1s、O 1s 和 N 1s 的峰分别被分解为 4、2 和 2 个组分的峰[3,102,103]。PSs 的特征官能团见表 6.10，C—(C,H) 主要来源于烃类化合物，包括多糖或氨基酸和脂质的侧链；C—(O,N) 来源于蛋白质和多糖中的酰胺、醇或胺基；C=O 和 O—C—O 通常存在于羧酸盐、羰基、酰胺、缩醛或半缩醛中；O=C—OH 和 O=C—OR 来源于羧酸和糖醛酸中的羧基或酯基；O=C 来源于羰基、羧酸盐、酰胺或酯基；C—O—C 和 C—O—H 存在于醇、半缩醛或缩醛中；N_{nonpr} 存在于酰胺和胺中；N_{pr} 通常存在于氨基酸或氨基糖中。

C 1s 中官能团含量的差异主要由于 PS_{us} 和 PS_{u} 中蛋白质、核酸和其他有机物含量的不同。对于 O 1s，PS_{u} 中的 C—O—C 和 C—O—H 含量较高，可能由于多糖含量的不同[102,103]。采用苯酚-硫酸法测定了多糖含量，发现两种多糖含量差异不大，但官能团含量百分比差异较大，这可能是由于表面活性剂可以诱导酸性多糖沉淀[41]，导致两者中多糖的官能团含量差异。N_{pr} 的出现表明超声波处

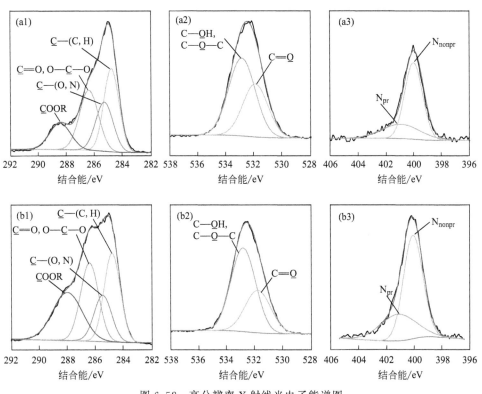

图 6.52 高分辨率 X 射线光电子能谱图

C 1s (a1、b1)、O 1s (a2、b2) 和 N 1s (a3、b3),PS_{us} (a1~a3) 和 PS_u (b1~b3)

表 6.10 各种 PSs 中特征官能团的含量百分比

区域	位置 /eV	官能团	PS_u /%	PS_{us} /%	PS_u-Pb /%	PS_{us}-Pb /%
C 1s	284.8	C—(C,H)	28.53	14.79	49.01	52.95
	286.3	C—(C,N)	15.95	29.60	13.7	14.76
	288.0	C=O, O—C—O	27.79	22.45	21.12	19.16
	289.0	O=C—OH, O=C—OR	27.73	33.16	16.17	12.14
N 1s	400.1	N_{nonpr}	70.49	68.38	42.36	28.97
	401.6	N_{pr}	29.51	31.62	57.64	70.03
O 1s	531.4	O=C	34.26	60.88	42.35	42.00
	532.7	C—O—C, C—O—H	65.74	39.12	57.65	58.00

理在一定程度上导致了部分蛋白质的水解,PS_{us} 中 N_{pr} 值大于 PS_u 中 N_{pr} 值,可能源于细胞破裂后释放的 IPS。

6.6.3 高分子物质对 Pb^{2+} 的吸附行为

从剩余污泥中回收的 PSs 对重金属离子的吸附特性是其典型特性之一[1,3],图 6.53 显示了 PS_{us}、PS_u 和一种商用吸附剂对 Pb^{2+} 的吸附行为。由图可知,两种 PSs 对 Pb^{2+} 的吸附效率与商用吸附剂结果相似,PS_{us}、PS_u 和商用吸附剂对 Pb^{2+} 的最大吸附量分别为 526.32mg·g^{-1}、500.00mg·g^{-1} 和 500.00mg·g^{-1},这些值同 6.3 节所述的 EPSs 对 Pb^{2+} 的最大吸附量 555.56mg·g^{-1} 相近[1],这表明剩余污泥中提取的 PSs 对 Pb^{2+} 的吸附能力受提取方法的影响小。因此,用表面活性剂强化超声波法从剩余污泥中回收的 PSs 亦有望作为去除 Pb^{2+} 的替代吸附剂。

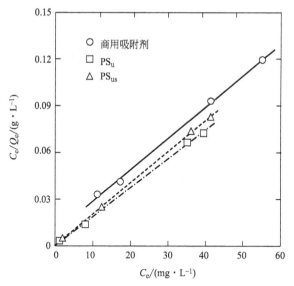

图 6.53 PS_u、PS_{us} 和商用吸附剂对 Pb^{2+} 的 Langmuir 吸附等温线

吸附剂的浓度为 60mg·L^{-1},Pb^{2+} 的初始浓度为 0.1~0.6mmol·L^{-1},实验温度为 25℃

吸附有 Pb^{2+} 的 PS(记为 PSs-Pb)FTIR 光谱如图 6.50 所示。PS_{us} 和 PS_u 在 3350cm^{-1} 附近存在吸收峰,表明存在糖、酚和醇中的—OH。对比吸附 Pb^{2+} 的 PS_{us}(记为 PS_{us}-Pb)和吸附 Pb^{2+} 的 PS_u(记为 PS_u-Pb),发现明显位移,表明—OH 对 Pb^{2+} 具有吸附作用[104]。1658cm^{-1} 处的强度减弱,表明酰胺 I 参与

吸附[105]。从 1300cm^{-1} 到 1500cm^{-1} 有显著变化，该谱带中的特征峰来自含羧基和类烃化合物，且可能是由于羧酸盐结构，1420cm^{-1} 处的谱带出现对应—C=O 的振动。从峰高和峰面积来看，Pb^{2+} 的吸附会降低—COOH 的含量并增加—COO$^-$ 的含量，这表明—COOH 也参与了 Pb^{2+} 的吸附过程，这类似于 6.3 节和 6.4 节结果。特征峰在 900~1200cm^{-1} 处移动，并且出现了不同特征峰，表明磷酸酯基团也参与了吸附[106]。

PS$_u$-Pb 和 PS$_{us}$-Pb 的 XPS 谱图，如图 6.54 所示。两者在 Pb 4f 峰处均具有很强的特征双峰，表明 Pb^{2+} 吸附在聚合物上，这类似于 6.4 节结果。Pb 4f$_{7/2}$ 和 Pb 4f$_{5/2}$ 峰的出现表明 Pb^{2+} 以二价离子的形式与 PSs 反应生成 Pb-O[107]，即 Pb^{2+} 主要吸附在 PSs 中的含氧官能团上。因此，PSs 对 Pb^{2+} 的吸附机理可以分为两种，一种是静电吸附，另一种是与 PSs 中的官能团反应，形成 R-COOPb$^+$、(R-COO)$_2$Pb、R-OPb$^+$ 和 (R-O)$_2$Pb 等配合物[107]。

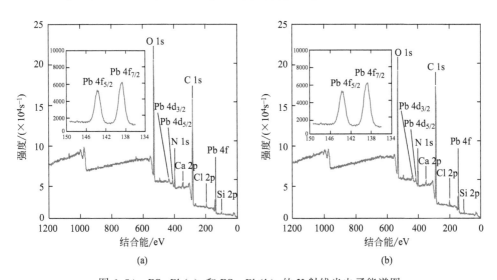

图 6.54　PS$_u$-Pb(a) 和 PS$_{us}$-Pb(b) 的 X 射线光电子能谱图

吸附了 Pb^{2+} 的两种 PSs 的高分辨率 XPS（C 1s、O 1s 和 N 1s）结果，如图 6.55 所示，且 PSs-Pb 中主要官能团含量百分比，如表 6.10 所示，以讨论 PSs 中吸附 Pb^{2+} 的官能团类型。两者的 C 1s、O 1s 和 N 1s 峰分别可分解为 4、2、2 个的成分峰[102,103]。O 1s 的高分辨率 XPS 扫描显示，PS$_u$-Pb 中 O=C 的含量增加，这可能是因为—COOH 可以通过离子交换或络合作用吸附 HMIs[41,104]。两种 PSs-Pb 具有较高结合能的 N$_{pr}$ 含量均增加，原因可能为：①吸附过程中 pH 值发生变化，导致 NH$_4^+$ 含量增加[39]；②HMIs 与氨基中的 N 相互作用[108]。因研究中 pH 值不变，故 N_{pr} 含量的增加主要与 Pb^{2+} 的吸附有关。氮原子的电子云密度越小，其结合能越高，因此，在 401.6eV 处出现了较高结合能的峰，可能是由于—C—NH 和—C—NH_2 等 N_{nonpr} 与 HMIs 形成络合物[41]。

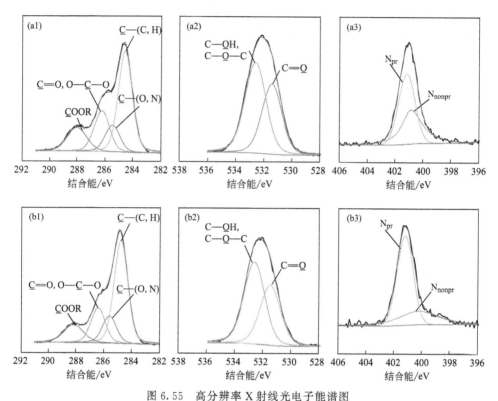

图 6.55 高分辨率 X 射线光电子能谱图
C 1s（a1、b1）、O 1s（a2、b2）和 N 1s（a3、b3），PS_u-Pb（a1~a3）和 PS_{us}-Pb（b1~b3）

6.6.4 污泥特性

从剩余污泥中提取的 EPSs 对污泥中微生物的絮凝性能有显著影响，进而影响污泥相关特性[97,109]。图 6.56 为提取 PSs 前后剩余污泥在光学显微镜下观察的形态，其中，RS_u 和 RS_{us} 分别为未添加、添加表面活性剂时超声波作用从剩余污泥中提取 PSs 后残留的污泥。由图可知，提取 PSs 后污泥絮体周围的水凝胶基质减少，絮体较分散，污泥颗粒变小。

图 6.57(a) 为用激光粒度分析仪分析的 RS_u 和 RS_{us} 中颗粒的粒度分布。如图所示，RS_{us} 小于 RS_u 中的颗粒尺寸，表明表面活性剂作用不仅具有更强的 PSs 提取效果，且可避免 EPSs 与微生物细胞间的絮凝作用，使污泥絮体更分

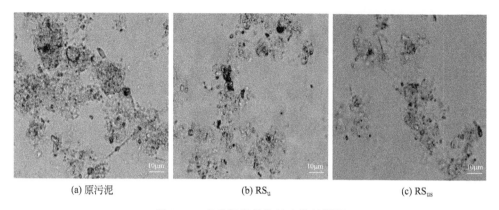

(a) 原污泥　　(b) RS$_u$　　(c) RS$_{us}$

图 6.56　各种污泥样品的光学显微图

散,进一步证实表面活性剂强化超声波法可作为从剩余污泥中提取 PSs 的有效方法。此外,探究 RS$_u$ 和 RS$_{us}$ 的脱水性能发现,其滤饼的含水率接近,分别为 78.34% 和 80.98%。两者在 15kPa 下的过滤曲线,如图 6.57(b) 所示,两种污泥表现出相似的过滤行为,表明表面活性剂对超声波提取剩余污泥中 PSs 后残留污泥的脱水性能影响较小。

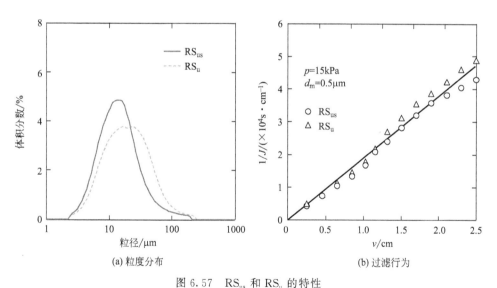

(a) 粒度分布　　(b) 过滤行为

图 6.57　RS$_{us}$ 和 RS$_u$ 的特性

横轴 v 表示在单位面积上滤过的滤液体积,纵轴 $1/J$ 表示过率速率的倒数

6.6.5　小结

研究提出了表面活性剂强化超声波法提取剩余污泥中 PSs 的方法。建议使

用高效、无毒、可生物降解的 0.1g·L^{-1} CTAB 为阳离子表面活性剂、超声功率为 100W、有效超声时间为 5min 以及离心转速为 5145r·min^{-1}。提取率增加主要由于表面活性剂降低溶液的表面张力、破坏 EPSs 与微生物细胞体间的非共价键、相似相溶作用增加 PSs 的溶解性以及细胞裂解导致的 IPSs 释放。PSs 中 Al、Na、Ca 等金属含量显著降低。表面活性剂对 PSs 性能、PSs 对 HMI 的吸附能力和污泥脱水性能影响不大。回收后的 PSs 可作为商用重金属离子吸附剂的替代品。此后,笔者将考虑回收通过序批式处理反应器和厌氧或好氧颗粒污泥反应器等各种工艺生产的 PSs,通过凝胶渗透色谱法和超滤/微滤结合元素图谱等方法进一步研究 PSs 的性质,并通过焚烧、厌氧消化和生命周期评估等方法研究 PSs 提取后污泥残留物的处置问题。

参考文献

[1] Cao D Q, Song X, Fang X M, et al. Membrane fltration-based recovery of extracellular polymer substances from excess sludge and analysis of their heavy metal ion adsorption properties [J]. Chemical Engineering Journal, 2018, 354: 866-874.

[2] Cao D Q, Song X, Hao X D, et al. Ca^{2+}-aided separation of polysaccharides and proteins by microfltration: implications for sludge processing [J]. Separation and Purification Technology, 2018, 202: 318-325.

[3] Cao D Q, Wang X, Wang Q H, et al. Removal of heavy metal ions by ultrafiltration with recovery of extracellular polymer substances from excess sludge [J]. Journal of Membrane Science, 2020, 606: 118103.

[4] Flemming H C, Wingender J. The biofilm matrix [J]. Nature Reviews Microbiology, 2010, 8: 623-633.

[5] Flemming H C, Wingender J, Szewzyk U, et al. Biofilms: an emergent form of bacterial life [J]. Nature Reviews Microbiology, 2016, 14: 563-575.

[6] More T T, Yadav J S S, Yan S, et al. Extracellular polymeric substances of bacteria and their potential environmental applications [J]. Journal of Environmental Management, 2014, 144: 1-25.

[7] 曹达啟,王振,郝晓地,等. 藻酸盐污水处理合成研究现状与应用前景 [J]. 中国给水排水,2017,33: 1-6.

[8] Cao D Q, Hao X D, Wang Z, et al. Membrane recovery of alginate in an aqueous solution by the addition of calcium ions: analyses of resistance reduction and fouling mechanism [J].

Journal of Membrane Science, 2017, 535: 312-321.

[9] Cao D Q, Jin J Y, Wang Q H, et al. Ultrafiltration recovery of alginate: Membrane fouling mitigation by multivalent metal ions and properties of recycled materials [J]. Chinese Journal of Chemical Engineering, 2020, 28 (11): 2881-2889.

[10] Comte S, Guibaud G, Baudu M. Effect of extraction method on EPS from activated sludge: an HPSEC investigation [J]. Journal of Hazardous Materials, 2007, 140: 129-137.

[11] Li X Y, Yang S F. Influence of loosely bound extracellular polymeric substances (EPS) on the flocculation, sedimentation and dewaterability of activated sludge [J]. Water Research, 2007, 41: 1022-1030.

[12] Ni B J, Huang Q S, Wang C, et al. Competitive adsorption of heavy metals in aqueous solution onto biochar derived from anaerobically digested sludge [J]. Chemosphere, 2019, 219: 351-357.

[13] Zhang L, Zeng Y, Cheng Z. Removal of heavy metal ions using chitosan and modifed chitosan: a review [J]. Journal of Molecular Liquids, 2016, 214: 175-191.

[14] Sajid M, Nazal M K, Ihsanullah, et al. Removal of heavy metals and organic pollutants from water using dendritic polymers based adsorbents: a critical review [J]. Separation and Purification Technology, 2018, 191: 400-423.

[15] Humelnicu D, Lazar M M, Ignat M, et al. Removal of heavy metal ions from multi-component aqueous solutions by eco-friendly and low-cost composite sorbents with anisotropic pores [J]. Journal of Hazardous Materials, 2020, 381: 120980.

[16] Yang J, Wei W, Pi S, et al. Competitive adsorption of heavy metals by extracellular polymeric substances extracted from Klebsiella sp. J1 [J]. Bioresource Technology, 2015, 196: 533-539.

[17] 康得军, 谢丹瑜, 匡帅, 等. 活性污泥胞外聚合物对 Pb^{2+} 和 Cu^{2+} 的吸附机理 [J]. 中国给水排水, 2016, 32: 28-33.

[18] Wei L, Yang L, Noguera D R, et al. Adsorption of Cu^{2+} and Zn^{2+} by extracellular polymeric substances (EPS) in different sludges: effect of EPS fractional polarity on binding mechanism [J]. Journal of Hazardous Materials, 2017, 321: 473-483.

[19] Joshi P M, Juwarkar A A. In vivo studies to elucidate the role of extracellular polymeric substances from Azotobacter in immobilization of heavy metals [J]. Environmental Science & Technology, 2009, 43: 5884-5889.

[20] d'Abzac P, Bordas F, van Hullebusch E, et al. Effects of extraction procedures on metal binding properties of extracellular polymeric substances (EPS) from anaerobic granular sludges [J]. Colloids and Surfaces B: Biointerfaces, 2010, 80: 161-168.

[21] Sheng G P, Xu J, Luo H W, et al. Thermodynamic analysis on the binding of heavy metals onto extracellular polymeric substances (EPS) of activated sludge [J]. Water Re-

search, 2013, 47: 607-614.

[22] Nouha K, Kumar R S, Tyagi R D. Heavy metals removal from wastewater using extracellular polymeric substances produced by Cloacibacterium normanense in wastewater sludge supplemented with crude glycerol and study of extracellular polymeric substances extraction by different methods [J]. Bioresource Technology, 2016, 212: 120-129.

[23] d'Abzac P, Bordas F, Van Hullebusch E, et al. Extraction of extracellular polymeric substances (EPS) from anaerobic granular sludges: comparison of chemical and physical extraction protocols [J]. Applied Microbiology and Biotechnology, 2010, 85: 1589-1599.

[24] Alasonati E, Dubascoux S, Lespes G, et al. Assessment of metal-extracellular polymeric substances interactions by asymmetrical flow field-flow fractionation coupled to inductively coupled plasma mass spectrometry [J]. Environmental Chemistry, 2010, 7: 215-223.

[25] Li W W, Yu H Q. Insight into the roles of microbial extracellular polymer substances in metal biosorption [J]. Bioresource Technology, 2014, 160: 15-23.

[26] Flemming H C, Leis A. Encyclopedia of Environmental Microbiology [J]. John Wiley & Sons, 2002.

[27] Ha J, Gélabert A, Spormann A M, et al. Role of extracellular polymeric substances in metal ion complexation on Shewanella oneidensis: batch uptake, thermodynamic modeling, ATRFTIR and EXAFS study [J]. Geochimica Et Cosmochimica Acta, 2010, 74: 1-15.

[28] Liu H, Fang H H P. Extraction of extracellular polymeric substances (EPS) of sludges [J]. Journal of Biotechnology, 2002, 95: 249 256.

[29] Mayer C, Moritz R, Kirschner C, et al. The role of intermolecular interactions: studies on model systems for bacterial biofilms [J]. International Journal of Biological Macromolecules, 1999, 26: 3-16.

[30] Flemming H C, Wingender J, Griebe T, et al. Chapter 2: physicochemical properties of biofilms. In: Evans, L V (Ed.), Biofilms: Recent Advances in Their Study and Control [M]. Harwood Academic Publishers, 2005.

[31] Späth R, Flemming H C, Wuertz S. Sorption properties of biofilms [J]. Water Science and Technology, 1998, 37: 207-210.

[32] Esparza-Soto M, Westerhoff P. Biosorption of humic and fulvic acids to live activated sludge biomass [J]. Water Research, 2003, 37: 2301-2310.

[33] Pan X, Liu J, Zhang D, et al. Binding of dicamba to soluble and bound extracellular polymeric substances (EPS) from aerobic activated sludge: a fluorescence quenching study [J]. Journal of Colloid And Interface Science, 2010, 345: 442-447.

[34] Nouha K, Kumar R S, Balasubramanian S, et al. Critical review of EPS production, synthesis and composition for sludge flocculation [J]. Journal of Environmental Sciences, 2018, 66: 225-245.

[35] Cao D Q, Iritani E, Katagiri N. Properties of filter cake formed during dead-end microfiltration of O/W emulsion [J]. Journal of chemical engineering of Japan, 2013, 46: 593-600.

[36] Cao D Q, Iritani E, Katagiri N. Evaluation of filtration properties in membrane filtration of O/W emulsion based on upward dead-end constant pressure filtration [J]. Kagaku Kogaku Ronbunshu. 2012, 38: 378-383.

[37] Iritani E, Katagiri N, Ishikawa Y, et al. Cake formation and particle rejection in microfltration of binary mixtures of particles with two different sizes [J]. Separation and Purification Technology, 2014, 123: 214-220.

[38] Iritani E, Katagiri N. Developments of blocking filtration model in membrane filtration [J]. Powder and Particle, 2016, 33: 179-202.

[39] Oliveira R C, Hammer P, Guibal E, et al. Characterization of metal-biomass interactions in the lanthanum (III) biosorption on Sargassum sp. using SEM/EDX, FTIR, and XPS: preliminary studies [J]. Chemical Engineering Journal, 2014, 239: 381-391.

[40] Smidsrød O. Molecular basis for some physical properties of alginates in the gel state, Faraday Discuss [J]. Faraday Discussions of the Chemical Society, 1974, 57: 263-274.

[41] Zhou Y, Zhang Z, Zhang J, et al. Understanding key constituents and feature of the biopolymer in activated sludge responsible for binding heavy metals [J]. Chemical Engineering Journal, 2016, 304: 527-532.

[42] Yuan X, Nie W C, Xu C, et al. From fragility to flexibility: construction of hydrogel bridges toward a flexible multifunctional free-standing $CaCO_3$ flm [J]. Advanced Functional Materials, 2017, 28: 1704956.

[43] Nkoh J N, Yan J, Hong Z N, et al. An electrokinetic perspective into the mechanism of divalent and trivalent cation sorption by extracellular polymeric substances of Pseudomonas fluorescens [J]. Colloids and Surfaces B: Biointerfaces, 2019, 183: 110450.

[44] Ki C S, Gang E H, Um I C, et al. Nanofibrous membrane of wool keratose/silk fbroin blend for heavy metal ion adsorption [J]. Journal of Membrane Science, 2007, 302: 20-26.

[45] Kolbasov A, Sinha-Ray S, Yarin A L, et al. Heavy metal adsorption on solution-blown biopolymer nanofber membranes [J]. Journal of Membrane Science, 2017, 530: 250-263.

[46] Pabby A K, Rizvi S S H, Sastre A M. Handbook of membrane separations: chemical, pharmaceutical, food, and biotechnological applications [M]. CRC Press, 2009.

[47] Chen M, Shafer-Peltier K, Randtke S J, et al. Competitive association of cations with poly (sodium 4-styrenesulfonate) (PSS) and heavy metal removal from water by PSS-assisted ultrafltration [J]. Chemical Engineering Journal, 2018, 344: 155-164.

[48] Huang J H, Shi L X, Zeng G M, et al. Removal of Cd (II) by micellar enhanced ultrafltration: role of SDS behaviors on membrane with low concentration [J]. Journal of Cleaner Production, 2019, 209: 53-61.

[49] Canizares P, Perez A, Camarillo R, et al. Simultaneous recovery of cadmium and lead from aqueous effluents by a semi-continuous laboratory-scale polymer enhanced ultrafltration process [J]. Journal of Membrane Science, 2008, 320: 520-527.

[50] 曹达啟, 方晓敏, 宋鑫, 等. 剩余污泥中胞外聚合物回收以及重金属离子去除的方法: ZL201811549284.4 [P]. 2018-12-18.

[51] Cao D Q, Yang W Y, Wang Z, et al. Role of extracellular polymeric substance in adsorption of quinolone antibiotics by microbial cells in excess sludge [J]. Chemical Engineering Journal, 2019, 370: 684-694.

[52] Moulder J F, Chastain J, King R C. Handbook of x-ray photoelectron spectroscopy: a reference book of standard spectra for identification and interpretation of XPS data [J]. Chemical Physics Letters, 1992, 220 (1): 7-10.

[53] Wei L, Li J, Xue M, et al. Adsorption behaviors of Cu^{2+}, Zn^{2+} and Cd^{2+} onto proteins, humic acid, and polysaccharides extracted from sludge EPS: sorption properties and mechanisms [J]. Bioresource Technology, 2019, 291: 121868.

[54] Dobrowolski R, Krzyszczak A, Dobrzyńska J, et al. Extracellular polymeric substances immobilized on microspheres for removal of heavy metals from aqueous environment [J]. Biochemical Engineering Journal, 2019, 143: 202-211.

[55] Hwang K J, Sz P Y. Effect of membrane pore size on the performance of crossflow microfltration of BSA/dextran mixtures [J]. Journal of Membrane Science, 2011, 378: 272-279.

[56] Wang J, Cahyadi A, Wu B, et al. The roles of particles in enhancing membrane filtration: a review [J]. Journal of Membrane Science, 2020, 595: 117570.

[57] Guo D, Wang H L, Fu P B, et al. Diatomite precoat fltration for wastewater treatment: fltration performance and pollution mechanisms [J]. Chemical Engineering Research and Design, 2018, 137: 403-411.

[58] Comte S, Guibaud G, Baudu M. Relations between extraction protocols for activated sludge extracellular polymeric substances (EPS) and complexation properties of Pb and Cd with EPS [J]. Enzyme and Microbial Technology, 2006, 38: 246-252.

[59] Matassa S, Batstone D J, Hülsen T, et al. Can direct conversion of used nitrogen to new feed and protein help feed the world? [J]. Environmental Science & Technology, 2015, 49: 5247-5254.

[60] Wang Y, Hu X, Han J, et al. Integrated method of thermosensitive triblock copolymer-salt aqueous two phase extraction and dialysis membrane separation for purification of lyci-

um barbarum polysaccharide [J]. Food Chemistry, 2016, 194: 257-264.

[61] Xing J M, Li F F. Purification of aloe polysaccharides by using aqueous two-phase extraction with desalination [J]. Natural Product Research, 2009, 23 (15): 1424-1430.

[62] Alvarez-Guerra E, Ventura S P M, Coutinho J A P, et al. Ionic liquid-based three phase partitioning (ILTPP) systems: Ionic liquid recovery and recycling [J]. Fluid Phase Equilibria, 2014, 371: 67-74.

[63] Neville D C A, Dwek R A, Butters T D. Development of a single column method for the separation of lipid-and protein-derived oligosaccharides [J]. Journal of Proteome Research, 2009, 8: 681-687.

[64] Han J, Wang Y, Chen T, et al. Heat-induced coacervation for purification of Lycium barbarum polysaccharide based on amphiphilic polymer-protein complex formation [J]. Canadian Journal of Chemistry, 2017, 95: 837-834.

[65] Grant G T, Morris E R, Rees D A, et al. Biological interactions between polysaccharides and divalent cations: The egg-box model [J]. FEBS Letters, 1973, 32: 195-198.

[66] Li G, Zhang G P, Sun R, et al. Mechanical strengthened alginate/polyacrylamide hydrogel crosslinked by barium and ferric dual ions [J]. Journal of Materials Science, 2017, 52: 8538-8545.

[67] Zhao Y, Li F, Carvajal M T, et al. Interactions between bovine serum albumin and alginate: an evaluation of alginate as protein carrier [J]. Journal of Colloid and Interface Science, 2009, 332: 345-353.

[68] Donati I, Paoletti S. Material properties of alginates [M]. Springer Berlin Heidelberg, 2009.

[69] Liu H, Fang H H P. Characterization of electrostatic binding sites of extracellular polymers by linear programming analysis of titration data [J]. Biotechnology & Bioengineering, 2002, 80: 806-811.

[70] Meng S J, Harvey W, Yu L. Ultrafiltration behaviors of alginate blocks at various calcium concentrations [J]. Water Research, 2015, 83: 248-257.

[71] Zhang P, Fang F, Chen Y P, et al. Composition of EPS fractions from suspended sludge and biofilm and their roles in microbial cell aggregation [J]. Chemosphere, 2014, 117: 59-65.

[72] Cao D Q, Tian F, Wang X, et al. Recovery of polymeric substances from excess sludge: Surfactant-enhanced ultrasonic extraction and properties analysis [J]. Chemosphere, 2021, 283: 131181.

[73] Gao J, Weng W, Yan Y, et al. Comparison of protein extraction methods from excess activated sludge [J]. Chemosphere, 2020, 249: 126107.

[74] Pronk M, Neu T R, van Loosdrecht M C M, et al. The acid soluble extracellular polymer-

ic substance of aerobic granular sludge dominated by *Defluviicoccus* sp [J]. Water Research, 2017, 122: 148-158.

[75] Arikawa H, Sato S, Fujiki T, et al. Simple and rapid method for isolation and quantitation of polyhydroxyalkanoate by SDS-sonication treatment [J]. Journal of Bioscience and Bioengineering, 2017, 124: 250-254.

[76] Raza Z A, Abid S, Banat I M. Polyhydroxyalkanoates: Characteristics, production, recent developments and applications [J]. International Biodeterioration & Biodegradation, 2018, 126: 45-56.

[77] Meng D, Jin W, Chen K, et al. Cohesive strength changes of sewer sediments during and after ultrasonic treatment: The significance of bound extracellular polymeric substance and microbial community [J]. Science of the Total Environment, 2020, 723: 138029.

[78] Pilli S, Bhunia P, Yan S, et al. Ultrasonic pretreatment of sludge: A review [J]. Ultrasonics Sonochemistry, 2011, 18: 1-18.

[79] Xu X, Cao D, Wang Z, et al. Study on ultrasonic treatment for municipal sludge [J]. Ultrasonics Sonochemistry, 2019, 57: 29-37.

[80] Chen W, Gao X, Xu H, et al. Influence of extracellular polymeric substances (EPS) treated by combined ultrasound pretreatment and chemical re-flocculation on water treatment sludge settling performance [J]. Chemosphere, 2017, 170: 196-206.

[81] Sindhu R, Kuttiraja M, Preeti V E, et al. A novel surfactant-assisted ultrasound pretreatment of sugarcane tops for improved enzymatic release of sugars [J]. Bioresource Technology, 2013, 135: 67-72.

[82] Tiehm A, Nickel K, Zellhorn M, et al. Ultrasonic waste activated sludge disintegration for improving anaerobic stabilization [J]. Water Research, 2001, 35 (8): 2003-2009.

[83] Tamilarasan K, Arulazhagan P, Rani R U, et al. Synergistic impact of sonic-tenside on biomass disintegration potential: Acidogenic and methane potential studies, kinetics and cost analytics [J]. Bioresource Technology, 2018, 253: 256-261.

[84] Rani R U, Kumar S A, Kaliappan S, et al. Enhancing the anaerobic digestion potential of dairy waste activated sludge by two step sono-alkalization pretreatment [J]. Ultrasonics Sonochemistry, 2014, 21: 1065-1074.

[85] Ushani U, Banu J R, Tamilarasan K, et al. Surfactant coupled sonic pretreatment of waste activated sludge for energetically positive biogas generation [J]. Bioresource Technology, 2017, 241: 710-719.

[86] Guan R, Yuan X, Wu Z, et al. Functionality of surfactants in waste-activated sludge treatment: A review [J]. Science of the Total Environment, 2017, 609: 1433-1442.

[87] Luo K, Yang Q, Yu J, et al. Combined effect of sodium dodecyl sulfate and enzyme on waste activated sludge hydrolysis and acidification [J]. Bioresource Technology, 2011,

102: 7103-7110.

[88] Andersen K K, Otzen D E. Folding of outer membrane protein A in the anionic biosurfactant rhamnolipid [J]. FEBS Letters, 2014, 588: 1955-1960.

[89] Zhang J, Wang Y L, Lu L P, et al. Enhanced production of Monacolin K by addition of precursors and surfactants in submerged fermentation of Monascus purpureus 9901 [J]. Biotechnology and Applied Biochemistry, 2014, 61: 202-207.

[90] Wang L F, Huang B C, Wang L L, et al. Experimental and theoretical analyses on the impacts of ionic surfactants on sludge properties [J]. Science of the Total Environment, 2018, 633: 198-205.

[91] Li L J, Wang Z H, Huo Y P, et al. Study on surfactant-assisted ultrasonic extraction of total polyphenols from Eucommia ulmoides leaves and their antioxidant activity [J]. China Surfactant Detergent & Cosmetics, 2020, 50: 164-170.

[92] Chang K L, Han Y J, Wang X Q, et al. The effect of surfactant-assisted ultrasound-ionic liquid pretreatment on the structure and fermentable sugar production of a water hyacinth [J]. Bioresource Technology, 2017, 237: 27-30.

[93] Shanthi M, Banu J R, Sivashanmugam P. Effect of surfactant assisted sonic pretreatment on liquefaction of fruits and vegetable residue: characterization, acidogenesis, biomethane yield and energy ratio [J]. Bioresource Technology, 2018, 264: 35-41.

[94] 曹达啟, 王欣, 杨晓璇, 等. 剩余污泥中胞内与胞外高分子聚合物同时回收的方法 [P]. CN201910739281.5, 2019-11-12.

[95] Lai Y S, Zhou Y, Eustance E, et al. Cell disruption by cationic surfactants affects bioproduct recovery from Synechocystis sp. PCC 6803 [J]. Algal Research, 2018, 34: 250-255.

[96] Zhou Y, Lai Y S, Eustance E, et al. Promoting Synechocystis sp. PCC 6803 harvesting by cationic surfactants: alkyl-chain length and dose control for the release of extracellular polymeric substances and biomass aggregation. ACS Sustain [J]. Chemistry & Engineering, 2019, 7 (2): 2127-2133.

[97] Sun P, Zhang J, Esquivelelizondo S, et al. Uncovering the flocculating potential of extracellular polymeric substances produced by periphytic biofilms [J]. Bioresource Technology, 2018, 248: 56-60.

[98] Kavitha S, Pray S S, Yogalakshmi K N, et al. Effect of chemo-mechanical disintegration on sludge anaerobic digestion for enhanced biogas production [J]. Environmental Science and Pollution Research, 2016, 23: 2402-2414.

[99] Lai Y S, De Francesco F, Aguinaga A, et al. Improving lipid recovery from Scenedesmus wet biomass by surfactant-assisted disruption [J]. Green Chemistry, 2016, 18: 1319-1326.

[100] Zhou Y, Lai Y S, Eustance E, et al. How myristyltrimethylammonium bromide en-

hances biomass harvesting and pigments extraction from *Synechocystis* sp. PCC 6803 [J]. Water Research, 2017, 126: 189-196.

[101] Qin H, Hu T, Zhai Y, et al. The improved methods of heavy metals removal by biosorbents: A review [J]. Environmental Pollution, 2020, 258: 113777.

[102] Wang B B, Liu X T, Chen J M, et al. Composition and functional group characterization of extracellular polymeric substances (EPS) in activated sludge: the impacts of polymerization degree of proteinaceous substrates [J]. Water Research, 2018, 129: 133-142.

[103] Yin C, Meng F, Chen G H. Spectroscopic characterization of extracellular polymeric substances from a mixed culture dominated by ammonia-oxidizing bacteria [J]. Water Research, 2015, 68: 740-749.

[104] Liu W, Zhang J S, Jin Y J, et al. Adsorption of Pb (II), Cd (II) and Zn (II) by extracellular polymeric substances extracted from aerobic granular sludge: Efficiency of protein [J]. Journal of Environmental Chemical Engineering, 2015, 3: 1223-1232.

[105] Teng Z D, Shao W, Zhang K Y, et al. Pb biosorption by *Leclercia adecarboxylata*: Protective and immobilized mechanisms of extracellular polymeric substances [J]. Chemical Engineering Journal, 2019, 375: 122-113.

[106] Nkoh J N, Lu H L, Pan X Y, et al. Effects of extracellular polymeric substances of Pseudomonas fluorescens, citrate, and oxalate on Pb sorption by an acidic Ultisol. Ecotoxicol [J]. Ecotoxicology and Environmental Safety, 2019, 171: 790-797.

[107] Wang H, Zhou A, Peng F, et al. Mechanism study on adsorption of acidified multiwalled carbon nanotubes to Pb (II) [J]. Journal of Colloid and Interface Science, 2007, 316: 277-283.

[108] Li N, Bai R. Copper adsorption on chitosan-cellulose hydrogel beads: behaviors and mechanisms [J]. Separation and Purification Technology, 2005, 42: 237-247.

[109] Yu H Q. Molecular insights into extracellular polymeric substances in activated sludge [J]. Environmental Science & Technology, 2020, 54: 7742-7750.

第 7 章
污水中其他的可回收资源

7.1 污泥厌氧消化产甲烷

随着城市化步伐的不断加快，污水处理量逐年增加，剩余污泥大量增加，污泥处理处置已成为污水处理厂的重要问题。污水处理厂剩余污泥中，含有碳、氮、磷等营养元素，在全球资源短缺的今天，对其进行资源回收是可持续发展的重要举措。同时，随着工业的不断发展，化石燃料等不可再生能源被大量消耗，导致了气候变化和能源短缺，寻求减少温室气体的可再生资源迫在眉睫[1]。

厌氧消化（AD）是常用的一种污泥修复技术，在减少污泥体积以及病原菌数量的同时，还可产生可再生能源——甲烷。习近平总书记于 2020 年 9 月 22 日在第七十五届联合国大会上提出："中国将提高国家自主贡献力度，采取更加有力的政策和措施，二氧化碳排放力争于 2030 年前达到峰值，努力争取 2060 年前实现碳中和。"这预示着中国乃至全世界都将向着"碳中和"目标迈进。对污水处理厂而言，"碳中和"狭义地讲为能源的自给自足，其中，有力的措施之一即为：最大程度转化污水中有机物或产生的剩余污泥所蕴含的有机能源，将其生成可再生能源——甲烷。本节简要介绍污泥厌氧消化的机理、影响因素以及技术瓶颈与对策。

7.1.1 厌氧产甲烷机制

污泥厌氧消化是一个多阶段的复杂生物过程，包括水解、酸化、产氢产乙酸、产甲烷四个阶段。各阶段之间既相互联系又相互影响，水解阶段将难溶性有机物和高分子化合物（如脂类、多糖、蛋白质和核酸）降解为可溶性有机物（如氨基酸和脂肪酸）。水解过程中形成的成分在酸化阶段中进一步分裂，挥发性脂肪酸是在产酸（或发酵）细菌作用下与氨（NH_3）、CO_2、H_2S 和其他副产品一起产生的。产氢产乙酸为第三个阶段，在此阶段，由酸生成的高级有机酸和醇被进一步消化，产物主要是乙酸、CO_2 和 H_2，这种转换在很大程度上受混合物中 H_2 分压的控制。甲烷生成的最后阶段由两组产甲烷细菌完成，第一组把乙酸分解成甲烷和二氧化碳，第二组用氢作为电子供体和二氧化碳作为受体来产生甲烷。

不同于其他基质的厌氧消化，污泥厌氧消化中含有大量的微生物细胞及胞外多聚物等复杂的大分子有机物，导致了厌氧消化污泥微生物组的种群组成、功能及种群间互作关系等异常复杂，使厌氧消化污泥微生物组分析成为难点问题。污泥厌氧消化是一个多阶段的生物过程，每个阶段有其特有的微生物。随着分子生物技术及生物信息学分析的快速发展，污泥厌氧消化过程这个"黑匣子"逐渐被打开，人们对污泥厌氧体系中微生物的功能解析成为可能。例如，拟杆菌门（*Bacteroidetes*）和厚壁菌门（*Firmicutes*）是水解过程中主要的菌群，绿弯菌门（*Chloroflexi*）、变形菌门（*Proteobacteria*）、拟杆菌门和厚壁菌门是酸化过程中主要的菌群。水解和酸化阶段均有细菌参与，而产甲烷阶段完全由古菌参与，与甲烷菌属相关的甲烷微生物菌群是甲烷生成的主要驱动因素。根据产甲烷途径产甲烷菌主要分为三种类型，即乙酸型、氢型和甲基型产甲烷菌。其中，大多数的甲烷主要是通过乙酸型和氢型产甲烷菌作用所产生。甲烷杆菌属（*Methanobacterium*）、甲烷八叠球菌属（*Methanosarcina*）、甲烷短杆菌属（*Methanobrevibacter*）、甲烷丝菌属（*Methanosaeta*）是主要的产甲烷微生物。

7.1.2 影响因素

在不同条件下，微生物的群落结构和污泥性质存在较大的差异。温度、pH、金属离子、氨氮（NH_4^+-N）及搅拌混合等因素均会对污泥厌氧消化过程产生影响。

(1) 温度

控制厌氧消化过程处在最佳消化温度非常重要，温度不仅影响微生物的生长速率和代谢，对消化液中底物的理化性质也有重要影响。目前，对厌氧消化的研究主要集中在中温（30~40℃）和高温（50~60℃）条件。与中温厌氧消化相比，高温厌氧消化具有一些优势，如较高生物和化学反应速率、增加有机化合物的溶解度、使病原体失去活性以及更高的产气量，高温消化比中温消化产气量高1倍左右[2]。但高温甲烷菌的内源呼吸消耗较大，细菌的老化与死亡率较高，使细菌产率降低，挥发性脂肪酸积累[3]。实验证明，40℃时污泥的厌氧消化效果较好，尤其有利于提升初沉污泥厌氧消化产气量。不同厌氧消化底物有不同的最佳温度，在55℃时，剩余污泥和生活垃圾联合厌氧消化效果最好，此时厌氧消化过程具有启动快、产气量高、发酵周期短等特点[4]。产甲烷菌是对温度升高最敏感的类群之一，温度的变化，不利于厌氧甲烷菌的生长繁殖；不同温度下，产甲烷菌的丰度不同，从而产生不同的甲烷量[5]。

(2) pH

厌氧微生物的生长、物质代谢与 pH 有密切的联系，因此 pH 的变化直接影响厌氧消化的进程和产物。不同微生物对 pH 的要求不同，过高或过低的 pH 均会导致水解菌和产甲烷菌的活性产生变化，从而影响厌氧消化的稳定运行。产甲烷菌对 pH 极其敏感，最适 pH 值在 6.5~8.2 之间。在嗜热条件下，产甲烷菌最适 pH 升高[6]。发酵微生物的敏感性较低，可在 pH 值为 4.0~8.5 的更大范围内发挥作用，低 pH 时，主要产物为乙酸和丁酸，而 pH 为 8.0 时，主要产物为乙酸和丙酸[7]。此外，剩余污泥中较高的硫含量影响厌氧消化过程中甲烷的产生，同时导致沼气中硫化氢的形成；然而，较高的 pH 可抑制硫酸盐还原菌与产甲烷菌的竞争，有利于产甲烷菌的生长[8]。

(3) 其他

除温度与 pH 值外，金属离子、氨浓度以及搅拌、混合等操作条件也会影响厌氧消化产甲烷的效率。金属离子对微生物的生长具有重要作用，是污泥厌氧消化稳定运行的重要影响因素，对厌氧消化具有刺激、抑制甚至有害的作用，其程度取决于元素的浓度，污泥甲烷产率随金属浓度的增加而降低[9]。

氨在消化系统中以 NH_3 及 NH_4^+ 的形式存在，(NH_4^+-N) 不仅能提高厌氧消化体系的缓冲能力，而且还能为微生物的生长提供所需氮源。但过高的 NH_4^+-N 浓度也会抑制厌氧微生物的活性，从而抑制厌氧消化进程，导致中间代谢产物的积累和较低的产甲烷量[10]。在相同的 pH 条件下，随着游离氨的浓度增大，溶解性化学需氧量（SCOD）、可溶解性蛋白和多糖的浓度增多，对污泥絮体的破坏作用也越强，从而可提高产甲烷效率。同时，游离氨（NH_3）还能降低硫化物等有毒成分含量[11]，并提高磷的回收利用[12]。

搅拌和混合可加快污泥中各成分的相互接触，并促使沼气释放出来。搅拌技术改善传质效果、解决物化及生化反应过程中物料混合效果不均匀等问题；同时，优化间歇混合，可以提高厌氧消化能源生产效率。综上所述，污泥厌氧消化产甲烷过程存在着许多的影响因素，优化选择最佳条件，以使效益最大化是实际工程应用的重点。

7.1.3 技术瓶颈与对策

尽管厌氧消化是污水处理厂中稳定、减少和循环利用污泥的重要方法,但仍存在一些技术瓶颈,如有机降解效率低、反应时间长、占地面积大、成本高等。因此,为了提高甲烷的产率,提高厌氧消化性能,学者们不断对污泥厌氧消化进行研究。提高污泥厌氧消化性能的对策技术主要包括污泥预处理、优化操作条件和投加添加剂等。

(1) 预处理

水解阶段是厌氧消化产甲烷过程的限速阶段,具体表现为污泥细胞胞外聚合物和微生物细胞壁阻碍了细胞内有机物的释放、水解。在污泥厌氧消化前进行预处理是改善水解和促进产甲烷的主要对策。污泥预处理技术主要包括物理/机械处理、化学处理、热处理、生物处理以及这些方法的联合处理。

在物理/机械预处理方法中,超声波是一种成熟的用于污泥分解的机械技术,超声强化污泥水解小分子化过程中溶解性有机物的产生,促使污泥水解引起的 EPS 破解,导致污泥粒径减小;但物理/机械预处理技术能耗高、成本大。化学预处理法中酸、碱均能够增加污泥的溶解性有机物,提高产甲烷效率,但不仅消化化学品,而且可能带来二次污染。

热预处理是一种相对成熟的技术,包括低温、高温以及冰冻/解冻;热预处理破坏了细胞壁的化学键,使细胞内的成分释放出来,产生可溶性的有机物,这些有机物易被水解。并且,减少污泥的体积,改善污泥脱水性能以及具有杀灭病原体、祛除异味功能。低温预处理中温度低于100℃,刺激嗜热细菌溶解有机颗粒,并提高生物降解性[13];高温预处理中温度大于100℃,促进有机颗粒的物理解体和增溶[14]。在寒冷地区,冻融技术可使絮凝体转化为高度致密的形式,从而提高脱水能力并灭活污泥中的细菌,促进污泥基质中溶解性有机物溶解[15]。

生物预处理是一种经济、节能、环保、不消耗化学物质的方法,主要包括好氧、厌氧、酶辅助预处理三种[16]。通过改进发挥协同作用的微生物基质,可简化和增强厌氧消化水解阶段。虽然环保、经济,但耗时、微生物增殖难以控制是生物预处理的瓶颈。好氧预处理通过微曝气和好氧或兼性厌氧微生物处理污泥,进而提高水解微生物活性,加速复杂有机物水解;厌氧预处理通过中温和高温环境下处理污泥,改善絮凝体结构,使固体结构解体,并在高温消化过程中杀死病原体,提高沼气产量;酶预处理可以促进水解,提高污泥厌氧消化性能,改善脱水性,并且产生的溶解性有机物可生物降解性强,从而污泥厌氧发酵效果更好,提高产气量，产生的短链脂肪酸（SCFA）可作为污水处理厂脱氮除磷工艺的碳源。

此外，单一的预处理方法存在一定的局限性，因此，研究者探究不同预处理方法的集成和联合预处理方法，如热-化学预处理、微波-碱、高压均质化-碱、高压-臭氧、超声波-碱、机械-碱、电化学预处理等。最近，亦有研究采用低频 CaO 和超声联合[17]、十二烷基苯磺酸钠联合低温处理[18]、紫外联合 CaO_2[19] 等预处理，提高污泥厌氧消化产气量。未来的研究应评估厌氧消化残留物在环境中的影响，并对污泥特性、预处理条件和工艺参数进行更深入的调查，以产生具有成本效益和实用的预处理技术策略；同时，研究必须集中在降低能源需求和解决环境问题上，对未来的可持续发展具有关键意义。

(2) 优化操作条件

污泥厌氧消化是一个连续的化学与生物过程，涉及多种微生物和酶的混合培养。微生物和酶的活性通过调节环境条件而改变，这对污泥厌氧消化的有效性至关重要。控制主要操作条件可以提高反应器效率，保证反应器稳定产甲烷。这些操作条件可分为直接影响厌氧生物活性的基本参数、厌氧消化器的主要操作参数、厌氧系统的主要工作模式三个部分。

碱度、pH、温度、氧化还原电位（ORP）是直接影响厌氧生物活性的基本参数，对污泥厌氧消化有重要的影响。产甲烷菌对环境要求苛刻，产甲烷菌最佳 pH 值和碱度分别为 $6.5 \sim 8.2$[20] 和 $2000 mg \cdot L^{-1}$ $NaHCO_3$[21]，水解和酸化细菌通常不那么敏感，pH 值均在 $5.0 \sim 6.5$ 之间。温度对生物活性也有非常重要的影响，特别是对酶活性或反应。$35 \sim 55 ℃$ 之间，污泥厌氧消化水解阶段性能提高，水解微生物活性提高[22]。快速和频繁的温度变化会影响细菌，特别是产甲烷菌。大多数产甲烷菌在两个温度范围内（$30 \sim 38 ℃$ 和 $50 \sim 60 ℃$）活跃，$35 ℃$ 通常被认为是中温性厌氧消化的最佳温度。ORP 是影响厌氧消化内微生物活动的另一个重要因素。产甲烷菌为严格的厌氧菌，在 ORP $< -300 mV$ 的环境中生长最好，而大多数兼性细菌，如酸化细菌，则在 ORP 介于 $-200 \sim +200 mV$ 的环境中生长良好，故厌氧消化 ORP 范围一般为 $-300 \sim -100 mV$[23]。

污泥停留时间（SRT）、有机负荷率（OLR）和混合等污泥厌氧消化器的操作参数影响污泥厌氧消化的效果。通过优化消化池的主要操作参数，有望提高产甲烷效率。SRT 是污泥厌氧消化实现能量自给的关键，SRT 缩短往往会导致甲烷产率降低，所以 SRT 应该足够长，以使污泥达到最佳水解和发酵，但 SRT 过长会增加处理成本和初始投资。研究表明，在较短的 SRT（15d）下，预处理与两阶段厌氧消化相结合，可提高水解速率和污泥产气量[24]。一定范围内，污泥厌氧消化效率随着 OLR 的增加而提高。在 $5.1 \sim 15.2 g \cdot L^{-1}$ 化学需氧量（COD）

时，随着 OLR 的提高，甲烷产量提高[25]。然而，高 OLR 也会导致与微生物活性相关的基本参数如 pH、碱度的改变，从而导致污泥厌氧消化的效率降低。在两级污泥厌氧消化系统中，OLR 是水力停留时间（HRT）和 COD 浓度两个独立参数的函数，随着 HRT 的增加，OLR 将会降低，产气量增加[26]。充分的混合可以提高厌氧微生物与有机物的接近程度，目的是获得最大的消化，影响溶解有机物的特性和酸化阶段的关键微生物，提高水解酸化效率，从而提高沼气和甲烷的产量。混合的主要优点是为微生物提供统一环境、防止分层、避免 pH 和温度梯度、促进甲烷逸出、促进传质传热等。然而，高强度的混合会浪费能量，对微生物活性造成影响，不利于甲烷的生成。

污泥厌氧消化系统的工作模式主要分为四种：两相污泥厌氧消化、厌氧共消化、高固相污泥厌氧消化和多级污泥厌氧消化。

两相污泥厌氧消化是根据酸化细菌和产甲烷菌在营养需求、对环境条件的敏感性、生理和生长动力学方面存在很大差异，将酸化细菌和产甲烷菌分离到两个反应器中，为它们提供最佳的环境条件来提高产气量。研究表明，在相同的 HRT、OLR 和温度下，两相厌氧消化系统比传统的单相厌氧消化获得的有机物去除率高 12%，沼气产量高 32%[27]。

厌氧共消化，即同时对两个或多个底物进行消化，它可以克服单一消化的缺点，增强单个底物的降解，实现更高的产甲烷量。单相消化缺点主要在于底物性质，例如，污水污泥的有机负荷较低、农用工业废弃物受季节性波动、动物粪便氮浓度高等，可不同程度抑制产甲烷菌。厌氧共消化的主要关注点是改善沼气和甲烷的产生，可改善过程稳定性、养分平衡和微生物的协同效应，具有减少温室气体排放和加工成本的优点。

高固相污泥厌氧消化（HSAD）是替代传统厌氧消化的一种较具前景的方法，它减少了污泥处理量、运输成本和供热能源消耗，提高了污泥的施肥潜力。与传统的厌氧消化相比，通过对污泥进行集中处理，HSAD 为污泥处理的能量平衡提供可选方案。然而，由于高固相厌氧消化允许更高的 OLR，可能导致 VFAs 积累和氨抑制等问题[28]。

多级厌氧消化系统是指以最大限度地将污泥有机物转化为厌氧消化过程中的生物能，即多个消化器在一个网络中运行，其设计目的是优化每个过程反应，以分解有机物和产生富含甲烷的沼气。与单级系统相比，多级厌氧消化系统能够实现更大的固相还原性、更高的 OLR 范围和更好的沼气质量。

（3）添加剂作用

添加剂往往通过促进微生物生长来提高污泥中的沼气产量，类型主要包括营养补充剂、酶反应促进剂和电子转移剂[29]。营养补充剂和适当的酶促反应条件可以提高缓冲容量和微生物活性,加速电子传递可以促进厌氧消化过程中生化反应的速率。添加营养物质,可以刺激甲烷的产生,并提高过程的稳定性。其中,宏观营养(N、P、S等)是生物质不可缺少的成分,同时也起着必要的缓冲作用,而微量营养素(Fe、Ni、Mo、Co、W、Se等)是参与甲烷生物化学形成的众多酶促反应的关键辅助因子。然而,过量的宏观和微观营养物质可能抑制厌氧消化过程。酶反应促进剂,如还原型辅酶Ⅱ(NADPH)、乙酰辅酶A(Acetyl Co A)和对氨基苯甲酸(PABA)是厌氧消化过程中关键的酶,3种微生物活性促进剂均能促进污泥厌氧消化产气。其中,NADPH的促进效果最为显著[30]。

种间直接电子传递机制作为电子转移的一种,是指微生物将电子传递到细胞外,通过特定方式直接传递给电子受体的过程,这种传递过程不依赖于H_2或甲酸作为电子载体[31]。导电物质介导是种间直接电子传递机制的一种,是指在环境中存在导电性物质时,微生物会利用这些导电物质代替鞭毛进行电子传递,尽可能地利用更少能量消耗的生长过程[32]。利用导电物质介导是当前污泥厌氧消化产甲烷发展的前沿,常见的导电物质有颗粒活性炭、生物炭、磁铁矿、零价铁(ZVI)和其他铁氧化物等。例如,磁铁矿是一种具有亚铁磁性的矿物,富含四氧化三铁,作为一种常用的导电物质,能够有效地促进种间电子传递,增强产酸菌和产甲烷菌电子传递,促进污泥的水解和产甲烷[33]。赤泥是一种制铝后产生的工业固体废渣,其中含有大量的氧化铁,添加赤泥可以通过多途径促进微生物种间电子传递效率,从而提高污泥厌氧消化产甲烷性能[34]。

最近,ZVI成为一种热门研究的还原性物质,加入厌氧系统后可以降低ORP,为厌氧生物过程创造更有利的环境[35]。ZVI作为电子供体,能够提高酸化过程中一些重要酶的活性,促进丙酸等小分子向乙酸转换,促进产甲烷[36]。随着ZVI在厌氧消化领域研究的深入,国内外研究者开始关注纳米零价铁(NZVI)。NZVI可促使污泥中一些难降解有机物降解,如持久性有机物(POPs)[37]和胞外聚合物(EPS)[38]。NZVI由于具有较高的表面能,与其他有机物接触时极易发生电子转移,有机物在作为电子受体,接受NZVI的电子后可分解成小分子烃类物质,还可以促进多数氢营养型产甲烷菌的生长,提高水解酸化效率[39]。同时,也应注意到NZVI可降低细胞活性和产甲烷关键辅酶活性,可能对产甲烷过程造成抑制[40]。

7.1.4 小结

厌氧消化产甲烷是污泥能源化的有力手段。影响甲烷产量的外在环境条件,包括温度、pH、金属离子、氨氮及搅拌混合等。厌氧消化过程由水解、酸化、产氢产乙酸和产甲烷四个阶段构成，目前研究关注焦点仍是提升公认的限速步骤——水解阶段的效率，而针对酸化、产氢产乙酸及产甲烷阶段强化的技术较少，但有望成为未来的发展方向。污泥预处理、优化操作条件和投加添加剂是解决污泥厌氧消化瓶颈的技术策略，导电物质介导促进种间电子传递是厌氧消化产甲烷的前沿热点方向。

7.2 磷回收

磷资源被认为是一种难以再生的非金属矿产资源，且磷对万物至关重要[41]。磷约占人体质量的1%，我们每天吃的食物含有看不见的磷，维持着身体的刚需与平衡，骨骼"无磷不坚"，是遗传物质、蛋白质等物质的重要组成元素，同时还参与人体酸碱平衡的调节。磷亦是植物生长的营养元素，能促进植物的根系生长，提高果实品质，无磷就会营养不良。

国家资源信息部中心预测2050年磷矿资源或将成为我国短缺资源[42]。据2020年美国地质调查局最新统计显示，2019年世界磷矿总开采量约2.4亿吨，已被探明的磷矿资源690亿吨，照此计算磷矿资源可用约288年[43]。随着生活水平和现代化技术的逐步提高，磷矿的开采急剧增加，使得全球的磷矿资源日益减少，有学者甚至认为磷资源不足以供人类100年使用[44]。另一方面，在污水处理过程中磷主要存在于污泥中，2019年我国污泥产量超过6000万吨（以含水率80%计），预计2025年我国污泥年产量将突破9000万吨[45]，如此庞大数量的剩余污泥若无法得到有效利用，将对污水处理厂带来沉重的负担。

研究显示，我国市政污水污泥含磷量为$7.10 \sim 27.60 g \cdot kg^{-1}$[46]；然而，含磷矿物主要分布在沉积岩中，典型的沉积岩仅含0.2%的磷[47]。由此可见，污水污泥其实是一座隐形的磷矿，其含磷量比沉积岩还高。目前，水处理领域主要借助生物摄取加以化学沉淀，同时借助物理沉降，达到除磷、富集磷的目的。本小节主要论述水体中磷的来源、除磷机理及磷回收途径和工艺，以供污水中磷的除去与回收参考，同时加强人们磷危机意识和激发更多的磷回收技术。

7.2.1 水体中磷的来源

磷污染是水体富营养化的主要原因。污水厂中磷主要来源于排泄物、部分初期雨水等，而污水厂除磷相当一部分是磷的间接转移，即将污水中的磷通过生物作用转移到污泥中。据调查显示，目前我国有29.3%的污泥经土地利用进行处置，污泥焚烧占26.7%，而污泥卫生填埋仍占污泥处理的20.1%[48]，经雨水冲刷最终进入水体，污染水环境。

水体中磷污染源除了污泥"卫生填埋"外，农业磷肥大肆使用亦是主要来源。我国是世界上最大的磷矿石消费国，据统计中国有75.6%的磷矿用于农业化肥生产[49]，惊人的是大约有50%的磷肥未被吸收，经雨水冲刷形成地表径流汇入河流，排泄物（未经处理）中含有大量未被吸收的磷随之流进地表水体，最后进入海洋[50]。国外学者将农业磷肥视为一种普遍存在的危机，因只有大约16%的磷肥被吸收流进食物里，剩余的磷以不同的形式流进水体[51]，最终导致地球上所有未被利用的磷回归大海，与其他物质反应，形成不可溶解的沉淀形态深藏海底[52]。磷元素大量的流失促使磷回收工作的推进，同时，迸发出从污、废水中去除、富集、回收磷的大量研究和工艺，以减缓磷资源的消耗[53]。

7.2.2 除磷机理

污水厂主要通过两种方式除磷：其一，借助微生物的作用将污水中的磷转移至污泥中；其二，通过添加化学试剂达到磷的富集沉淀。这样，水溶态磷转为固态磷，保证出水中磷含量达标。常见的污水处理除磷工艺有厌氧/缺氧/好氧（anaerobic-anoxic-oxic，A^2/O）工艺、改进的 A^2/O（即 university of cape-town，UCT）工艺、生物/化学除磷脱氮（biologische chemische fosfaat stikstof verwijdering，BCFS）工艺，甚至好氧颗粒污泥（aerobic granular sludge，AGS）工艺等。

生物除磷法是通过聚磷菌（phosphorus accumulating organisms，PAO）摄磷、放磷作用，实现污水中磷的去除。在厌氧环境中，PAO微生物利用分解自身聚磷酸盐释放的能量和自身糖原释放的能量（提供还原力）吸收水中的挥发性脂肪酸，合成胞内的聚合物质——聚-β-羟基脂肪酸酯（PHA），这个过程中胞内的磷酸盐释放到污水中，这时污水中含有微生物释放的磷酸盐、污水中原含有的磷酸盐和部分聚合物分解产生的磷酸盐。在好氧条件下，PAO微生物利用在好氧阶段胞内储存的PHA聚合物，在氧气作为电子受体的作用下分解释放能量，将污水中的磷酸盐合成胞内聚磷酸盐，且这时环境处于磷富集状态，PAO微生物会过量吸收环境中的磷储存到自身体内，这将造成厌氧释放的磷量小于好氧吸收的磷量，最终使溶于水环境中的磷含量降低，达到除磷的目的。此外，在缺氧条件下，兼性微生物反硝化除磷菌（denitrification phosphorus-removing bacterium，DPB）可利用 NO_2^- 或 NO_3^- 为电子受体替代 O_2，并吸收磷及释放氮气，进行同 PAOs 细菌一样的代谢过程，实现除磷。

化学除磷法是向污水中投加金属盐，借助金属离子与磷酸根反应生成不溶性磷酸盐沉淀以从污水中分离，常见金属盐主要是铁盐、铝盐，如 $FeCl_3$、$KAl(SO_4)_2 \cdot 12H_2O$ 等，还可投加金属氧化物，如 CaO 等。此外，微生物絮凝除磷剂也是一种理想的除磷投加剂，它是提取微生物的分泌物，凭借其强大的吸附力除磷。传统单一的化学除磷法费用高、污泥量大且可能产生二次污染等问题，故目前主要是采用生物法辅以化学沉淀除磷法以达排放或使用标准。

7.2.3 鸟粪石回收

鸟粪石（$MgNH_4PO_4 \cdot 6H_2O$，MAP）是一种难溶于水的白色晶体，富含氮、磷营养元素，是一种优质肥料，因与海鸟粪便的主要成分相同，故名鸟粪石。鸟粪石结晶法是目前普遍认可的磷回收方法，其工艺简单，操作方便，且结晶成粒后可除去污水中的磷、氮污染，是一种优质的缓释肥[54]。从鸟粪石的化学方程式中，不难发现 $Mg^{2+}:NH_4^+:PO_4^{3-}=1:1:1$，那么在一定的条件下，如合适的 pH、离子量、温度等，当污水中离子浓度积大于离子溶度积时，便会有沉淀析出。反应方程式如下：

$$Mg^{2+} + NH_4^+ + PO_4^{3-} + 6H_2O \longrightarrow MgNH_4PO_4 \cdot 6H_2O \downarrow \quad (7.1)$$

$$Mg^{2+} + NH_4^+ + HPO_4^{2-} + 6H_2O \longrightarrow MgNH_4PO_4 \cdot 6H_2O \downarrow + H^+ \quad (7.2)$$

$$Mg^{2+} + NH_4^+ + H_2PO_4^- + 6H_2O \longrightarrow MgNH_4PO_4 \cdot 6H_2O \downarrow + 2H^+ \quad (7.3)$$

鸟粪石晶体的形成分两个阶段：成核阶段和生长阶段。在反应初期，各种离子形成晶胚，其形成快慢取决于动力学条件，即成核阶段；形成晶体的各种离子不断结合到晶胚上，最终形成平衡，形成稳定的鸟粪石晶体，即生长阶段。

在污水处理过程中生产大量的鸟粪石，需投加一定的 $MgCl_2$、NH_4Cl、NaOH 等做补充剂，以保证一定的 NH_4^+ 和碱度。厌氧释磷的上清液或污泥厌氧消化的上清液可作为反应的污水。通常采用流化床工艺进行实验，不同性质的污水生产鸟粪石的实验条件不同，但其形成的鸟粪石晶体粒径都在 1 mm 左右，磷的回收率高达 85% 以上[55]。pH 值是影响鸟粪石形成的直接因素，过低或者过高都影响鸟粪石形成，不同 pH 下典型的鸟粪石 SEM 图存在显著差异[56]，由于废水组分的复杂多样性，最佳 pH 的选取仍然需要依据废水成分，灵活设定[57]。

从鸟粪石的化学式来看，Mg^{2+}：NH_4^+：PO_4^{3-} = 1：1：1，但根据反应动力学平衡想要更多的 MAP 生成，要控制好晶体组成的各离子浓度。此外，Ca^+ 存在亦会影响鸟粪石的成核时间，降低 MAP 的生长速率，抑制晶体形成，并促进其他杂质的生成，影响 MAP 晶体的纯度[58]。通过 SEM 观察不同的 Ca/Mg 下 MAP 形成颗粒发现，当 Ca/Mg 由 0 变化到 3/2 时，鸟粪石的形状由细针状、长针状向粗针状变化，粒径尺寸变小[59]。虽然磷的去除率可能不受影响，但 Ca^{2+} 浓度过高会抑制鸟粪石的形成，MAP 纯度降低。

7.2.4　蓝铁矿回收

蓝铁矿 [vivianite，$Fe_3(PO_4)_2 \cdot 8H_2O$] 是一种磷矿石，P_2O_5 折标含量为 28.3%，FeO 为 45%。一般生成于少硫、富磷、富铁的还原性水环境中，经常出现于湖泊、海洋、河流及沼泽等水体底部沉积物之中[60]，它是一种非常稳定的磷-铁晶体，几乎不溶于水（$K_{sp}=10^{-36}$），但可溶于酸，其生长环境 pH 一般在 6～9 之间[61]。蓝铁矿早年用于欧洲油画染料，现代用途广泛，如可用作肥料的生产原料等[62]。

研究发现，自然界中蓝铁矿的形成环境与污泥厌氧消化极为相似[50,63]。在一定量的 Fe^{2+} 与 PO_4^{3-} 下，防止 Fe^{2+} 被氧化，并保持适宜的 pH 等环境，即可合成蓝铁矿。污水厌氧消化正好存在这样的条件：①市政污水 pH = 6～8，②存在将 Fe^{3+} 还原为 Fe^{2+} 的异化金属还原菌，③存在 PO_4^{3-}。因此，有望回收污水中高附加值产品——蓝铁矿。Wilfert 等验证了污泥厌氧消化可以产生蓝铁矿[61,62]，但剩余污泥中除了 COD、磷酸盐（PO_4^{3-}）、铁（Fe^{3+}）外，还有其他金属、非金属的离子存在，可能干扰或促进蓝铁矿生成[50]。例如，剩余污泥中 Ca^{2+}、Mg^{2+}、Al^{3+}、S^{2-} 等，对蓝铁矿的形成有着不同的抑制作用[57]。

7.2.5　小结

磷矿资源面临匮乏危机，为了人类的可持续发展，亟需开源磷矿来源。污水处理厂污泥中含有大量的磷，有望成为传统磷矿的替代，高效、环保、省能的磷回收技术及磷产品的高附加值回收是未来的研究方向。依托 A^2/O、UCT、BCFS 等除磷工艺，回收鸟粪石与蓝铁矿形态的磷，成为磷资源的新来源。

技术和经济是磷资源回收的绊脚石。鸟粪石和蓝铁矿的形成受众多因素影响，污水环境远比形成其产品的化学实验的环境复杂得多，如 pH、离子浓度、酸碱度等。回收磷的经济性单一地与自然磷矿比，现阶段是不可行的，如回收鸟粪石需投加的氯化铵与碱是一笔巨大经济支出，但随着磷矿的急剧消耗，技术的不断更新，或许将有新的突破。从磷污染水环境而需治理费、污水水体自然形成鸟粪石、蓝铁矿堵塞管道产生的维修费等综合环境考虑，污水中磷资源回收或许可媲美传统磷矿。

7.3 污水中贵金属的回收

金属矿的开采不仅消耗自然资源，而且可能带来环境问题，亟需寻求可持续的金属获取来源。从工业废水中回收贵金属成为研究热点，甚至，研究发现，污水亦具备贵金属回收的潜质[64]。污水中的金属元素回收不仅实现污水资源化，而且可抵消污水处理成本。贵金属（precious metals，PMs）主要指金、银和铂族金属（钌、铑、钯、锇、铱、铂）等 8 种金属元素，这些金属大多光泽亮丽，化学稳定性强，一般不易与其他物质发生化学反应。

市政污水或污泥中的贵金属可能来源于工业处理达标后的水混合城市生活污水排放，采矿、电镀和电子珠宝制造厂等工业处理水排放，或雨水冲刷路面携带有人类使用的金属合成物质残留物，例如，汽车尾气、汽车催化剂、化妆品、首饰、粪便等[65,66]。另一方面，因重金属的存在会严重危害到万物的健康，故目前研究的关注点主要以去除污水中重金属为主；然而，贵金属一般存在形式稳定，且较少带来水环境污染，但却较少受到关注[64,67,68]。

显然，经污水处理厂处理后贵金属主要存在于污泥中。我国有 29.3% 的污泥经土地利用进行处置，污泥焚烧占 26.7%，污泥卫生填埋占 20.1%[48]，且预计 2025 年污泥年产量将突破 9000 万吨[45]。据统计，每吨污泥综合处理成本约 300 美元，而从污泥中将金属回收等资源化产值 480 美元每吨，其中回收金、银金属占总产值的 20%，全球污泥预估可产生 18 吨黄金[64,69]，故污泥其实是一座隐藏的金属矿，从中回收金属可实现经济与环境双赢。从污水中回收贵金属尽管有其优越性，然而高效、无二次污染、能耗低的回收技术是亟待解决的瓶颈。本小节简要介绍纳滤、吸附、溶剂萃取及离子交换法等四种金属回收技术。

7.3.1 纳滤

纳滤主要是利用纳米级的膜孔径来截留金属离子，在纳滤膜中的带电阴离子和出水中的阳离子之间产生 Donnan 电位以截留贵金属[70]。目前，国内外致力于研发新的纳米膜材料，以分离并回收污水中的贵金属离子，如尼龙核壳纳米纤维膜、甲壳素纳米纤维膜等[71,72]。存在于生物固体相中的贵金属需经有机溶剂或强酸浸出后，经纳滤膜截留以回收贵金属，浸出贵金属通常需要表面活性剂和有机溶剂，但容易造成膜污染；而甲壳素纳米纤维膜能避免或减少有机溶剂的污染，贵金属离子可以通过甲壳质上的氨基原位还原成金属纳米粒子，且无需添加额外的还原剂，回收的金属在生物传感、催化等方面应用潜力巨大[72]。

此外，除利用传统压力驱动的膜分离外，通过正渗透膜利用渗透压从污废水回收金、钯等贵金属方面亦有应用，如从废弃电路板中回收金、钯和银等，与传统的火法炼金相比，其污染小且无难闻的气味[73]。以镍镀液或铜镀液作为驱动液提供动力，回收钯溶液的浓度可提高 1.72 倍[74]。如果利用膜分离技术可高效、经济回收污水中的金、银、钯等贵金属，将实现巨大的经济价值。膜分离法的优点是对空间要求小、选择性高、分离效率高，但膜污染造成的高额运行成本及膜片的投资成本是膜分离的瓶颈问题。

7.3.2 吸附

吸附是利用范德华力的物理作用或共价键等的化学吸附力，在两相接触时物质发生富集的现象，吸附材料在污废水回收金属中有着广泛的应用。石墨烯是一种良好的前沿吸附材料，其具有超大的比表面积和空隙结构。最新研究显示，在石墨烯表面刷聚氨酯泡沫复合材料制成石墨烯-聚氨酯吸附材料，可吸附回收水或炉渣中的贵金属，该复合材料对金、钯、铂和钌都有很好的选择性吸附作用，对某种物质的吸附能力受温度、pH、物质初始浓度影响[75]。二氧化硅也是一种良好的吸附材料，用 3-甲酰基苯甲酸甲酯和 3-肼基苯甲酸在乙醇和少量乙酸中反应制备出的苯甲酸与二氧化硅合成的材料对贵金属钯有很好的回收效果，且可循环使用，吸附效果好[76]。

除化学吸附外，生物吸附亦可能是一种具有应用前景的回收污废水中 PMs 的技术，它成本低、效率高、污染小，且可降解再生。例如，有研究表明壳聚糖生物材料可回收 PMs；在流化床工艺中海藻酸钙可吸附回收小球藻和马尾藻细胞中金属 Au[77]。此外，一些细菌、真菌依靠其大的比表面积和潜在活性化学吸附位点也可作为生物吸附剂，如单细胞酵母的复合体（菌丝和多形真菌）可以用于 PMs 回收；而且微生物易培养、数量多，在可控的环境下，其稳定性和吸附力高[78]。尽管生物吸附剂对 PMs 表现出良好的吸附性能，但其具有浓度低、附着体积有限、力学强度小等缺点，故常需要固定化技术和良好的支撑材料[77]。

7.3.3 溶剂萃取

溶剂萃取亦是回收贵金属潜在的高效、经济的技术[79]。萃取是利用系统中组分在溶剂中不同的溶解度来分离物质，根据物质状态，分为液-液、液-固、气-液和气-固萃取。根据贵金属在有机溶剂的溶解度不同，将浸出液与有机溶液萃取回收贵金属已在废商业材料回收贵金属中得到应用，利用甲苯溶液从盐酸、硫酸和硝酸介质中萃取铂、铑和钯（液-液萃取），不用添加任何增效剂，室温即可完成[80]。

最近，一种借助压力和温度改变液态 CO_2 流体溶解力，有选择地萃取出金属的方法，即超临界二氧化碳萃取法已被用于污废水中金属回收。该方法可将贵金属（Au、Cu、Pd）经 HNO_3 氧化后与六氟乙酰丙酮螯合形成 CO_2 可溶性金属配合物，随后再将该配合物还原为单质状态金属。该技术已应用于不同的工业废物中的金属回收，因其具有混合物分离容易、操作简单、效率高、能耗小、环境污染小等优势，故有望应用于污水污泥中贵金属的提取与回收[69]。

7.3.4 离子交换

离子交换是利用离子交换剂与被交换溶液之间进行离子交换的技术，而离子交换剂（离子交换树脂），特别是树脂上的官能团决定着离子交换的效果。较多研究表明，各种特定官能团可选择地回收各种贵金属[79,81]。树脂中阳离子与污水中的金属离子进行交换，而树脂主体没有任何变化，然而将负载的树脂从污水中分离出来，然后用合适的试剂洗脱以回收金属[70]。例如，苯甲酸配体固定化新型介孔吸附剂，可吸附回收水中金属[76]；以弱碱性硫脲官能团的阴离子树脂处理含铂、钯和铑等贵金属浸出液，经离子交换，贵金属吸附显著，而大多数非贵金属没有明显的吸附作用[79,82]。离子交换回收贵金属具有无二次污染、选择性高、处理能力强、去除效率高等优点，亦是潜在的污水污泥中贵金属回收方法[79]。

7.3.5 小结

经济、节能、循环利用、环境和健康已成为时代主题，污水中回收贵金属既是污水资源化的一部分，也是对污水处理经济的一种弥补，在应对全球气候变化和 2060 年中国实现碳中和愿景下，污水资源化显得尤为重要，贵金属的回收不可或缺。贵金属的回收方法很多，但经济可行性和回收金属的浓度或数量限制其发展，因选择性高，溶剂萃取与离子交换为较具前景的技术。试图寻求更好的贵金属回收方法，以资源回收污水处理过程中连带产物，有望实现经济、资源和环境共赢。

7.4　污水中热能的回收

21 世纪以来，能源的过度消耗导致了能源短缺、环境污染等一系列严重问题，这要求人们更加积极地开发替代能源或改进能源利用的方法，以此来节约能源。在可持续发展理念的指导下，未来水生态循环技术将围绕着资源回收和能源回收两个层面发展。污水中的热能是一个具有应用前景的绿色能源，其中有机质能和热能所蕴含的能量值可达污水处理过程能耗的近十倍，具有极高的回收价值[83]，同时构成污水处理厂"碳中和"运行规划中至关重要的一环[84]。然而，污水中有机质能在转化过程中有能量损耗而不能完全被利用，热能回收有望成为能源回收的替代方案[85]。

人们已深刻认识到城市污水中所赋存的热能是一种可回收和利用的清洁能源，弃之为废，用之为宝。污水中余温热能比有机物化学能含有高近 10 倍的热能，因此，在对城市污水进行处理的同时，利用其中的热能，将是城市污水资源化的一种理想的先进技术[86]。城市污水热能的回收与利用是以利用热泵回收低位能源为理论基础，特别是近年来热泵技术的日趋成熟和快速发展，为在实际工程中推广和应用城市污水热能回收与利用提供了可靠的技术保证。

污水中的热能是指利用污水与环境的温差而产生的能源。对污水中的热能进行回收可以产生经济效益和社会效益。在经济层面，污水热能回收可以减少污水厂运行费用，或者带来新的效益；在社会层面，污水热能回收可以节能节源，保护环境。目前国内外主要采用热交换器和水源热泵两种方式来回收利用污水热能[87]，可以用于邻近住宅的供暖或添加到集中供暖系统中，也可以为污泥干化过程或水处理过程供能。

7.4.1　污水热交换器

热交换器是一种在不同温度的两种液体之间交换热量的设备，用来从污水管道中提取热量。与水源热泵相比，热交换器的投资、运行和安装成本较低，技术也更简单，但是，受限于效率低、操作不灵活等缺点，热交换器大多用于较小的设备。

目前，国际能源政策建议使用价值较低的能源，污水热交换器已成为新兴的发展趋势。2014年，意大利博洛尼亚的下水道系统的研究人员已经在研究使用下水道水作为替代热源的可能性，且研究出了可以用于污水热能输送或处理的设计[88]；2016年，柏林的一个学生宿舍利用热交换器从集中的污水处理厂和污水系统中回收热能，使得目标宿舍的热水供应所需能源减少约30%[89]；近期，Dacquay等提出了一种新颖的地下热交换器系统，它能从管道内的周围土壤和污水中提取热量，同时将热量输送到污水处理厂[90]。

热交换器主要用于建筑供暖，能够让污水热能得到有效利用，但是，污水处理厂使用热交换器最主要技术挑战之一是热交换器表面的生物污染，这种生物污染会导致传热率显著降低，需要清除积累的生物污垢，以解决或缓解生物污染问题[91]。近二十年来，陆续有科研团队针对这一问题进行研究，例如，自动清洗刷在管道内往复擦拭生物污垢的热交换器[92]；改造管道横截面形状和减小横向间距设计的新型管束热交换器，可强化传热效率和降低结垢速率[93]；在管道口内引入旋流来增加热交换器管道内的摩擦，降低管道的结垢率[94]；在污水热交换器设计中使用重力膜六边形结构或螺旋六边形结构，以防止生物污染，提高传热效率[95]；在不锈钢热交换器上涂钛覆盖层可以有效减轻结垢现象[96]；在波纹板式热交换器中采用镍-磷-聚四氟乙烯纳米复合涂层，显著提高了热交换器的防污性能[97]。然而，由于污水热交换器堵塞和污染问题不能得到很好的解决，且能源回收效率偏低，故较水源热泵应用范围小[87]。

7.4.2 水源热泵

随着能源危机的到来，热泵系统作为一种清洁、节能的采暖空调设备，为各种工业、商业和住宅提供了从不同来源回收热量的经济替代方案，已在全世界范围内得到了迅速的发展，广泛应用于公寓、商店、医院、办公楼等多个场所。其中，水源热泵已成为热能回收的有效手段。它是一种将污水中的低品位热能大量提出、变成可直接利用的高品位热能的装置，以实现供热或用作空调冷源。与热交换器有所不同，水源热泵作为一种间接式热回收方法，并不是直接通过热交换来回收污水热能，而是利用其内部的热交换装置将污水中的热量传递给换热介质，使其由液态蒸发为气态，气态换热介质再通过压缩机转变为高温高压气体，以此实现低品位热源到高品位热源的转变[98]。

西方发达国家在污水源热泵技术上已有广泛的研究和应用。挪威奥斯陆在20世纪80年代就建立了以城市原污水为热源的热泵厂，用于回收污水热能为城市建筑供暖[99]；英国英格兰南部污水处理厂通过热泵回收热能，用于集中供热、污泥干燥或污泥消化过程中的高温供暖[100]。

水源热泵可为沼气池供暖。沼气是一种被广泛使用的可再生能源，温度是影响厌氧消化的因素之一。传统的污泥供暖方式可以利用发电余热、锅炉热、太阳能等热源，而污水源热泵回收的污水热能也可以用于沼气池供暖。例如，2018年，有科研团队设计出太阳能-污水热泵沼液增温系统，该系统有四个温度运行模式，可以实现产气量的最大化[101]；针对传统的沼气供暖系统普遍存在能效比低、能耗高等缺点，采用太阳能原生污水源热泵系统对中国遂宁的多相流沼气池进行供暖实验，发现该污水源热泵系统可以改善沼气供暖系统，节约能耗[102]。

水源热泵亦可用于污泥干化。剩余污泥的深度脱水对于减少污泥量和降低污泥运输成本具有重要意义，但污泥干化过程需要消耗大量电能，给污水处理厂带来严重的运行成本负担[103]。水源热泵污泥干化技术可以原位利用污水中热能转换的绿色能源来低温干化污泥，缩短污泥处理流程，因此已获得广泛的应用[104-106]。国内外相关研究普遍将水源热泵与螺杆干燥机、真空干燥机、热媒干燥机等装置联用以便更有效地回收污水中的热能，用于低温干化剩余污泥[107-110]；同时，干化后的剩余污泥可以进行有效利用，如焚烧产能和磷回收[86,110]。

7.4.3 水源热泵膜蒸馏

膜蒸馏是以温度为驱动力的一种膜分离技术，过程易于进行，对设备性能、盐浓度要求不高，水质非常干净，而且操作条件很容易满足，在高盐废水方面表现出巨大应用潜力，可应用于海水淡化、废水处理和食品工业。膜蒸馏过程的操作温度要远远低于传统蒸发，无需加热到沸点，只需在膜两侧维持一定的温差即可进行。因此，现有技术研究采用地热、太阳能等可再生能源驱动膜蒸馏，例如，在海水淡化厂使用地热能，与使用电能相比，可以节省高达95%的能源[111]；拉丁美洲也尝试用地热能源驱动膜蒸馏以获得安全的饮用水[112]，但地热能源受限于各地区的储量而不能广泛推广。在广泛应用的太阳能膜蒸馏工厂中，太阳能集热器价格昂贵，导致膜蒸馏的热回收成本增加。

污水余温尽管含有比有机物化学能高近10倍的热能，但污水余热属于低品位热源（40～85℃），难以用于发电，只能直接用于建筑供热、发电等生活、生产过程，且热量有效输送半径仅为 3～5 km，这决定了污水源热泵技术有限的应用距离，只能用于污水处理厂内或周边设施[85,86]。由于这些因素限制了污水低品位热源的利用，目前污水低品位热源大多是转换为高品位热源后用于供热、制冷等目的。

利用污水源热泵已经可回收污水中低品位热源，但受温度和距离等因素限制，污水中低品位热源无合适去向，膜蒸馏成为污水低品位热源利用的可选方案。利用可再生能源如地热、太阳能和工厂废热等驱动膜蒸馏是前沿热点课题，而污水低品位热源利用是一种新的尝试。污水低品位热源应用的距离范围有限，若用于膜蒸馏加热侧，可实现污水低品位热源的原位利用，无需先将其转化为高品位热源再利用。基于此，笔者提出了一种污水源热泵与膜蒸馏联用技术，有望成为绿色、低能耗和低成本运行要求下的一种新尝试，从而实现污水资源的回收利用与现有技术改造的双赢，使污水低品位热源变废为宝，同时降低已有技术的能耗。

将污水和/或废水通过污水源热泵进行热交换，得到污水余热，并将污水余热通过输送管道输送至膜蒸馏装置中，用于对膜蒸馏装置中装填的原料液进行加热，膜蒸馏装置中竖直设置有膜蒸馏膜，通过膜蒸馏膜对原料液进行膜蒸馏处理，膜蒸馏膜装置中位于膜蒸馏膜的一侧为原料液区域，且膜蒸馏膜装置中位于膜蒸馏膜的另一侧为蒸馏液区域，原料液区域中的原料液经污水余热加热到一定温度后，膜蒸馏膜的两侧形成温度差，驱动原料液区域中形成的水蒸气透过膜蒸馏膜进入蒸馏液区域，冷凝后形成淡化水以及降温后的蒸馏液。

（1）污水中低品位热源的膜蒸馏利用形式

如图 7.1 所示，以直接接触式为例，污水/废水通过污水源热泵进行热交换，得到污水余热，其温度大约为 40～85℃（低品位热源）；利用此余热对膜蒸馏（MD）的热侧进行加热达到一定温度，使 MD 膜两侧形成温度差，驱动水蒸气透过 MD 膜进入蒸馏液一侧，冷凝后得到淡化水（冷却水）以及降温后的馏出液（浓缩液）。此过程中，蒸馏液可循环利用。

如图 7.2 所示，在渗透压差的作用下，原料液中的水分子通过正渗透（FO）膜进入汲取液，将汲取液稀释；稀释后的汲取液作为后端 MD 过程的原料液，利用污水源热泵热交换得到的污水余热进行升温，使膜蒸馏膜两侧形成温度差，驱动水蒸气透过膜蒸馏膜进入蒸馏液一侧，冷凝后得到淡化水以及降温后的馏出液。此过程中，汲取液先稀释后浓缩，浓度可保持稳定，可循环利用，实现了正渗透汲取液的再生，蒸馏液亦可循环利用。常用的汲取液有 NaCl 溶液、

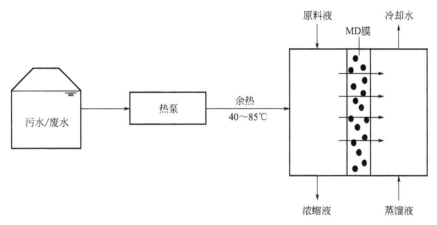

图 7.1 直接接触式污水中低品位热源的膜蒸馏

NH_4HCO_3 溶液、NH_4Cl 溶液、$MgCl_2$ 溶液、$NaHCO_3$ 溶液、Na_2SO_4 溶液、$CaCl_2$ 溶液、KCl 溶液、$KHCO_3$ 溶液或 $(NH_4)_2SO_4$ 溶液等，馏出液可循环利用，同时实现了前端正渗透过程汲取液的浓缩、回收、再生。

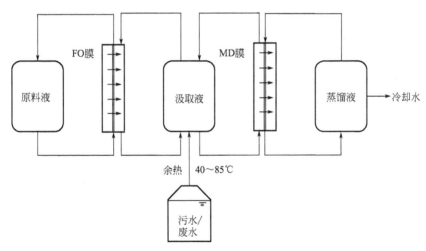

图 7.2 污水中低品位热源的正渗透和膜蒸馏耦合工艺

（2）污水低品位热源的潜在应用

淡水资源短缺成为当今社会一大问题，海水淡化无疑是淡水来源的途径之一。近年来迅速发展起来的蒸馏法与膜法相结合的膜蒸馏技术在海水淡化的应用中获得了成功，有望成为一种廉价、高效制取淡水的新方法。特别是，针对临海而建的污水处理厂，污水热源能够得到最大限度的原位利用，解决低品位热源不能长距离输送利用的弊端。如图 7.3 所示，海水作为膜蒸馏过程的原料液，利用污水源泵提取出的污水余热进行加温，膜蒸馏膜热侧的水蒸气在膜两侧温差的驱动下，通过膜蒸馏膜后在冷侧进行冷凝，得到淡化水和降温后的馏出液，馏出液可循环利用。相同地，采用如图7.2所示，亦可将海水看作为原料液，利用正渗透＋膜蒸馏耦合技术实现海水淡化。

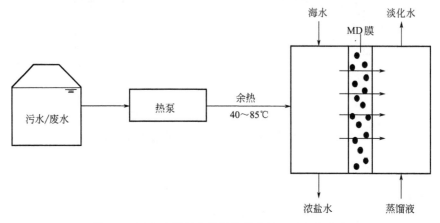

图 7.3　污水中低品位热源的膜蒸馏用于海水淡化

全球水资源紧缺，从污水中获得再生水亦是水资源开源的重要补充。从经济的角度看，再生水的成本最低；从环保的角度看，污水再生利用有助于改善生态环境实现水生态的良性循环；污水深度处理可实现再生水的生产。如图7.4所示，污水厂二级出水作为正渗透过程的原料液，在渗透压差的作用下，水分子透

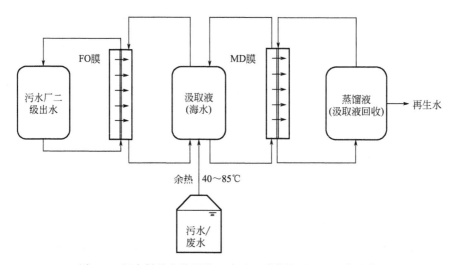

图 7.4　污水低品位热源的正渗透和膜蒸馏用于再生水生产

过正渗透膜进入汲取液将其稀释，稀释后的汲取液作为膜蒸馏过程的原料液，利用污水源泵提取出的污水余热（低品位热源）进行加温，膜蒸馏膜热侧的水蒸气在膜两侧温差的驱动下，通过膜蒸馏膜后在冷侧进行冷凝，得到再生水。特别地，若海水作汲取液，此过程能同时实现污水水质的净化和海水淡化。

工业废水占污水量的70%以上，而工业废水又以高浓度有机废水为主。高浓度有机废水对环境水体污染程度大，处理难度高。单独的膜蒸馏可以处理有机废水，但面临严重的膜污染问题，前端耦合正渗透能有效改善。如图7.5所示，有机废水作为正渗透过程的原料液，在渗透压差的作用下，水分子透过正渗透膜进入汲取液将其稀释，稀释后的汲取液作为膜蒸馏过程的原料液，利用污水源泵提取出的污水余热（低品位热源）进行加温，膜蒸馏膜热侧的水蒸气在膜两侧温差的驱动下，通过膜蒸馏膜后在冷侧进行冷凝，得到纯化水。

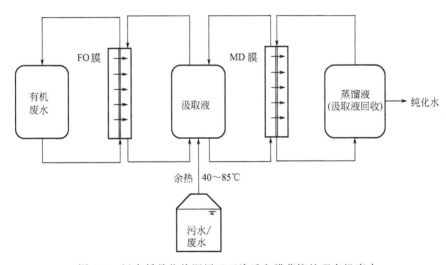

图7.5 污水低品位热源用于正渗透和膜蒸馏处理有机废水

污水处理厂的污泥经好氧或厌氧消化后产生的消解液含有浓度非常高的有机污染物，其中氨氮、凯氏氮、磷酸盐和生化需氧量（BOD_5）可分别达到1100mg·L^{-1}、1300mg·L^{-1}、200mg·L^{-1}和2000mg·L^{-1}，同时还含有相当高的总溶解性固体和悬浮固体。一般污水厂均将消解液与进水混合后进入工艺单元处理，这将导致污水厂进水氮、磷负荷大幅升高，增大处理成本。正渗透工艺能有效截留氮、磷等有机污染物，但面临汲取液的回收问题，于是后端可添加膜蒸馏过程，实现汲取液回收。如图7.6所示，污泥消解液作为正渗透过程的原料液，在渗透压差的作用下，水分透过正渗透膜进入汲取液将其稀释，稀释后的汲取液作为膜蒸馏过程的原料液，利用污水源泵提取出的污水余热（低品位热源）

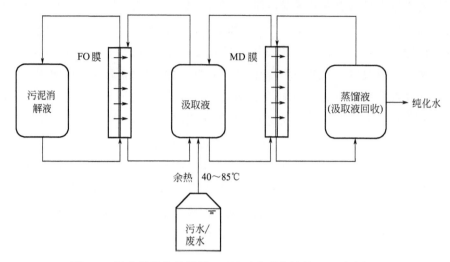

图 7.6 污水低品位热源用于正渗透和膜蒸馏处理污泥消解液

进行加温，膜蒸馏膜热侧的水蒸气在膜两侧温差的驱动下，通过膜蒸馏膜后在冷侧进行冷凝，得到纯化水。

污水低品位热源利用不仅适用于正渗透和膜蒸馏耦合技术或膜蒸馏，也适用于涉及膜蒸馏的其他耦合技术；污水中低品位热源的利用，适用于各个方式膜蒸馏，包括直接接触式膜蒸馏、气隙式膜蒸馏、真空式膜蒸馏、气扫式膜蒸馏；采用的污水中低品位热源来源不仅局限于市政污水，其他工业废水、废热亦可。

综上，将水源热泵回收的污水低品位热源用于膜蒸馏中，以进行海水淡化，针对临海而建的污水处理厂，可最大限度地原位利用污水热能，解决低品位热源不能长距离输送利用的弊端。将污水低品位热源用于正渗透与膜蒸馏耦合技术应用于再生水生产，有助于改善生态环境实现水生态的良性循环；用于处理有机废水，前端耦合正渗透可改善膜蒸馏严重的膜污染；用于处理污泥消解液，既通过正渗透可降低出水中的氮、磷浓度，又可实现前端正渗透过程汲取液的回收。

7.4.4 小结

污水中的热能不仅可以为建筑供暖，还可用于污水或污泥处理相关的膜蒸馏、污泥干化和沼气池等。污水热能回收主要是以水源热泵应用为主，将水源热泵与其他装置联用可进一步提高污水热能的利用效率，并改善工艺的各项性能。提高污水热能的利用效率并拓宽回收利用途径，是污水中热能回收亟需解决的问题。

参考文献

[1] Chanda C K, Bose D. Challenges of employing renewable energy for reducing greenhouse gases (GHGs) and carbon footprint [M]. // Saleem Hashmi, Imtiaz Ahmed Choudhury. Encyclopedia of Renewable and Sustainable Materials. Elsevier, 2020, 3: 346-365.

[2] Liu C, Wang W, Anwar N, et al. Effect of organic loading rate on anaerobic digestion of food waste under mesophilic and thermophilic conditions [J]. Energy Fuels, 2017, 31 (3): 2976-2984.

[3] Ruffino B, Cerutti A, Campo G, et al. Thermophilic vs. mesophilic anaerobic digestion of waste activated sludge: Modelling and energy balance for its applicability at a full scale WWTP [J]. Renewable Energy, 2020, 156: 235-248.

[4] 徐霞, 韩文彪, 赵玉柱. 温度对剩余污泥和生活垃圾联合厌氧消化的影响 [J]. 中国沼气, 2015, 33 (05): 50-53.

[5] Chen H, Chang S. Dissecting methanogenesis for temperature-phased anaerobic digestion: Impact of temperature on community structure, correlation, and fate of methanogens [J]. Bioresource Technology, 2020, 306: 123104.

[6] Chen L, Du S, Xie L. Effects of pH on ex-situ biomethanation with hydrogenotrophic methanogens under thermophilic and extreme-thermophilic conditions [J]. Journal of Bioscience and Bioengineering, 2021, 131 (2): 168-175.

[7] Appels L, Baeyens J, Degrève J, et al. Principles and potential of the anaerobic digestion of waste-activated sludge [J]. Progress in Energy and Combustion Science, 2008, 34 (6): 755-781.

[8] Yan L, Ye J, Zhang P, et al. Hydrogen sulfide formation control and microbial competition in batch anaerobic digestion of slaughterhouse wastewater sludge: Effect of initial sludge pH [J]. Bioresource Technology, 2018, 259: 67-74.

[9] Matheri A N, Ntuli F, Ngila J C. Sludge to energy recovery dosed with selected trace metals additives in anaerobic digestion processes [J]. Biomass and Bioenergy, 2021, 144: 105869.

[10] Puig-Castellví F, Cardona L, Bureau C, et al. Effect of ammonia exposure and acclimation on the performance and the microbiome of anaerobic digestion [J]. Bioresource Technology Reports, 2020, 11: 100488.

[11] Li X, Xiong N, Wang X, et al. New insight into volatile sulfur compounds conversion in anaerobic digestion of excess sludge: Influence of free ammonia nitrogen and thermal hydrolysis pretreatment [J]. Journal of Cleaner Production, 2020, 277: 123366.

[12] Xu Q, Liu X, Wang D, et al. Free ammonia-based pretreatment enhances phosphorus release and recovery from waste activated sludge [J]. Chemosphere, 2018, 213: 276-284.

[13] Nazari L, Yuan Z, Santoro D, et al. Low-temperature thermal pre-treatment of municipal wastewater sludge: Process optimization and effects on solubilization and anaerobic degradation [J]. Water Research, 2017, 113: 111-123.

[14] Mahdy A, Wandera S M, Aka B, et al. Biostimulation of sewage sludge solubilization and methanization by hyper-thermophilic pre-hydrolysis stage and the shifts of microbial structure profiles [J]. Science of the Total Environment, 2020, 699 (19): 134373.

[15] Montusiewicz A, Lebiocka M, Rozej A, et al. Freezing/thawing effects on anaerobic digestion of mixed sewage sludge [J]. Bioresource Technology, 2010, 101 (10): 3466-3473.

[16] Rubežius M, Bleizgys R, Venslauskas K, et al. Influence of biological pretreatment of poultry manure on biochemical methane potential and ammonia emission [J]. Biomass and Bioenergy, 2020, 142: 105815.

[17] Yuan H, Guan R, Akiber Chufo W, et al. Enhancing methane production of excess sludge and dewatered sludge with combined low frequency CaO-ultrasonic pretreatment [J]. Bioresource Technology, 2019, 273: 425-430.

[18] Wan J, Fang W, Zhang T, et al. Enhancement of fermentative volatile fatty acids production from waste activated sludge by combining sodium dodecylbenzene sulfonate and low-thermal pretreatment [J]. Bioresource Technology, 2020, 308: 123291.

[19] Zheng M, Ping Q, Wang L, et al. Pretreatment using UV combined with CaO_2 for the anaerobic digestion of waste activated sludge: Mechanistic modeling for attenuation of trace organic contaminants [J]. Journal of Hazardous Materials, 2021, 402: 123484.

[20] 唐涛涛, 李江, 杨钊, 等. 污泥厌氧消化功能微生物群落结构的研究进展 [J]. 化工进展, 2020, 39 (01): 320-328.

[21] 赵明明, 李夕耀, 李璐凯, 等. 碱度类型及浓度对剩余污泥中温厌氧消化的影响 [J]. 中国环境科学, 2019, 39 (05): 1954-1960.

[22] Chen H, Chang S. Impact of temperatures on microbial community structures of sewage sludge biological hydrolysis [J]. Bioresource Technology, 2017, 245: 502-510.

[23] Vongvichiankul C, Deebao J, Khongnakorn W. Relationship between pH, Oxidation Reduction Potential (ORP) and Biogas Production in Mesophilic Screw Anaerobic Digester [J]. Energy Procedia, 2017, 138: 877-882.

[24] Liu J, Zheng J, Zhang J, et al. The performance evaluation and kinetics response of advanced anaerobic digestion for sewage sludge under different SRT during semi-continuous operation [J]. Bioresource Technology, 2020, 308: 123239.

[25] Dhar H, Kumar P, Kumar S, et al. Effect of organic loading rate during anaerobic diges-

tion of municipal solid waste [J]. Bioresource Technology, 2016, 217: 56-61.

[26] Paudel S, Kang Y, Yoo Y S, et al. Effect of volumetric organic loading rate (OLR) on H_2 and CH_4 production by two-stage anaerobic co-digestion of food waste and brown water [J]. Waste Management, 2017, 61: 484-493.

[27] Leite W R M, Gottardo M, Pavan P, et al. Performance and energy aspects of single and two phase thermophilic anaerobic digestion of waste activated sludge [J]. Renewable Energy, 2016, 86: 1324-1331.

[28] Chen S, Li N, Dong B, et al. New insights into the enhanced performance of high solid anaerobic digestion with dewatered sludge by thermal hydrolysis: Organic matter degradation and methanogenic pathways [J]. Journal of Hazardous Materials, 2018, 342: 1-9.

[29] Arif S, Liaquat R, Adil M. Applications of materials as additives in anaerobic digestion technology [J]. Renewable and Sustainable Energy Reviews, 2018, 97: 354-366.

[30] 叶彩虹, 袁文祥, 袁海平, 等. 添加剂对污泥厌氧消化性能的影响 [J]. 环境化学, 2012, 31 (04): 516-521.

[31] Zhao Z, Li Y, Zhang Y, et al. Sparking anaerobic digestion: promoting direct interspecies electron transfer to enhance methane production [J]. iScience, 2020, 23 (12): 101794.

[32] Shen Y, Yu Y, Zhang Y, et al. Role of redox-active biochar with distinctive electrochemical properties to promote methane production in anaerobic digestion of waste activated sludge [J]. Journal of Cleaner Production, 2021, 278: 123212.

[33] Zhang G, Shi Y, Zhao Z, et al. Enhanced two-phase anaerobic digestion of waste-activated sludge by combining magnetite and zero-valent iron [J]. Bioresource Technology, 2020, 306: 123122.

[34] Ye J, Hu A, Ren G, et al. Enhancing sludge methanogenesis with improved redox activity of extracellular polymeric substances by hematite in red mud [J]. Water Research, 2018, 134: 54-62.

[35] Hao X, Wei J, van Loosdrecht M C M, et al. Analysing the mechanisms of sludge digestion enhanced by iron [J]. Water Research, 2017, 117: 58-67.

[36] Zhou H, Cao Z, Zhang M, et al. Zero-valent iron enhanced in-situ advanced anaerobic digestion for the removal of antibiotics and antibiotic resistance genes in sewage sludge [J]. Science of the Total Environment, 2021, 754: 142077.

[37] Jia T, Wang Z, Shan H, et al. Effect of nanoscale zero-valent iron on sludge anaerobic digestion [J]. Resources, Conservation & Recycling, 2017, 127: 190-195.

[38] He C S, Ding R R, Chen J Q, et al. Interactions between nanoscale zero valent iron and extracellular polymeric substances of anaerobic sludge [J]. Water Research, 2020, 178: 115817.

[39] Cheng J, Hua J, Kang T, et al. Nanoscale zero-valent iron improved lactic acid degrada-

[40] 苏润华，丁丽丽，任洪强. 纳米零价铁（NZVI）对厌氧产甲烷活性、污泥特性和微生物群落结构的影响 [J]. 环境科学，2018，39（07）：3286-3296.

[41] van Dijk K C, Lesschen J P, Oenema O. Phosphorus flows and balances of the European Union Member States [J]. Science of the Total Environment，2016，542：1078-1093.

[42] 崔荣国，张艳飞，郭娟，等. 资源全球配置下的中国磷矿发展策略 [J]. 中国工程科学，2019，21（1）：128-132.

[43] U. S. Geological Survey. Mineral Commodity Summaries [N]. 2020，122-123. http://pubs.usgs.gov/periodicals/mcs2020/mcs2020-phosphate.pdf.

[44] 郝晓地，王崇臣，金文标. 磷危机概观与磷回收技术 [M]. 北京：高等教育出版社，2011.

[45] 戴晓虎. 我国污泥处理处置现状及发展趋势 [J]. 科学，2020，72（06）：30-34，4.

[46] 王超，刘清伟，职音，等. 中国市政污泥中磷的含量与形态分布 [J]. 环境科学，2019，40（04）：1922-1930.

[47] Daneshgar S, Callegari A, Capodaglio A G, et al. The potential phosphorus crisis: resource conservation and possible escape technologies: A review [J]. Resources，2018，7：37.

[48] Wei L, Zhua F, Li Q, et al. Development, current state and future trends of sludge management in China: Based on exploratory data and CO_2-equivaient emissions analysis [J]. Environment International，2020，144：106093.

[49] 焦森，郑厚义，任永健，等. 中国主要农用矿产资源安全保障战略研究 [J/OL]. 地球学报，2021，2：279-285.

[50] 郝晓地，周健，王崇臣，等. 污水磷回收新产物——蓝铁矿 [J]. 环境科学学报，2018，38（11）：4223-4234.

[51] Mayer B K, Baker L A, Boyer T H, et al. Total value of phosphorus recovery [J]. Environmental Science and Technology，2016，50（13）：6606-6620.

[52] Li X, Shen S, Xu Y, et al. Application of membrane separation processes in phosphorus recovery: A review [J]. Science of the Total Environment，2021，761：144346.

[53] Venkiteshwaran K, Mcnamara P J, Mayer B K. Meta-analysis of non-reactive phosphorus in water, wastewater, and sludge, and strategies to convert it for enhanced phosphorus removal and recovery [J]. Science of the Total Environment，2018，644（10）：661-674.

[54] Ryu H D, Lim C S, Kang M K, et al. Evaluation of struvite obtained from semiconductor wastewater as a fertilizer in cultivating Chinese cabbage [J]. Journal of Hazardous Materials，2012，221-222：248-255.

[55] Ping Q, Li Y, Wu X, et al. Characterization of morphology and component of struvite pellets crystallized from sludge dewatering liquor: Effects of total suspendedsolid and phos-

phate concentrations [J]. Journal of Hazardous Materials, 2016, 310 (5): 261-269.

[56] 吴健, 平倩, 李咏梅. 鸟粪石结晶成粒技术回收污泥液中磷的中试研究 [J]. 中国环境科学, 2017, 37 (03): 941-947.

[57] 王晨宇, 操家顺, 罗景阳, 等. 结晶法用于污水厂中磷元素回收研究进展 [J]. 应用化工, 2020, 49 (10): 2573-2580.

[58] Corre K S L, Valsami-Jones E, Hobbs P, et al. Impact of calcium on struvite crystal size, shape and purity [J]. Journal of Crystal Growth, 2005, 283 (3-4): 514-522.

[59] Liu X, Wang J. Impact of calcium on struvite crystallization in the wastewater and its competition with magnesium [J]. Chemical Engineering Journal, 2019, 378: 122121.

[60] Rothe M, Kleeberg A, Hupfer M. The occurrence, identification and environmental relevance of vivianite in waterlogged soils and aquatic sediments [J]. Earth-Science Reviews, 2016, 158: 51-64.

[61] Wilfert P, Kumar P S, Korving L, et al. The relevance of phosphorus and iron chemistry to the recovery of phosphorus from wastewater: A review [J]. Environmental Science and Technology, 2015, 49 (16): 9400-9414.

[62] Wilfert P, Mandalidis A, Dugulan A I, et al. Vivianite as an important iron phosphate precipitate in sewage treatment plants [J]. Water Research, 2016, 104: 449-460.

[63] Reed D C, Gustafsson B G, Slomp C P. Shelf-to-basin iron shuttling enhances vivianite formation in deep Baltic Sea sediments [J]. Earth and Planetary Science Letters, 2016, 434: 241-251.

[64] Westerhoff P, Lee S, Yang Y, et al. Characterization, recovery opportunities, and valuation of metals in municipal sludges from U. S. wastewater treatment plants nationwide [J]. Environmental Science and Technology, 2015, 49: 9479-9488.

[65] Ebrahimzadeh H, Tavassoli N, Amini M M, et al. Determination of very low levels of gold and palladium in wastewater and soil samples by atomic absorption after preconcentration on modified MCM-48 and MCM-41 silica [J]. Talanta, 2010, 81 (4-5): 1183-1188.

[66] 马开君, 陈培龙, 何敏. 一种利用城镇污水处理厂干化污泥提取贵金属的系统: 201621313504. X [P]. 2016-12-02.

[67] Wu F, Mu Y, Chang H, et al. Predicting water quality criteria for protecting aquatic life from physicochemical properties of metals or metalloids [J]. Environmental Science and Technology, 2013, 47 (1): 446-453.

[68] Nkinahamira F, Suanon F, Chi Q, et al. Occurrence, geochemical fractionation, and environmental risk assessment of major and trace elements in sewage sludge [J]. Journal of Environmental Management, 2019, 249: 109427.

[69] Mulchandani A, Westerhoff P. Recovery opportunities for metals and energy from sewage sludges [J]. Bioresource Technology, 2016, 215: 215-226.

[70] Azmi A A, Jai J, Zamanhuri N A, et al. Precious metals recovery from electroplating wastewater: a review [J]. Materials Science and Engineering, 2018, 358: 012024.

[71] Almasian A, Giyahi M, Chizari Fard G, et al. Removal of heavy metal ions by modified PAN/PANI-Nylon core-shell nanofibers membrane: filtration performance, antifoulin and regeneration behavior [J]. Chemical Engineering Journal, 2018, 351: 1166-1178.

[72] Wang Z G, Li P Y, Fang Y, et al. One-step recovery of noble metal ions from oil/water emulsions by chitin nanofibrous membrane for further recycling utilization [J]. Carbohydrate Polymers, 2019, 223: 115064.

[73] Behnamfard A, Salarirad M M, Veglio F. Process development for recovery of copper and precious metals from waste printed circuit boards with emphasize on palladium and gold leaching and precipitation [J]. Waste Management, 2013, 33: 2354-2363.

[74] Gwak G, Kim D I, Hong S. New industrial application of forward osmosis (FO): precious metal recovery from printed circuit board (PCB) plant wastewater [J]. Journal of Membrane Science, 2018, 552: 234-242.

[75] Xue D, Li T, Liu Y, et al. Selective adsorption and recovery of precious metal ions from water and metallurgical slag by polymer brush graphene-polyurethane composite [J]. Reactive and Functional Polymers, 2019, 136: 138-152.

[76] Awual M R, Khaleque M A, et al. Simultaneous ultra-trace palladium (II) detection and recovery from wastewater using new class meso-adsorbent [J]. Journal of Industrial and Engineering Chemistry, 2015, 21: 405-413.

[77] Won S W, Kotte P, et al. Biosorbents for recovery of precious metals [J]. Bioresource Technology, 2014, 160: 203-212.

[78] Ghomi A G, Neda Asasian-Kolur, Sharifian S, et al. Biosorpion for sustainable recovery of precious metals from wastewater [J]. Journal of Environmental Chemical Engineering, 2020, 8 (4): 103996.

[79] Nikoloski A N, Ang K L, Li D. Recovery of platinum, palladium and rhodium from acidic chloride leach solution using ion exchange resins [J]. Hydrometallurgy, 2015, 152: 20-32.

[80] Gupta B, Singh I. Extraction and separation of platinum, palladium and rhodium using Cyanex 923 and their recovery from real sample [J]. Hydrometallurgy, 2013, 134-135: 11-18.

[81] Wołowicz A, Hubicki Z. Comparison of strongly basic anion exchange resins applicability for the removal of palladium (II) ions from acidic solutions [J]. Chemical Engineering Journal, 2011, 171 (1): 206-215.

[82] Matsubara I, Takeda Y, Ishida K. Improved recovery of trace amounts of gold (III), palladium (II) and platinum (IV) from large amounts of associated base metals using anion-exchange resins [J]. Fresenius Journal of Analytical Chemistry, 2000, 366 (3): 213-217.

[83] Shizas I, Bagley D M. Experimental determination of energy content of unknown organics in municipal wastewater streams [J]. Journal of Energy Engineering, 2004, 130 (2): 45-53.

[84] Yang X, Wei J, Ye G, et al. The correlations among wastewater internal energy, energy consumption and energy recovery/production potentials in wastewater treatment plant: an assessment of the energy balance [J]. Science of the Total Environment, 2020, 714: 136655.

[85] 曹达啟，杨晓璇，孙秀珍，等. 一种污水中低品位热源用于膜蒸馏的方法: 201910339374.9 [P]. 2019-04-25.

[86] Hao X, Li J, van Loosdrecht M C M, et al. Energy recovery from wastewater: Heat over organics [J]. Water Research, 2019, 161: 74-77.

[87] Mazhar A R, Liu S, Shukla A. A key review of non-industrial greywater heat harnessing [J]. Energies, 2018, 11: 386.

[88] Cipolla S S, Maglionico M. Heat recovery from urban wastewater: Analysis of the variability of flow rate and temperature [J]. Energy and Buildings, 2014, 69: 122-130.

[89] Alnahhal S, Spremberg E. Contribution to exemplary in-house wastewater heat recovery in Berlin [J]. Procedia CIRP, 2016, 40: 35-40.

[90] Dacquay C, Holländer H M, Kavgic M, et al. Evaluation of an integrated sewage pipe with ground heat exchanger for long-term efficiency estimation [J]. Geothermics, 2020, 86: 101796.

[91] Shen C, Jiang Y, Yao Y, et al. An experimental comparison of two heat exchangers used in wastewater source heat pump: A novel dry-expansion shell-and-tube evaporator versus a conventional immersed evaporator [J]. Energy, 2012, 47: 600-608.

[92] Funamizu N, Iida M, Sakakura Y, et al. Reuse of heat energy in waste water: implementation examples in Japan [J]. Water Science Technology, 2001, 43 (10): 277-285.

[93] Bouris D, Konstantinidis E, Balabani S, et al. Design of a novel, intensified heat exchanger for reduced fouling rates [J]. International Journal of Heat and Mass Transfer, 2015, 48: 3817-3832.

[94] Palsson H, Beaubert F, Lalot S. Inducing swirling flow in heat exchanger pipes for reduced fouling rate [J]. Heat Transfer Engineering, 2013, 34: 761-768.

[95] Culha O, Gunerhan H, Biyik E, et al. Heat exchanger applications in wastewater source heat pumps for buildings: A key review [J]. Energy and Buildings, 2015, 104: 215-232.

[96] Oon C S, Kazi S N, Hakimin M A, et al. Heat transfer and fouling deposition investigation on the titanium coated heat exchanger surface [J]. Powder Technology, 2020, 373: 671-680.

[97] Liu Z, Chen Z, Li W, et al. Composite fouling characteristics on Ni-P-PTFE nanocomposite surface in corrugated plate exchanger [J]. Heat Transfer Engineering, 2020, 5: 1-12.

[98] 丁志军. 水源热泵原理及应用 [J]. 安装, 2012, 4: 25-28.

[99] Chua K J, Chou S K, Yang W M. Advances in heat pump systems: A review [J]. Applied Energy, 2010, 87: 3611-3624.

[100] Hawley C, Fenner R. The potential for thermal energy recovery from wastewater treatment works in southern England [J]. Journal of Water and Climate Change, 2012, 3 (4): 287-299.

[101] 郭培, 马荣江, 余南阳. 太阳能-污水热泵沼液增温系统运行模式 [J]. 西南交通大学学报, 2018, 53 (5): 1087-1094.

[102] Guo P, Zhou J, Ma R, et al. Dynamic heating system of multiphase flow digester by solar-untreated sewage source heat pump [J]. International Journal of Photoenergy, 2020: 1-15.

[103] 汪涛, 张帅领, 骆春晓. 上海某污泥干化焚烧项目运行成本分析 [J]. 给水排水, 2016, 42: 9-11.

[104] 曹黎, 饶宾期. 利用热泵干燥污泥技术的试验研究 [J]. 干燥技术与设备, 2011, 9 (4): 185-190.

[105] Zhang T, Zhu Q Z. Experimental study on a low-temperature heat pump sludge drying system [J]. IOP Conference Series Earth and Environmental Science, 2018, 168: 012011.

[106] Yuan G, Chu K. Heat pump drying of industrial wastewater sludge [J]. Water Practice & Technology, 2020, 15 (2): 404-415.

[107] Tuncal T, Uslu O. A review of dehydration of various industrial sludges [J]. Drying Technology, 2014, 32 (14): 1642-1654.

[108] Zhang H, Su L, Lv T, et al. Coupling heat pump and vacuum drying technology for urban sludge processing [J]. Energy Procedia, 2019, 158: 1804-1810.

[109] 李化成. 一种水源热泵污泥干化装置: 202010702498.1 [P]. 2020-07-17.

[110] Gorgec A G, Insel G, Yagci N, et al. Comparison of energy efficiencies for advanced anaerobic digestion, incineration, and gasification processes in municipal sludge management [J]. Journal of Residuals Science and technology, 2016, 13 (1): 57-64.

[111] Sarbatly R, Chiam C K. Evaluation of geothermal energy in desalination by vacuum membrane Distillation [J]. Applied Energy, 2013, 112: 737-746.

[112] Tomaszewska B, Bundschuh J, Pająk L, et al. Use of low-enthalpy and waste geothermal energy sources to solve arsenic problems in freshwater production in selected regions of Latin America using a process membrane distillation-Research into model solutions [J]. Science of the Total Environment, 2020, 714: 136853.